景观设计学教育参考丛书(四

徒步阅读世界景观与设计

——“世界建筑、城市与景观”课程教学案例之二

Tubu Yuedu Shijie Jingguan yu Sheji

——“Shijie Jianzhu、Chengshi yu Jingguan” Kecheng Jiaoxue Anli zhi Er

主编 李迪华 路 露 韩西丽 孟 彤

编委 许 婵 闫 硕 唐会超 王 新

高等教育出版社·北京

HIGHER EDUCATION PRESS BEIJING

内容简介

如何在全球视野下思考和解决当代中国景观规划与设计的问题，如何借鉴世界经验发展中国的景观设计学教育，中国景观设计如何融入世界和参与国际竞争，是当代景观教育和行业参与者所面临的共同责任。本书收录了2008、2009年北京大学景观设计学硕士研究生和风景园林硕士专业学位研究生“世界建筑、城市与景观”课程赴西班牙、德国、捷克、美国学习考察后完成的38个专题研究报告，内容以考察参观国家的城市为主要对象，全面展现研究生们对建筑、景观、空间与设计的观察与理解，对历史文化与生活的感受与分析，对当代城市与景观设计的理念、方法与营造手段的研读与介绍。本书以每个参与者最强烈的直观感受和写作意愿为基础完成，是交流学习西方国家建筑、城市与景观的理想读物。本书为景观设计学教育与实践工作者提供了新思路与新模式，可作为城市规划、城市设计、景观设计、景观规划、建筑学专业师生以及相关专业领域的参考书。

图书在版编目(CIP)数据

徒步阅读世界景观与设计："世界建筑、城市与景观"课程教学案例.2/李迪华等主编.—北京：高等教育出版社，2010.10

(景观设计学教育参考丛书/俞孔坚主编)

ISBN 978-7-04-031068-9

Ⅰ.①徒… Ⅱ.①李… Ⅲ.①景观-园林设计-案例-世界 Ⅳ.①TU986.2

中国版本图书馆CIP数据核字(2010)第189282号

策划编辑 柳丽丽 **责任编辑** 周素静 **封面设计** 王凌波 **版式设计** 范晓红
责任校对 刘莉 **责任印制** 毛斯璐

出版发行	高等教育出版社	**购书热线**	010-58581118
社址	北京市西城区德外大街4号	**咨询电话**	400-810-0598
邮政编码	100120	**网址**	http://www.hep.edu.cn
			http://www.hep.com.cn
		网上订购	http://www.landraco.com
经销	蓝色畅想图书发行有限公司		http://www.landraco.com.cn
印刷	北京中科印刷有限公司	**畅想教育**	http://www.widedu.com
开本	787×1092 1/16	**版次**	2010年10月第1版
印张	21.5	**印次**	2010年10月第1次印刷
字数	530 000	**定价**	59.00元

物料号 31068-00

《景观设计学教育参考丛书》编委会

总　　序

景观设计学是对于土地及土地上空间和物体所构成的地域综合体的分析、规划、设计、改造、管理、保护和恢复的科学和艺术。景观设计学尤其强调对于土地的监护与设计，是一门建立在广泛的自然科学和社会科学基础上的综合性较强的应用学科，与建筑学、城市规划、环境艺术等学科有着紧密的联系，并需要地理学、生态学、环境学、社会学等诸多学科背景的支持。

在我国城市迅速发展的背景下，景观设计学所承担的责任显得愈发重要。在城市建设如火如荼的情况下，在几千年来未有的发展机遇面前，我国正面临着同样严峻的挑战。由于长期以来片面追求经济发展，我国显现出日益突出的人地关系危机。值得庆幸的是，近些年来中央清醒地认识到问题，及时做出转变，明确提出科学发展观，强调人与自然和谐共存的可持续发展理念。在十七大中，更是明确提出生态文明的重要性。在这样明智的宏观政策的指引下，面对仍然严峻的生态灾难，景观设计学作为协调人与自然的关系，全面而系统地解决人地危机的学科，需要也应当承担起时代赋予的使命。因此，我国的景观设计专业人才也愈发重要。培养适应我国当前需求的景观设计专业人才已刻不容缓。

然而，总体来说，我国当代的景观设计学教育还处于初级阶段，学科建设与教学体系还很不完善。各学校之间各自独立，没有形成相对统一的教学模式与教育体系。这对于我国景观设计学学科发展和人才培养显然是不利的。

面对如此的趋势与需求，以北京大学为首的各高等院校相继开设景观设计学专业，学科教育联盟初见雏形，教学体系也在探索中逐步走向完善。在各高等院校大力支持与配合下，北京大学景观设计学研究院在吸取国外学科建设模式经验的基础上，逐步探索出一套适应于我国国情的景观设讠学专业与学科教育体系。为了促进我国景观设计学科发展，为国家培养和输送更多有用的专业人才，北京大学景观设计学研究院牵头联合各院校推出景观设计学教育系列丛书。本套丛书收录了优秀的景观设计学课程教学案例，旨在为我国景观设计学专业教育提供更新更完善的思路，为开展相关专业的各院校搭建广阔的交流平台，使学科得以良好健康地发展，为我国构建可持续发展的和谐人地关系贡献更多专业之才。

俞孔坚

前　言

“世界建筑、城市与景观”是北京大学深圳研究生院、景观设计学研究院(GSLA)自2006年起开设的一门兼具探索性与创新性的研究生课程，选修该课程的研究生来自景观设计学专业(Master of Landscape Architecture，简称MSLA)和风景园林硕士专业(景观设计硕士，Master of Landscape Architecture，简称MLA)研究生。承担高额的成本、克服巨大的困难将所有学生带到国外进行为期两周的考察学习，并出版课程教学案例，是基于以下动机：

其一，让景观设计学专业的中国学生们走出国门，切身体会和解读现代景观规划与设计教育和实践的先行国家已经和正在做些什么；

其二，从各个方面理解与建筑、城市、景观密切关联的历史、文化、生产、生活对规划与设计的影响；

其三，展望世界和中国的景观设计未来，重新定位个人的责任和行动方向；

其四，希望为其他以各种方式出国参观学习的学生和同行提供参考，实现从观光游憩到理解文化与设计的升华，把对西方的观察转变成理性的思考和借鉴。

在出国变得越来越习以为常的今天，“世界建筑、城市与景观”课程为几乎所有学生们提供了第一次出国的机会，课程中学生们掌握的观察和思考世界的方法必将影响他们终生的职业理想。

“世界建筑、城市与景观”课程大体分为四个阶段开展：

第一阶段，由李迪华老师主持，提前6个月在普遍征求意见和论证的基础上，确定候选访问学习的国家，并与支持我们的外国教师一道制订教学和访问计划。

第二阶段，研究出访国家与城市，学生确定自己的研究专题方向，出访前1个月，学生广泛收集将访问国家的自然、历史、文化、建筑、城市、景观等各个方面的资料，包括地图、照片、影视和文献，通过反复研讨交流，不断补充完善，让学生对即将出访的国家和城市形成“故地重游”的印象，同时编辑资料汇编；通过研讨，每个同学还要求结合自己感兴趣的问题，确定一个或者数个专题研究方向。

第三阶段，学生出国考察，每日行程中安排与考察内容相关领域的国外专家带领并讲解，学生每天晚上在指导教师的组织下，讨论交换考察感受；通过讨论，每个学生重新确定课程研究报告的选题，访问学习结束前1—2天留给学生进行最终确定的专题研究选题调查。

第四阶段，学生回国后撰写研究报告，举办专题研究报告会、出国学习成果展览，遴选优秀报告出版《徒步阅读世界景观与设计》课程教学案例。

本书收录了从2008、2009年“世界建筑、城市与景观”课程出访西班牙、德国、捷克和美国后完成的75个专题研究报告中遴选出的38个，内容涉及访问国家的城乡建设、自然保护、市民生活和历史文化保护等和景观设计学学科与行业关系密切的方方面面。报告以学生的观察与思考收获为主线。在课程研讨过程中，大家探讨最多的基本问题包括四个方面，一是保持传统和设计创新的关系；二是如何塑造现代性或者当代性；三是人和城市与景观的关系；四是对设计实践与设计教育的反思。显然，这些问题都是无一致答案的，都是一代又一代景观设计学人需要永恒探讨的问题，因此，选中的报告中，学生的独立思考和直观感受描述部分应该是我们推荐给读者重点阅读的部分。

“世界建筑、城市与景观”课程教学开启了我国景观设计学专业教育中指导学生走出国门，理解西方，思考中国城市城乡建设问题的探索之门。希望本书能够起到抛砖引玉的作用，在获取同行的建议与指正，完善“世界建筑、城市与景观”研究生课程教学的同时，希望引起更多的对景观设计学教育的思考和探索。

本书完成分为三个阶段：一是被选上的研究专题的撰稿人按照课程指导教师。（本书主编小组）的修改意见和出版要求充实和丰富课程学习报告；二是全体撰稿人集体汇报修改后的专题报告，相互交流书稿的内容、遇到的问题，研讨会后各个撰稿人根据交流意见进行第二轮修改；三是由李迪华负责，路露具体组织，一对一地指导各专题原作者或者修改小组进行第三轮修改；四是由李迪华审稿，李迪华、郭耀桧、路露对全书内容和文字进行最终修正、整理。

文章标题	作者第一、第二轮修改	第三轮修改	校对	审稿	整理修正
巴西诺对当代巴塞罗那的影响——城市形态与公共空间的继承	闫硕	许婵、闫硕、唐慧超	郭耀慧、路露	李迪华	路露
巴塞罗那老城区空间形态与活力	徐慧琼	许婵、闫硕、唐慧超			
巴塞罗那公共空间改造中城市资源的可持续利用	李瑾	许婵、闫硕、唐慧超			
充满着迷人情调的“城中村”——巴塞罗那格拉西亚区的更新与活力	刘慧怡	许婵、闫硕、唐慧超			
巴塞罗那道路空间改造模式研究	成颖	许婵、闫硕、唐慧超			
巴塞罗那城市公共空间与街道组合模式	钟晨	许婵、闫硕、唐慧超			
巴塞罗那社区公园的设计经验及启示	刘琰	许婵、闫硕、唐慧超			
巴塞罗那农贸市场专题研究	刘文晋	许婵、闫硕、唐慧超			
巴塞罗那儿童活动场的安全设计	熊亮	许婵、闫硕、唐慧超			
巴塞罗那城市色彩研究	李怡然	许婵、闫硕、唐慧超			
巴塞罗那公共艺术的特征	王欣	许婵、闫硕、唐慧超			

续表

文章标题	作者第一、第二轮修改	第三轮修改	校对	审稿	整理修正
细节流露的无限热情 ——巴塞罗那住宅阳台设计解读	杜菲	许婵、闫硕、唐慧超	郭耀慧、路露	李迪华	路露
光影中的巴塞罗那	王双	许婵、闫硕、唐慧超			
巴塞罗那铺装景观探讨	李青	许婵、闫硕、唐慧超			
巴塞罗那——对立的统一	许婵	许婵、闫硕、唐慧超			
巴塞罗那公园入口空间设计研究	王萌萌	许婵、闫硕、唐慧超			
三角形语言在巴塞罗那城市设计中的运用	何旭	许婵、闫硕、唐慧超			
巴塞罗那景观地形的设计语言	唐慧超	许婵、闫硕、唐慧超			
城市如何让生活更美好——以柏林和布拉格城市为例	杜宏惠	杜宏惠			
感受柏林的“双子”性格	郝清	郝清			
德国柏林城市景观的“和谐”之美	徐飞	徐飞			
柏林，承载记忆的城市——从尊重自然和历史的价值观看柏林历史遗迹保护	王新	王新			
论柏林城市空间记忆的保留——记散布在柏林城市中的纪念性景观	耿佳丽	耿佳丽			
在城市轴线上感知柏林	焦阳	焦阳			
街道生活成就城市魅力——浅析柏林的城市街道	刘倩颖	刘倩颖			
巧用道路中间塑造丰富的城市空间——柏林、布拉格的启示	白晶	白晶			
柏林城市中植物的精神	陈玥	陈玥			
景观设计中植物的情感传达——以柏林为例	解娜	解娜			
柏林大莱植物园规划设计探索	张莹	张莹			
柏林居住绿地浅析	黄威文	黄威文			
用脚和身体感知景观——柏林景观中的地形设计	张坤	张坤			
坐椅上的自由生活	孙雨	孙雨			

续表

文章标题	作者第一、第二轮修改	第三轮修改	校对	审稿	整理修正
优雅的布拉格	帅莱	帅莱			
布拉格步行商业空间启示	罗杨文	罗杨文			
美国国家公园的国家责任与大众享用机会——美国仙纳度(Shenandoah)国家公园考察	李钊	李钊	郭耀慧、路露	李迪华	路露
芝加哥河流景观复兴	岳竹	岳竹			

特别感谢无私为“世界建筑、城市与景观”研究生课程提供指导的全体外方与中方教师们，为学生出行提供无私帮助的朋友们，他们的名字和给学生们留下的指导意见，均见于书中正文，这里不一一罗列，他们的睿智和奉献已经融入学生的成长进步中。感谢编写与修改报告的所有人员，他们的不懈努力使本书得以最终出版。感谢高等教育出版社柳丽丽编辑为推动本书出版付出的巨大努力。

感谢北京大学深圳研究生院改革开放与务实进取的办学精神，为课程的实现提供了精神和物质的保障！

李迪华

2010 年 6 月 25 日于燕园

目　　录

西班牙巴塞罗那篇 …………………………………………………………………… 1

专题 1　巴西诺对当代巴塞罗那的影响——城市形态与公共空间的继承 ………………… 6

专题 2　巴塞罗那老城区空间形态与活力 ………………………………………………… 19

专题 3　巴塞罗那公共空间改造中城市资源的可持续利用 ………………………………… 31

专题 4　充满着迷人情调的“城中村”——巴塞罗那格拉西亚区的更新与活力 ………… 38

专题 5　巴塞罗那道路空间改造模式研究 ………………………………………………… 44

专题 6　巴塞罗那城市公共空间与街道组合模式 ………………………………………… 51

专题 7　巴塞罗那社区公园的设计经验及启示 …………………………………………… 63

专题 8　巴塞罗那农贸市场专题研究 ……………………………………………………… 70

专题 9　巴塞罗那儿童活动场的安全设计 ………………………………………………… 80

专题 10　巴塞罗那城市色彩研究 …………………………………………………………… 90

专题 11　巴塞罗那公共艺术的特征 ………………………………………………………… 96

专题 12　细节流露的无限热情——巴塞罗那住宅阳台设计解读 ……………………… 100

专题 13　光影中的巴塞罗那 ……………………………………………………………… 111

专题 14　巴塞罗那铺装景观探讨 ………………………………………………………… 118

专题 15　巴塞罗那——对立的统一 ……………………………………………………… 127

专题 16 巴塞罗那公园入口空间设计研究 …… 140

专题 17 三角形语言在巴塞罗那城市设计中的运用 …… 148

专题 18 巴塞罗那景观地形的设计语言 …… 156

柏林、布拉格、美国篇 …… 163

专题 19 城市如何让生活更美好——以柏林和布拉格城市为例 …… 169

专题 20 感受柏林的“双子”性格 …… 179

专题 21 德国柏林城市景观的“和谐”之美 …… 188

专题 22 柏林,承载记忆的城市——从尊重自然和历史的价值观看柏林历史遗迹保护 …… 201

专题 23 论柏林城市空间记忆的保留——记散布在柏林城市中的纪念性景观 …… 211

专题 24 在城市轴线上感知柏林 …… 218

专题 25 街道生活成就城市魅力——浅析柏林的城市街道 …… 226

专题 26 巧用道路中间塑造丰富的城市空间——柏林、布拉格的启示 …… 239

专题 27 柏林城市中植物的精神 …… 247

专题 28 景观设计中植物的情感传达——以柏林为例 …… 255

专题 29 柏林大莱植物园规划设计探索 …… 262

专题 30 柏林居住绿地浅析 …… 268

专题 31 用脚和身体感知景观——柏林景观中的地形设计 …… 277

专题 32 坐椅上的自由生活 …… 285

专题 33 优雅的布拉格 …… 293

专题 34 布拉格步行商业空间启示 …… 307

专题 35 美国国家公园的国家责任与大众享用机会
——美国仙纳度国家公园考察 …… 313

专题 36 芝加哥河流景观复兴 …… 321

西班牙巴塞罗那篇

写在前面：

对想象与创新的思考

——读懂西方才能理解中国

自从北大百年纪念讲堂拆除重建后，新讲堂试用那天我去看过一场电影，转瞬间整整12年，期间只看过《疯狂的石头》，陪儿子看过《阿凡达》，和为了练听力看过有限的几部DVD英文电影，就再没有看过其他电影了！美国电影《阿凡达》登陆后，第一时间就有同学给我发邮件建议我去看，他们看了后说“感觉是我们应该去看去思考的影片”、“外星人与自然沟通的方法能够给我们启发”。这两个理由对我而言都有某种“诱惑力”。

我不看电影，一则因为市场上的电影或者为了生硬说教而矫揉造作，无真可言，或者充斥有违当代人生活的诚信与独立准则的权威与臣服、江湖义气、尔虞我诈的英雄主义，无善可言，或者内容脱离人的生活体验，制作缺乏想象力，无美可言！二则，不想上当，很多电影剧本粗制滥造，内容彼此雷同、表演如出一辙，很多演员演技拙劣，敷衍了事让人难以接受，不值得我浪费时间。这样说打击了不少好电影，显失公允，但责任不在我，是电影行业者自己破坏了他们在我心目中的整体形象。

已经有人和我辩论过，李老师，不就是看部电影，你干嘛那么认真！是的，我一直较这个劲！电影，作为一种娱乐方式，本意是娱乐。娱乐对应的英文词是 recreation，有两个含义，一个是“an activity that diverts or amuses or stimulates”，一种转移（人的）注意力、令人发笑或者感到刺激的活动；另外一个是“activity that refreshes and recreates，activity that renews your health and spirits by enjoyment and relaxation”，重振和再造活力的活动，通过开心和身心放松使健康和精神得到恢复的活动。娱乐的本质是“身心再生”，所以说，并不存在纯粹意义上的娱乐，人们都是带着某种目的去参加各种娱乐活动的。对自己如此重要的事情，不较真，就是不在意自己的身心状况，或者和自己过不去了。

为了保持某种程度上的新鲜感，在看《阿凡达》之前我刻意不去理会网上对它的评价和介绍。看完从剧院出来，环顾周围的人似乎并没有看完大片之后的兴奋，能够清晰感受到的氛围似乎有些沉闷和压抑。我孩子说“震撼，眼睛痛”，我夫人说“眼睛痛，压抑”，我说“是一部现实题材的电影”，旁边的一个女孩说“怪不得有人在网上贴拆迁现场照片，称之为‘阿凡达’的现实版”。很容易就明白，《阿凡达》能够打动人的并非完全仰仗其大制作，美轮美奂的视觉冲击，更加重要的是它在奉劝地球人反思，与其去侵略和占有外星球，无节制地获取财富，不如好好珍惜自己的家园——“潘多拉”的人间天堂，“哈里路亚”人间仙境。看完一部并没有让自己感觉很轻松和舒服的电影，还是强烈要推荐朋友也去看！正好证明了我的“没有纯粹意义的娱乐”观点！

和各种外国的好东西进入中国后的遭遇一样，这样一部在全球收获票房的劲爆电影在中国放映，很快就会激起人们思考“中国电影导演能够制作出这样的电影吗?”无需做复杂的求证，答案几乎是肯定的，我们也能制作出像《阿凡达》这样的电影来！理由非常充分：制作这部电影的技术我们是基本掌握的，人才跨国流动能够提供巨大的智力支持，中国经济发展还提供足够的资金保证！看看《阿凡达》美轮美奂的潘多拉星球的家园景观有些来自中国武陵源！如果这些还不够，那再看看潘多拉星球上居民们“天人合一”与祖先和大自然交流的方式吧——今天西藏、贵州和云南不少居民一直过着这样的生活！

每当我们看到西方辉煌的现代艺术与文明成就，尤其是当我们从中发现其中还有中国元素时，马上就产生“外国人做到的，我们也一定能够做到”的假设，这有意义吗？大多数人都会肯定地回答，是没有丝毫意义的。那么，如何才有意义呢？中华文明积累丰厚，博大精深，是人类共同的财富。第一个做到的，才能够增加人类文明的总量。因此，在全球化的今天，我们做到的，是世界上第一个做到才真正有意义！

带着这样的思考，重新打开电脑里保存的一封 2008 年 12 月 8 日没有写完的邮件，终于找到信心完成：

参观完安东尼·高迪的米拉之家，和在米拉之家一层“亚历山大·洛得琴科和他的构成主义的未来”临时展览，心中非常不平静。一边继续用搜寻的眼光打量米拉之家内部建筑的每个细节，一边往外走，在门口正好遇到西丽和孟彤往里走。彼此寒暄几句，相约他们等参观完了一起午餐，我在米拉之家外面等他们。

走出米拉之家，环顾周围，已经没有了继续奔走参观的兴趣，于是坐在格雷西亚大街米拉之家大门外的长椅上，思考方才参观的内容，一幕幕，感觉自己陷入了茫然、失落。从小就受朦朦胧胧的所谓“天人合一”的传统文化思想反复侵染，在千变万化的大自然和文化面前却几乎失去了思考与判断能力，周围又有多少人不是这样呢?！对比高迪对于自然界的理解和感悟、研究与再创作，我恍然发现，原来我们所追求的“道法自然”，更加只不过是一个很多人都说，却没有人能够准确理解，也没有人去探求其含义的“说法”而已。我们理解的“自然”，并不是指“事物本来的样子”或者“事物本身的特征”，而是忽视了“大自然”(the nature)本身存在的抽象的个人心中的自然。我们也根本不关心事物本来的样子——“自然”这个词在发展过程中，逐渐改变了老子“事物本身的特征”或者“事物本来的样子”的含义，在道学那里，赋予了玄而又玄的含义，尽量让人琢磨不透；与世俗结合，则失去了原形，人人争相附会，各自表述，反正没有人会在意你心里想的、嘴里说的、文章里写的到底想表达什么意思！即使想较真，也毫无意义，因为彼此想的可能根本就不是一回事。鸡同鸭讲，辩论非但不会把问题弄得越来越明白，反而一不小心，就会进入所谓文化的和历史的虚妄语境！

“事物本身的特征”，听起来多么直白和简单！这个道理，却是欧美国家在 20 世纪初，就被城市规划师和景观设计师们所理解。一百多年以来，从盖迪斯和阿姆斯特丹开始到芒福德和麦克哈格，从城市规划(urban planning，或者 city planning)与景观设计学(landscape architecture)这个词诞生开始直至发展成熟，研究和理解“土地的特征”一直被视为这些学科的基本任务。随着人类大规模土地开发引起的环境破坏的生态恢复工作的展开，随着规划与设计手段在解决全球、区域和当地环境问题中扮演的角色被发现，理解“土地的特征”更加视为完成这些任务的基础工作。

回到设计，数千年的中华文明，取得了无比辉煌的艺术成就，但却始终没有诞生像高迪那样用源自自然界的植物和动物图案诠释自然、设计和装饰建筑的人。他的影响从建筑出发，扩散到一座城市、一个国家乃至整个世界的文化和人们生活，这种影响今天还在持续。高迪死后八十多年，世界各地试图理解人类想象力奥妙的人们——专业人士和充满好奇心的游客，还在朝圣般地参观和瞻仰高迪的作品，试图参透他作品的每一个细节。高迪，在世界文明史中，是欧洲文艺复兴之后的现代人！

“只有疯子才会试图去描绘世界上不存在的东西”，是高迪留下的名言。今天，和古人相比，我接触到的大多数人，包括学生，基本上都是学富五车，但心里却仍然放不下古人的“自然”（不是老子的自然，是后世异化了的），这是什么原因呢？

思考这个问题感觉更加沉重，我斗胆认为，是因为我们不少人仍然在怀疑，或者并没有认真思考过自己所掌握的关于自然界的知识——包括全部关于自然界的一般特征与规律的概括、研究方法等，所能够发挥的实际效用。因此，宁愿相信古人的“圣明”与智慧，也不愿意相信自己辛辛苦苦掌握的知识和自己解决问题的能力。他们相信，只要自己使用“道法自然”、“天人合一”这个词藻，就能欺骗自己和被人认为是一个“热爱自然的人”、“有文化的人”和“尊重历史的人”，就比那些被现代文化和技术“冲昏头脑”的人高明一等——有这样想法和优越感的人真的很多，真的很荒唐。

在这些热爱“自然”的人那里，真假无所谓、虚实无所谓，就像泰山石，可以是从泰山来的，可以是泰山周围的，也可以是像泰山顶上的那块，也可以是某个赋予了神秘色彩的人认定的，也可能是自己从野地里带回来的一块有趣的石头，只要有人吆喝，就可以附会一些含义，就有了一个共同的名字“泰山石”。我承认，如果是在遥远的乡间路边地头，房角街口，那些前人留下的甚至是今人摆放的，无论是一块刻字的小石头，或者一个可能小到只有不到一张 A4 纸张大小的神主牌位，都能够让我产生一种归宿感；在香港闹市区摩天大楼下的街头墙角发现它们，更加让我兴奋不已，敬佩有加。在今天车水马龙的城市公园里、绿地中，看到各种远道而来的通常是体积巨大的石块，我则总在想，为什么人们总是热衷于让这些石头背井离乡，孤零零地摆在这里？为什么人们不用自己的知识和见识想象一下：天下石头，琳琅满目，异彩纷呈，各有千秋，每块石头都和那个地方的生态系统融为一个整体，共同构成绝不重复的自然界巨大多样性的一部分！不屑于做这样的思考，也就更加不会在意，开采、运输和重新摆放这块自己喜欢和崇拜的石头，是否造成对现在这个地方文化和乡土环境的破坏，是否造成产石头那个地方的自然历史、乡土文化和自然环境的破坏，这种做法会消耗多少额外的能量，会耗费多少百姓的血汗钱，会给地球制造多大的额外生态足迹（ecological footprint）。

似乎机缘巧合，关于亚历山大·洛德琴科的展览就在米拉之家进行，让我有机会认真思考设计领域的理性和科学：高迪的很多设计手法在今天数字上称作分形学（fractal）。我们的民族文化也创造了非常复杂的图案，灵感同样来自自然界的植物和动物，以及各种自然现象！但是，洛德琴科和那个时代的构成主义就不一样了。在此之前，虽然知道构成主义这个名词和大概的含义，还在2007 年 11 月观摩过德国汉诺威大学建筑学本科一年级的“构成”课程，深深地被学生们超凡脱俗的想象力、别出心裁的手法与亲手制作的石膏模型所感动。回国后，把自己在汉诺威大学的体验告诉一所著名建筑学院教授，没想到对方只是冷冷地说了句“我们也有呀！”一下就把我对构成的好奇全打消了，我毕竟不是这个专业领域的人！这并不意味着我接受了他的看法，过去没有过，现在还是没有从那些有建筑学背景学生身上发现他们对于构成，无论在平面设计语言还是立体空间方面，表现出他们特别的想象力——并能够用自己经过专业训练的手段表达出来！更加令我沮丧的是，甚至平常人凭借天生的直觉能够感受到的东西，他们也可能无动于衷——很多时候，所谓的专业训练教会了他们表达技能，却让他们失去了宝贵的观察和想象能力。

参观这个展览，猛然发现，自己还绝对没有从任何一个地方知道过，早在九十年以前，欧洲人就已经这样把设计语言当成实验材料，研究和表达它们之间的联系。知道概念，我没有系统学过美术史，也没有系统学过设计史，展览的解说词英文内容非常有限，因此只能够从展览的图片和作品去理解其中的意义，即便这样，已经足以让自己震撼和陷入沉思——他们对形，也就是最基本的设计语言，和材料的研究、表达，在具体和抽象之间，在我看来几乎穷尽了全部的可能性，我努力调动自己的想象力都无济于事，不能想象出什么新的、美的可能来！

参观这个展览，感觉自己已经无法分清楚艺术与设计，设计与试验，具象与抽象，理性与感性的界限！这样的感觉让我产生了对设计理论的兴趣。

好的设计作品看起来总是那样纯粹，不会滥用设计语言，不会堆砌设计语言，给人感觉只使用了一种代表性的设计语言、不多的材料与色彩相互搭配，即使是看起来非常复杂的设计也能感受到某种清晰的设计线索的存在。这些作品，总是与周边环境完美协调，无论是专业人士还是普通市民、参观者，都会感觉亲近和喜欢。教育、艺术与设计传统才是这些作品背后坚实的传统积累与教育基础！是所谓厚积薄发的原因，从零开始系统发展设计教育才是我们需要真正学习的。

思想是没有止境的，但有原点。基于这样的认识，把这篇从巴塞罗那就开始写作的文章作为《徒步阅读世界景观与设计·西班牙巴塞罗那篇》的前言。

李迪华
部分内容草于 2008 年 12 月 8 日访问巴塞罗那期间
2010 年 1 月 17 日完成于深圳研究生院 L 栋 801 房
2010 年 6 月 29 日修改于二连浩特

一、行程简介

时间	日程
2008.12.2	晚上 8 点半到达巴塞罗那
2008.12.3	清晨步行至加泰罗尼亚理工大学，参观建筑学院，聆听景观都市学(Landscape Urbanism)系的 Maria Goula 教授关于巴市近代城市更新发展的讲座。途中经过文森斯之家 Casa Vicens，Jardins de Moragas 社区公园，Mercat Galvany 农贸市场，Turo Parc 公园
2008.12.4	参观圣保罗医院(Hospital de la Santa Creu I de Sant Pau)、圣家赎罪大教堂(Temple de La Sagrada Familia)、让努维尔的阿格拔塔(Torre Agbar)及其周边地区、克洛特公园(Parc del clot)、从市区远足到 Carrer de Torrasa River、参观为文化论坛而建的 city museum，港口，Parque Diagal 公园和海滩鸟广场夜景
2008.12.5	参观奎尔公园(Parc Guell)、密斯德国馆(Pavello Mies Van der Rohe)、巴塞罗那植物园(EL Nuevo Jardin Botanico de Barcelona)、工业公园(Parc de l'Espanya Industiral)、米罗公园(Parc de Joan MIro)、加泰罗尼亚国家艺术博物馆(Museu Nacioanl D'art de Catalunya)、奥林匹克公司(Olympic park)、米罗博物馆(Fundacio Joan Miro)、海上兰布拉(Rambla de Mar)等
2008.12.6	Museu d'Historia de Catalunya(加泰罗尼亚历史博物馆)、社区公园(Jardins de Sant Pau del Camp)、兰布拉大街(Rambla)、Boqueria Market 农贸市场、皇家广场(Plaza Reial)、加泰罗尼亚广场(Plaza de Catalunya)、圣菲利浦广场(Placa de Sant Felip Neri)等
2008.12.7	巴特罗公寓(Casa Batllo)、米拉公寓(Casa Mila/La Pedrera)城堡公园(Parc de la Ciutadella)、加泰罗尼亚音乐厅(Palau de la Musica Catalana)

续表

时间	日程
2008.12.8	参观毕加索博物馆(Museu Picasso)、Parc de la Trinitat公园、北站公园(Parc de l'Estacio del Nord)、当代艺术博物馆(Museu D' art Contemporan de Barcelona)
2008.12.9	参观位于巴塞罗那以北100公里处的古城郝罗纳(Girona),学生按照各自研究专题,分组自由参观
2008.12.10	巴塞罗那城内,学生按照各自研究专题,分组自由参观
2008.12.11	巴塞罗那城内,学生按照各自研究专题,分组自由参观
2008.12.12	赫尔辛基转机回国

*衷心感谢加泰罗尼亚理工大学国家合作部中国事务负责人王珏女士,协助我们安排行程、提供邀请函。

二、学生收获

一路惊喜　一路收获

"世界建筑、城市与景观"是北京大学景观设计学研究院的特色课程,入学伊始,我们就对它充满了期待。几经变动,最终我们2007年级确定的目的地是——巴塞罗那。

巴塞罗那没有让我们失望,尽管我们去的时候不是她最美丽的季节,但在那里度过的每一分每一秒依然是精彩的、难忘的。这座位于地中海沿海的城市是古代文明和现代文明完美交融的城市,在这里我们领略了中世纪宫殿和哥特建筑的风采,追寻了毕加索、高迪、米罗的足迹,见识了兼容并包的多元文化交相辉映的精彩,感悟了城市最真实、最质朴的地域文脉……在每天例行的头脑风暴讨论中,我们看着地图上这一天走过的行程,为惊喜而振奋,为收获而喝彩。可以说,在巴塞罗那度过的每一天都是饱满的。

我们怀着满载的惊喜将巴塞之行的点滴记录下来,希望我们感悟之余的这些分享能够引起更多的共鸣。最后,感谢景观设计学研究院提供了如此宝贵的机会,让我们能够站在新的起点上去学习、去感知。

——北京大学景观设计学2007级全体同学

2008年12月30日于燕园

三、教师团队

李迪华:北京大学景观设计学研究院教师,课程负责人

韩西丽:北京大学深圳研究生院、景观设计学研究院教师,课程指导教师

孟　彤:北京大学深圳研究生院博士后,课程指导教师

袁　弘:北京大学景观设计学教师,课程指导教师

专题 1 巴西诺对当代巴塞罗那的影响
——城市形态与公共空间的继承
The Influence of Barcino on the Contemporary Barcelona
——The Succession of Urban Form and Public Space

闫硕/Yan Shuo

摘要：通过对巴塞罗那古罗马遗迹的分析，和对其城市发展的概述，本文论述了当代巴塞罗那对古城巴西诺(Barcino)城市空间的传承，说明了巴西诺对当代巴塞罗那城市形态的重要影响；其次，本文以巴塞罗那哥特区(Barri Gotic)的古城遗址为重点，归纳总结了它们的保护方式和再利用途径，特别是向城市公共空间的转化方式；最后，本文探讨了巴西诺城市遗迹能够被转化为公共空间的动因，得出城市区位、公共建筑和民主政策是其关键要素。

关键词：巴塞罗那；巴西诺；再利用途径；公共空间；城市形态

Abstract: By analyzing the ancient Roman remains in Barcelona, and overview the urban development, this essay presents its contemporary urban form succeeding from the ancient city Barcino, as well as the characteristics of renewal or reusing remains in Barri Gotic District. Furthermore, this essay discusses the internal causes of this succession from remains to contemporary public spaces, that is, location, public buildings and democratic policies.

Key words: Barcelona Barcino Reuse Public Space Urban Form

1 引言

公元前 15—10 年，古罗马人在地中海西岸、伊比利亚半岛北部建立了古城巴西诺，即 20 世纪后今天的巴塞罗那。这座城市虽然先后受到西哥特人、穆斯林和卡洛林王朝的战争洗礼，而且经历了包括资本主义工业化和奥林匹克运动会等国际重大事件，但是它一直将巴西诺的城市形态传承至今——甚至将古城遗址与当代城市公共艺术和公共空间完美结合。因此，本文的写作目的即通过分析哥特区内的古罗马遗址，讨论巴西诺对当地巴塞罗那城市形态的影响，以及历史遗迹的再利用途径。

本研究分为两个阶段:(1) 收集巴塞罗那建城历史、地图等资料,确定哥特区(由巴西诺发展而来)内各遗址的空间位置,并分析巴塞罗那与巴西诺的演变关系;(2) 经过十天对巴塞罗那的实地考察,了解遗址的现状条件、使用者和管理模式。本文所用文献资料部分来自加泰罗尼亚理工大学建筑学院。

2 巴塞罗那与巴西诺

在巴塞罗那建城历史中最著名的是城市更新,其著名之处在于更新过程中逐渐构建起来的分散式公共空间系统。此外,塞尔达 1854 年进行的方格网规划,又赋予了这个城市新的形态特点。但是从另一个角度看,巴塞罗那独树一帜的城市网格与两千五百年前的巴西诺古城有着密切联系,下文将倒叙城市发展历史使其演变过程更加清晰。

2.1 追溯巴塞罗那城市建设

2004 年,世界文化论坛在西班牙巴塞罗那举行,城市将东南部最后一段海岸线进行了改造,连同 12 年前奥运会期间的 Poblenou 区整治和奥运村建立,巴塞罗那完成了曾经一度荒废且污染严重的海岸线复兴。这些滨海区的建设都紧紧依托于 1987 年对角线道路的改造竣工,而对角线道路的建设初衷正是为了快速交通,并引导市民到达 20 世纪 80 年代后城内新增的四百五十多个公共空间。

城市公共空间的更新结束了 1939 至 1979 年,弗朗西斯科·佛朗哥独裁统治时期对城市基础设施停滞发展的状态;同时佛朗哥的城堡也被拆毁,场址作为巴塞罗那最大的城市公园:巴塞罗那市立动物园。园内著名的动物博物馆,出自著名建筑师多米尼克之手,而早在 1929 年该建筑就作为巴塞罗那万国博览会的入口。

当时的万国博览会会场覆盖了十八个街区,是 1854 年由工程师塞尔达提出方格网规划的一种变型;另一方面,塞尔达规划是巴塞罗那工业迅速发展时期,政府改造城市的竞赛优胜方案——即拆毁旧城(现哥特区)最外围的(第三道)城墙,并向北扩张;街区网格采用 120 m 的矩形布局,且在交叉口设置 20 m 的切角;街区间道路宽 20 m,并补充建设斜交林荫快速路。街区网格东西向道路与南北向道路垂直,后者由哥特区 Via Laletana 大街延长得来,并作为网格定向的参考基准线;而 Via Laletana 正紧邻巴塞罗那的旧城东城墙。

该旧城建于公元前 15—10 年,由当时攻占这里的古罗马帝王所建。他在蒙居克山旁的平原地带选择了一个原点,并布置了相垂直的两条中轴线 Decumanus maximus 和 Cardus maximus,使城墙和其他道路都平行于此。

这位帝王叫做奥古斯都，而这座古城叫做巴西诺——它是当代巴塞罗那的城市雏形。

2.2 古罗马城市巴西诺的构建

公元前 218 年，古罗马人大举入侵西班牙，经过近 200 年征服了当地的塞尔特伊比利亚人，于公元前 15—10 年建立巴西诺。古城占地 10 公顷，最多可容纳 1 000 人，它被作为古罗马帝国的一个省统治了 500 年。

环绕巴西诺设有城墙和护城河，前者于公元 4 世纪时被重新加固设防，并在旧城墙上增建了七十八个防御塔。在城墙与城内建筑之间有缓冲区域，它是防御和战斗的预留空间。古城共四个城门，位于四个方向，由两条中轴线道路连接。两条主轴线的交点扩展为城市中心广场，是城市政治宗教行政的中心，周边围绕有参议院、古罗马神庙、王宫、教廷、市场和公共浴池（图 1.1）。

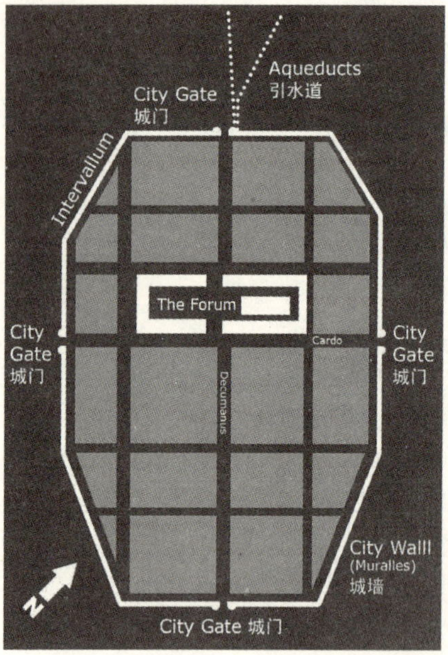

图 1.1 巴西诺城市布局示意图
（改绘自巴塞罗那城市历史博物馆图片）

3 巴西诺城市空间与历史遗迹的再利用

由以上可见，巴西诺的中轴线决定了古城墙的建设方向，并最终影响了当代巴塞罗那的城市网格。此外，不仅是格局，巴西诺的许多实体遗址也在当代城市化进程中得到了保留（图 1.2）。

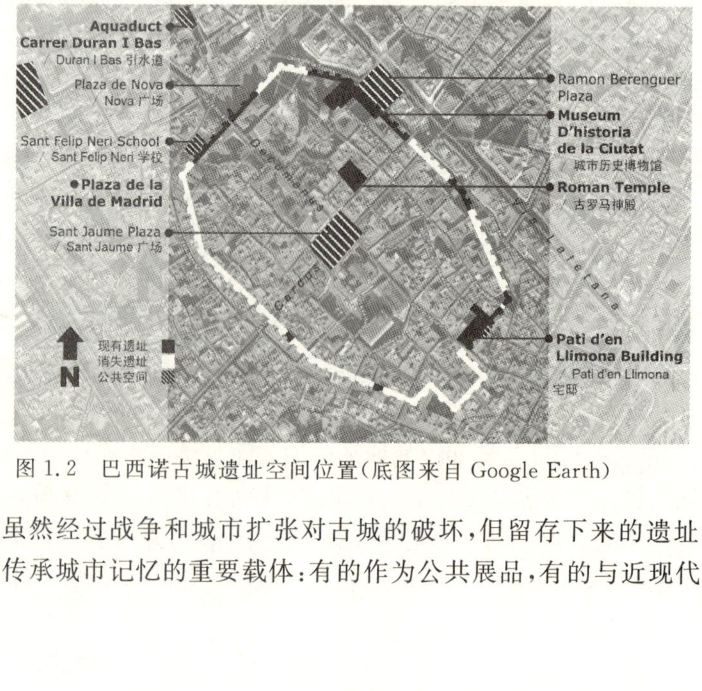

图 1.2 巴西诺古城遗址空间位置（底图来自 Google Earth）

虽然经过战争和城市扩张对古城的破坏，但留存下来的遗址都作为了传承城市记忆的重要载体：有的作为公共展品，有的与近现代建筑结合；同时，当代巴塞罗那的城市更新也将古城遗址纳入改造范畴，并出台相关法律条款。下面将具体讨论哥特区的城市空间和历史遗迹。

3.1 城市空间的保护与延续

巴西诺的城市空间，被一直延续至今。Sant Jaume 广场在公元前 1 世纪作为古罗马时期的城市中心广场，是市民重要的社交集会场所，也是巴西诺的政治、行政与宗教中心。该广场首先在界面上进行了延续，其四个方向的立面保护完整，包括柱廊和装饰；此外，其地面的图案，也暗示着古代巴西诺城市中心的所在地。其次，广场空间还延续了古罗马的尺度和形式，如街道的宽高比，给该区域的行人们较强的识别性和定位功能。

Decumanus maximus 与 Cardo maximus 轴线也被保护下来，据资料记载，它们是奥古斯都根据海岸线的方向设置的，至今它们仍然承担着哥特区的定位功能，连接着著名的 La Ramblas 大街与 Via Laletana 大街，Nova 广场与海岸区。此外，两条轴线大街在夜晚的照明(照度)等级高于周边街道，与城市中心广场共同呼应了巴西诺的城市机理。也因此，这里曾被选作许多电影的外景拍摄地，如《Perfume：A Story about a Murder》。

3.2 古城遗址的公共空间转化

3.2.1 转化为公共展品

(1) 古城街区遗址

只有很有限的一部分巴西诺遗址被直接作为展品，例如位于巴塞罗那城市历史博物馆地下近 4 000 m^2 的古城街区遗址，它展示了巴西诺在 4 世纪到 8 世纪间的演变(图 1.3)。

图 1.3 (上)城市历史博物馆入口，(下)巴西诺街区遗址

街区遗址从一个富有家庭开始，叙述了当时居民的起居、生活和日常交流；到古罗马时代手工业与其他制造业的生产线、运转经营流程，包括洗衣与染色；接着，穿过地下的 Cardo maximus 轴线，可以到达海产加工作坊，那里的遗址展示了鱼类腌制、调味并成为美食的过程；还有公元 350 年至公元 4 世纪初的酿酒厂，将葡萄变成葡萄酒的加工工序；最后到达基督教徒所居住的邻里，包括洗礼所、接待厅、主教宫殿和十字形教堂(图 1.4)。

历史博物馆是少数将巴西诺遗址直接作为展品的案例，利用架空走廊，使游客似乎回到了两千年以前的古罗马盛世，逐渐呈现出巴塞罗那的崛起，到成为地中海帝国的首都，再到成为加泰罗尼亚-地中海地区联结枢纽的过程。地下展区限制了参观人数和开放时间，从而利于开展日常维护。此外，由于遗址在地下的庞大面积，它已经覆盖到了城市其他街区，而一些重点地段更配置了近地面的玻璃窗，这样可以既满

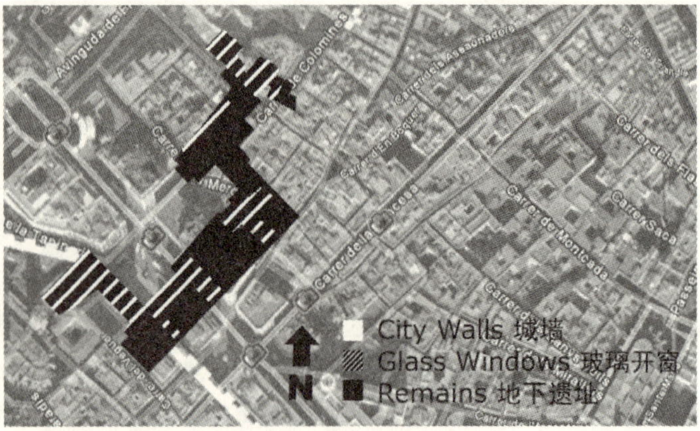

图 1.4　巴西诺街区遗址地下的延伸区域(底图来自 Google Earth)

足展厅的采光要求，又使地面上行人看到了城市的今昔对比。

(2) 古罗马神殿遗址

古罗马神殿建于公元前 1 世纪末，长为 35 m，宽为 17.5 m，由柯林斯柱式环绕，用于崇拜帝国之神。但是，宗教仪式并不在神殿内部进行，而是在其前面的广场上，因此它也作为市民的交流集散中心。神殿现在仅存四根柯林斯柱，并由楣梁连接，下部有平台和楼梯，当时作指挥讲演之用。

14 世纪时当地展开了对神殿的修缮工作，并把其部分遗址封存在一个五层高的建筑中庭，直至今日。1835 年时，建筑师安东尼复原并重建了神殿的楼梯和基底，并从国王广场(现巴塞罗那城市历史博物馆附近)将失落的罗马柱迁移至此。到了 1870 年，该建筑被作为加泰罗尼亚旅行者中心，之后于 20 世纪初由建筑师多米尼克重新翻新。同时(1903—1905 年)，著名建筑师卡拉法尔克在研究了古罗马神庙后，完成了当时最完整的建筑细部复原图，肯定了它的历史价值和艺术价值，并为罗马柱与基地的重组奠定了基础(图 1.5)。

图 1.5　(左)通往罗马柱的入口，(中)位于建筑中庭的罗马柱，(右)小尺度的展区空间

作为公共展品，罗马柱被置于这栋建筑的中庭，用狭小的空间尺度反衬了罗马柱的高度。中庭顶部以玻璃封盖，在遮雨的同时，使阳光漫射在柱体表面。建筑内房间多用作旅馆，因此可以从较高的开窗观看柱式细部。此外，游客还可经入口处的楼梯进入二层，通向柱体侧面。

3.2.2 与公共建筑结合

(1) 社区中心(Pati d'en Llimona 宅邸)

多数古城遗址是以共用墙(shared walls)的形式与当代公共建筑结合，Pati d'en Llimona 宅邸和海事博物馆(Museum Maritim)就是典型的例子。Pati d'en Llimona 宅邸始建于公元 250 年以前，是巴西诺最早一批居民点；后来它曾在 4 世纪初停止了使用，改作监视人们出入的监守室，也是为了控制加泰罗尼亚地区通往地中海海岸的主要通道。中世纪期间，Pati d'en Llimona 宅邸一度改为当地贵族的宅邸(March family palace)；后来直到 1988 年，才经过现代主义手法改造，转变为该地区的社区中心并向公众开放。

建筑东南立面西端恰为巴西诺的南城门，东端则是古城的东南防御塔(Defense tower)，而中间的城墙和部分边门被嵌入了该建筑的立面中。从这个角度说，Pati d'en Llimona 宅邸是巴塞罗那最古老且仍然继续使用的建筑之一(图 1.6、图 1.7)。

巴西诺城门的基础被置于建筑内部的地下一层，与城市历史博物馆的遗址相似，Pati d'en Llimona 宅邸也采用了近地面玻璃窗，在满足展示功能的同时确保对遗址的必要保护。此外，游客还可进入地下近距离观看遗址，遗址周边还被扩展为小型展室，常常配有摄影和绘画作品展。

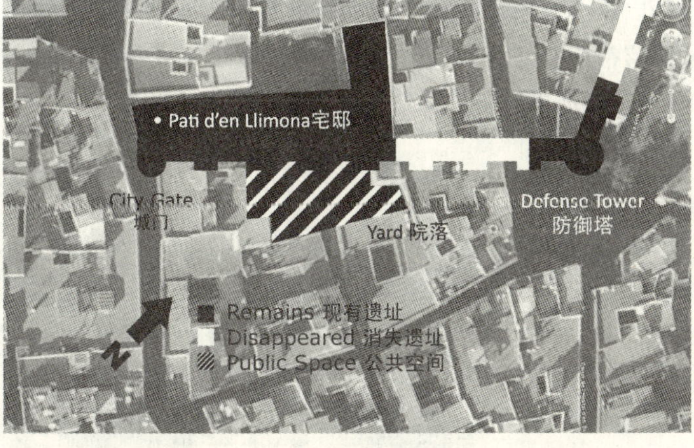

图 1.6 Pati d'en Llimona 宅邸及周边防御塔位置示意图(底图自 Google Earth)

图 1.7 (上)嵌入建筑立面的边门，(下)地下的小型展室

另一方面，整座建筑分为四层（包括地下一层），主要房间都用于社区居民的娱乐、学习和会议。古城城墙在室内也显得尤为重要，因为社区中心将大部分墙体进行了暴露，使室内立面依旧可以呈现出遗址的斑驳肌理。例如电梯间、大厅、舞蹈教室、计算机中心等都可以看到和触摸到古城墙。此外，建筑设计也为了突出城墙连续和高耸的特点，采用大面积的共享空间和强通透性的装饰材料（如玻璃、架空走廊、钢网等），使游客在任何一个角落都可以窥见城墙。值得一提的是垂直升降梯，它可以将游客从城墙根基一直带到 17 m 高的顶端（图 1.8、图 1.9）。

图 1.8 （左）电梯间；（中）室内墙壁与古城墙结合；（右）共享空间

这段城墙作为 Pati d'en Llimona 宅邸立面的同时，还与其东南侧部分街巷围合出了一个面积不大的院落，现在作为周边老年人活动中心的休息场所。墙壁上经过时间消磨留下的痕迹，配合上人们种植的花草，在对比的同时映射出生命的力量。这里与巴塞罗那 Sant Felip Neri 修道院的院落很相似，同样古老的墙体，同样不知是战争还是建设遗留下的伤痕，只是在那里不是放置植物，而是摆满了蜡烛（图 1.10）。

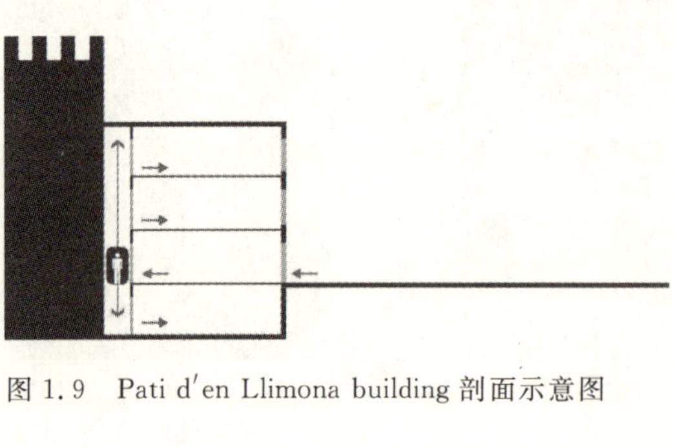

图 1.9 Pati d'en Llimona building 剖面示意图

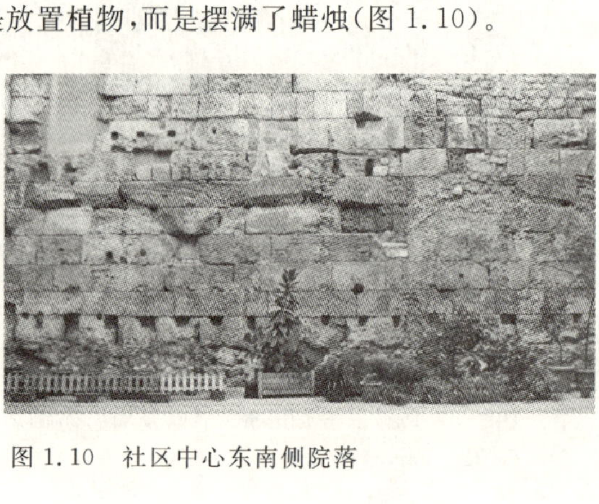

图 1.10 社区中心东南侧院落

（2）海事博物馆

海事博物馆位于古城巴西诺的西南角，原址是古罗马时期的皇家造船厂。后来由于当时地中海海岸线的逐渐后退，造船厂失去了原有作用，此后一段时期，造船厂先后被用作海军军营和海关。这里的城墙遗址也通过共用墙的形式与该建筑结合，并一直保存至今，包括城墙外的护城河与沟壕（图 1.11、图 1.12）。

图 1.11　海事博物馆剖面示意图

图 1.12　海事博物馆外围城墙与壕沟

海事博物馆内的主体框架、承重结构等都是由当时的柱、拱、屋顶加固而成的，使得博物馆的展览空间别具韵味，甚至也可称为是展品的一部分。馆内主要功能是介绍西班牙航海史上的重要事件和发展历程，还特别采用 1∶1 的实物布景模仿了当时造船、卸货、战斗的场景，配合灯光和逼真的道具，有很强的现场感（图 1.13）。

图 1.13　（左）海事博物馆外立面，（中、右）海事博物馆室内结构

3.2.3 与公共空间结合

(1) Villa de Madrid 广场

古罗马时期,法律规定在城市界线内不能埋葬逝世者,因此当时主要的墓地都分布在巴西诺古城外(西北方),通向加泰罗尼亚内陆的主要道路两侧。那里的部分墓地被保存下来,并融入巴塞罗那的城市更新进程,作为公共开放空间,即 Villa de Madrid 广场(图 1.14)。

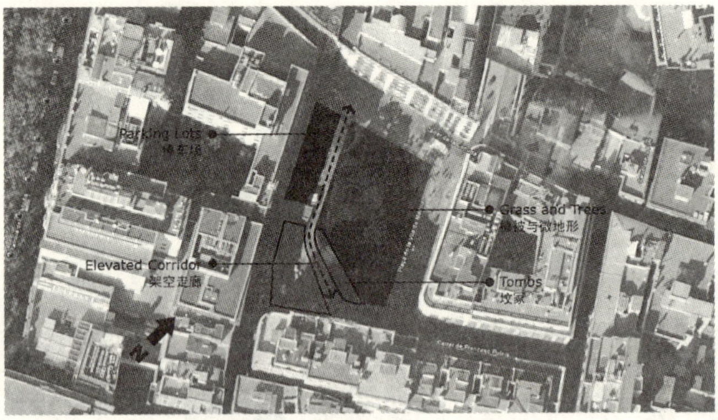

图 1.14 Villa de Madrid 广场平面图(底图来自 Google Earth)

墓地中的古代陵墓和坟墓,连同墓碑与坟冢都被下沉到地平面以下,使游客可以在经过时俯瞰到遗址。此外,为了将墓地与周边的开放绿地相结合,整块绿地还塑造了多个楔形微地形,以达到与陵墓形式的一致。但是,由于该广场处于外来民族较多的地区,在夜晚极不安全,再加上下沉式空间的天然幽闭特点,使得这里更易发生事故。所以,设计师将广场地面以下的部分都用高照度灯光照亮,并关闭了下行道路(图 1.15)。

图 1.15 (上)墓地遗址;(下)楔形微地形(上图为李迪华摄)

(2) 古罗马引水道(The aqueducts)

古罗马时期巴西诺的水源主要依靠两条拱形引水道供应,它们坐落在古城北城门外,分别从东边的 Besos 河和北边的 Collserola 山引水。但是随着工业化和供水管网的发展,两条引水道只保留下了一条中很有限的两段(通往 Besos 河),分别位于 Nova 广场和 Duran I Bas 大街(图 1.16)。

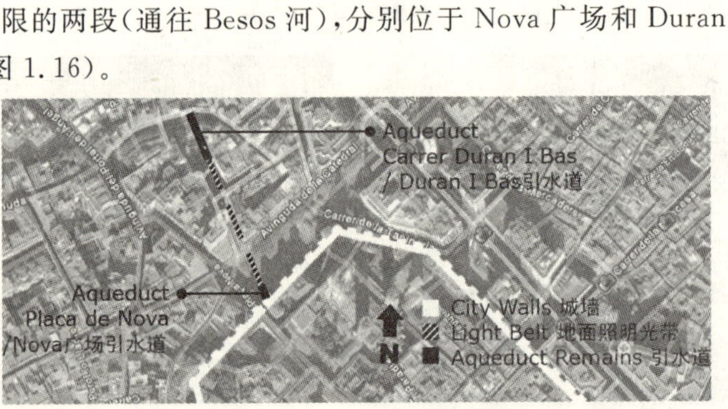

图 1.16 古罗马引水道遗址位置示意图(底图来自 Google Earth)

首先，对于 Nova 广场的引水道——确切说只是一个端口——连同自身依附的半圆形防御塔一起被保留下来，使人们仅能依稀辨识出当时引水的方向。但是，设计师又以另一种方式唤起了这段城市记忆，即在地面铺设了一条淡蓝色灯带，方向恰好与 Duran I Bas 大街的引水道所吻合。所以，每当夜晚游客步行在 Nova 广场时，就能够通过这种特殊的照明设计，记住这里曾经有过引水道的存在(图 1.17)。

另一方面，对于 Duran I Bas 大街的引水道遗址，它仅保存下了四个拱券，且完全以共用墙的形式嵌入旁边的建筑，并连同另外一侧的公共空间形成了一个摩托车停车场。但是，这里由于夜晚照明不足和周围聚集的流浪汉，很难给人安全的感觉(图 1.18)。

除以上古城遗址，巴西诺城墙和壕沟还出现在一些其他公共空间，如哥特区地铁站附近的 Ramon Berenguer 广场，由部分城墙和防御塔改造得来的 Sant Felip Neri 学校，甚至古城区普通商铺的内墙(图 1.19)。

图 1.17 (上)Nova 广场引水渠，(下)Nova 广场夜景与地面灯带(上图为李迪华摄)

图 1.18 Duran I Bas 大街引水道遗址与周边的摩托车停车场

图 1.19 (左)商铺内城墙遗址，(中)Ramon Berenguer 广场，(右)Sant Felip Neri 学校(右图为李迪华摄)

4 古罗马遗迹公共空间转化的动因

经过调查和分析，巴塞罗那针对不同类型的古罗马遗迹，有不同的公共空间转化途径，而且这种转化也很符合当时城市散点式更新的需要。但是这样就产生了一个问题，为什么 2 500 年前的古罗马遗迹，能够在高度现代化的都市中顺利地转化为公共空间呢？本人认为其中的转化动因主要分为三个层面。

4.1 城市区位

巴西诺经过中世纪、资本主义和工业化后，其遗址大多被保留或继续使用，这为其再利用提供了基础。具资料显示，公元 5 世纪西哥特人攻下巴西诺后，并没有毁坏当地的建筑和城墙，而是继续加固和加建，是因为古罗马城市形态和区位适应于当时的动乱状况[①]。

首先，巴西诺选址恰位于伊比利亚半岛的咽喉部位，是欧洲、地中海诸国、北非的必争之地；而且古城南侧紧邻地中海，西侧依靠山峦掩护，占据了有利地形；同时它还位于 Llobregat 河的入海口，控制了通往加泰罗尼亚内陆地区的主要水路通道。其次，奥古斯都建立的巴西诺还多是出于军事目的[②]，城墙、护城河、壕沟、防御塔等都随时间进行了加固，而且城内也留出了战争时必要的缓冲空间，为敌人攻城做好了准备。所以，一个能够占据战略要地，拥有适宜战争的城市形态是巴西诺得以延续的根本。

4.2 公共建筑

古罗马人建城是以发展公共建筑为主，并配置完善的城市基础设施，如引水渠、下水道、公共浴室和集散广场等，而这些都是保证居民生活条件的关键要素，也因此得到了保护和传承。宏观上讲，区别于巴西诺以前由伊比利亚人建立的分散式村镇，古罗马的城市体系是基于城市规划发展而来。巴西诺与其他大部分古罗马城市一样，其主要轴线都平行海岸线和山脉，并以此设置城市方格网。微观上讲，古罗马人很重视城市基础设施的建设，保证满足居民基本需求后再进行等级分配；而且与当代公共空间相似，此类建筑、设施、空间也是为民众所设计，因此在今天巴塞罗那的城市更新中，这些古罗马遗迹可以较容易地转化为公共空间，继续为当今的市民服务。

---

① Joan Busquets. Barcelona the urban evolution of a compact city. New York：Harvard College，2005：28 - 46.

② 注：古罗马人建城时如果以方格网为基础，则通常是以军事驻军为目的的城市。

此外，在现代城市发展中，当地政府没有推翻旧城，而是突破城墙建立新城；在哥特区内不但保持了古城的肌理，而且多采用共用墙的形式建造新的公共建筑。这些也为古罗马遗迹的公共空间转化提供了必要条件。

4.3 民主政策

从更高层面说，古罗马的政治和社会状况决定了市民在当时的重要角色。众所周知，古罗马以民主著称，而巴西诺在当时也是极为开放的——具资料显示，一个被解放的奴隶的孩子有资格被选举为市政官员①。此外，即使是看似最残酷的行为“角斗表演”，起初也是为了显示贵族和皇权阶级的地位，但后来演变为举办者为了更好地管理当时的自由民，并从中获取足够的支持率，而且帝王还会利用这些活动听取平民的意见。同样地，城内大量公共建筑和集散广场也是古罗马政府为满足这些人的需求进行建造的，甚至每年的平均假日天数，也从公元 1 世纪的 66 天增加到 4 世纪的 175 天②。可见，巴西诺正处于政府鼓励市民间和市民与统治阶级的交流，而这也与当代巴塞罗那的公共空间理念不谋而合。

5 结语

综上所述，巴西诺古城遗迹不但在巴塞罗那旧城区中被转化为公共空间，加入了当代城市更新的阵容，而且其城市形态还对巴塞罗那新城区带来了深远影响。究其转化动因多是由于古罗马时期的民主与当代的为民目标一致，这才使得转化过程能够进行。上文的多种转化途径可以为古城丰富的中国提供再利用的参考案例，而且有助于对比分析中国古代与现今公共空间的转化关系和可行性。

参考书目

[1] 张杰，袁路平．巴塞罗那扩展区多层高密度街坊的发展与启示[J]．国外城市规划，2004(4)：51－52．

[2] Joan Busquets. Barcelona the urban evolution of a compact city. New York: Harvard College, 2005: 28－89.

[3] 冯定雄，何立平．角斗表演与古罗马政治[J]．鲁东大学学报(哲学社会科学版)．2007(24)：15－18．

---

① 来自巴塞罗那城市历史博物馆的手册与展览内容。

② 冯定雄，何立平．角斗表演与古罗马政治．鲁东大学学报(哲学社会科学版)[J]．2007(24)：15－18．

[4] 杨俊明. 奥古斯都时期古罗马的城市管理与经济状况[J]. 湖南师范大学社会科学学报,2004(4):119-122.

[5] 戴林琳,盖世杰. “塞尔达规划”的街区模式及其空间发育进程初探[J]. 华中建筑,2008(26):208-234.

[6] 巴塞罗那城市历史博物馆手册及馆内介绍.

[7] 加泰罗尼亚历史博物馆手册及馆内介绍.

[8] 巴塞罗那市官方网站 http://www.bcn.es.

*未特别注明的照片和图片均为作者拍摄和绘制。

专题 2　巴塞罗那老城区空间形态与活力

The Form and Vitality of Public Space in Oldtown, Barcelona

徐慧琼/Xu Huiqiong

摘要：纵观整个城市的发展史，作为人与历史、文化和艺术交互作用的结晶，城市空间的新生与衰败、更新与积淀存在不可避免的矛盾。巴塞罗那老城区，经历沧桑变迁，如今仍适应着时代发展，散发迷人的活力与生机，成为巴塞罗那最热闹的公共活动区域。本文尝试从历史、文化、空间形态等方面阐述在巴塞罗那老城区的更新过程中，不仅强调城市形态的整合、公共空间的系统化，而且更关注人与城市空间的互动，即空间场所的活力。

关键词：空间形态；老城区；活力

Abstract: During the process of city's historical development, the city as an interaction between people and history, culture and art, its space's renascence and declination, progression and conservation, renewal and deposition are being inevitable contradictions. Barcelona's oldtown, experiencing vicissitude changes which it has been still adapting to, disseminates charming and wonderful vitality and vigor, and has become the most popular area for public life. This article attempts to explain that in terms of history, culture, space form and so on, the renewal of Barcelona's oldtown is not only the integrating of urban form and system changing of public space, but also concerned on the space interaction of people and city, that is, the vitality of the space place.

Key words: space form　oldtown　vitality

1　引言

巴塞罗那，最让人流连忘返的是老城区。置身熙熙攘攘的人流，仿佛忘了自己的存在。现代时尚文化与历史传统文化在这里很好地融合，巴塞罗那老城区是一个拥有良好品质的“充满生活、情调、回忆、变化和机会”的“活力”空间。

2　巴塞罗那老城区城市活力

2.1　“活力”词源解析

“活力”一词，引《当代汉语新词词典》：(1) 旺盛的生命力；(2) 借指事物得以生存、发展的能力。“活力”对应的英文是：vigour、vitality、energy、activity。

2.2 相关学者释义

（1）凯文·林奇在《城市形态》一书中，将评价城市空间形态质量的标准概括为5个基本指标：活力、感受、适宜、可及性、管理，再加上两个额外指标：效率和公平。其中，将“活力”作为评价城市空间形态质量的首要指标。

（2）简·雅各布斯在《美国大城市的生与死》一书中，认为人与人活动及生活场所相互交织的过程使城市获得了活力，是城市生活多样性的体现。雅各布斯认为：城市中有生气的、人多的地区总是有着相对多的内容和形式并存着，通常有四个必不可少的因素：混合的基本公用、小的街区、不同年代的老房子、人口的充分密集。

（3）伊恩·本特利在《建筑环境共鸣设计》一书中，对“活力”的解释为：影响着一个既定场所能够容纳不同功能的多样化程度。能够适应多种不同用途的场所提供给使用者的选择机会比那些只限制他们于单一固定功能的场所要多。

总结以上学者关于城市空间活力的解释，可以概括为：空间活力具有活跃、人气、机会、互动、多样性、包容性等性格特征，其中最核心的、首要的存在要素是人。

2.3 研究范围

本文所研究的老城区，形成于罗马统治时期，发展于中世纪，并延续至今，现在依然可见其清晰的城市轮廓。此范围的城市肌理格局和其他棋盘式城市格局完全不同，由 Ronda Sant Antoni，Ronda Sant Pau，Avinguda Parallel，Passeig Colom，Passeig Picasso，Ronda Sant Pere 六条大街形成的六边形城区范围（图2.1）。

图2.1 本文研究范围（Citutat Vella）

3 老城区空间形态分析

3.1 良好的空间可及性

人是空间活力的核心因子。只有使用者能够到达的场所才提供选择机会，一个环境容许人们在其中穿行，从一个场所到达另一个场所的机会多少，成为衡量城市场所活力的重要标准，这个特性称为可及性。可及性，是到达和穿越一个空间、场所的可选择路线的数量（Ian Bentley 等，2002），是场所是否具有生命力的首要分析因素。

3.1.1 区域可达性

老城区位于巴塞罗那城市东南部，从整体城市形态看，老城区位于楔形城市的中心位置，并临近滨海区域，地理位置非常优越，是扩展区与滨海区的连接点(图 2.2)。

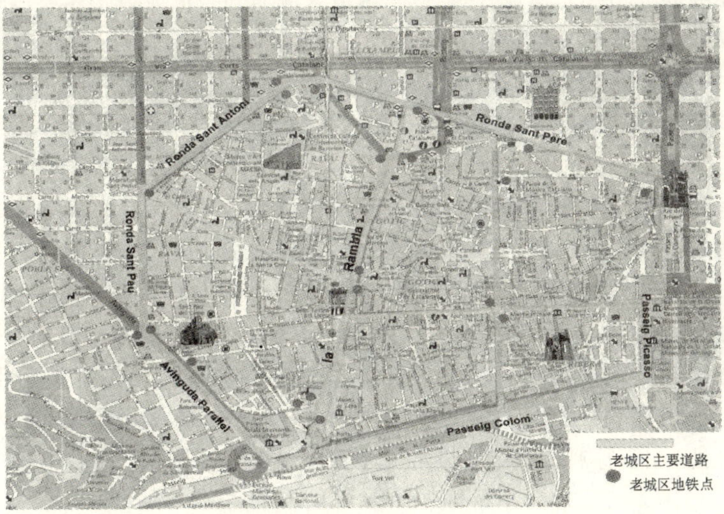

图 2.2　老城区主要道路布局及地铁站分布

从空间形态上看，老城区由六条主要城市道路围合，中间由 Rambla 步行道分隔为两部分，成为两个典型区域：RAVAL 区(左)和 GOTIC 区(右)(见图 2.2)。

六条主干道路交通系统，方便、快捷地连接老城区与城市其他区域。城市主干道路布置在老城区外围，形成围合空间，对区域内部空间和交通系统不产生干扰。

除地上交通系统非常方便快捷无强制干扰外，地下交通布置也非常合理。如图 2.2 所示，圆点位置表示老城区区域内地铁出入站点。地铁出入口位置布局十分合理，主要分布在城市主干道与老城区内部交通干道上的交叉处和城区内部干道交叉口。由此形成两个识别性强而且相互联系的交通系统：区域作为局部，与整个城市的连通系统；区域作为整体，内部完整独立的连通系统。这样明确、清晰的布局不是从汽车交通优先来考虑机动车需求出发的，而是以人们活动行为规律为原则。把人们的公共生活作为考虑的第一要素，提供给在城市任何一个地方的人们，非常快速到达的可能性和多样的选择性，成为产生丰富热闹的空间活力的重要前提。

3.1.2　空间渗透性

老城区内部交通系统的显著特点是由四条主要道路分隔六个街区(Block)区域，每个 Block 内部如迷宫般地布局。(举例：图 2.3 为由 Rambla 大街与 Carrer Ferran、滨海干道 Passeig Colom 和 Via Laietana 三条道路围合的街区(Block)，其内部是复杂交错的小巷。)

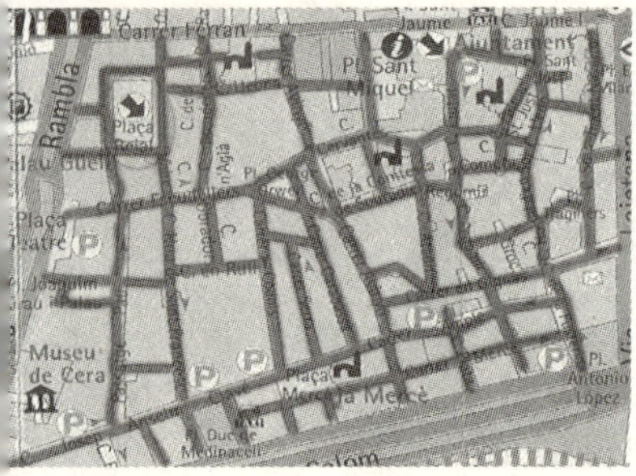

图 2.3 老城区内迷宫般的网络空间

街区内部布局迷宫般的曲折。法国学者雅克·阿达利曾说到，迷宫化是复杂性的一种反映，也是场所生活丰富性的一种表现。每一条街道都能够通往另一条街道，而另一条街道又能通到其他街道。如迷宫般的布局带着鲜明的古城特征。从古代起，城市就是迷宫中的迷宫，对于某一目的地而言是尽端的路恰恰是通往另一目的地的正确道路。和古代的城市一样，中世纪的城市或多或少也是有意构设的迷宫，其间拥塞与空旷交织、墙与路混杂。([法]雅克·阿达利，1999)这样的布局使人们在有限的空间里布满和积叠无限网络和遇见的可能性，成为情景故事和相遇的公共生活触媒，是人们流连忘返不知归路的空间形态(图 2.3)。

相互渗透带来了许多界于内外两者之间的中间状态，产生丰富的多样性，它们是空间活力的重要因素。同样，这种空间渗透性，使得人们能够通过选择路线，轻松、便捷地穿过或到达一个地区。其街道的活力也正在于人们在其中的步行穿越，在于它的不可预期性和引人入胜之处，在于穿越时情感的丰富变化。

3.2 新旧叠合的城市形态

简·雅各布斯指出，产生城市多样性和活力的四个条件之中包括新旧建筑混合。

老城区是巴塞罗那城市的发源地。巴塞罗那城市的雏形从公元一世纪罗马统治时期开始，当时的巴塞罗那城叫做“Barcino”。整个城市有 300 m 宽，面积达 11 公顷。如图 2.4 所示，Barcino 的城市结构是以规整的直角为基准的。

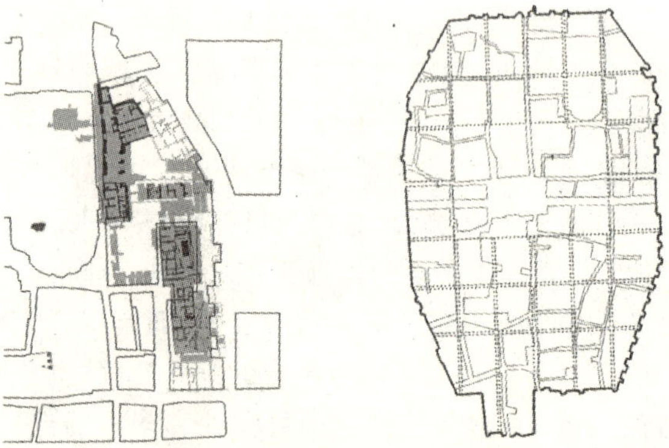

图 2.4 罗马城考古遗迹和罗马城的假想平面①

到中世纪时期，随着贸易的扩张、交流的扩大，巴塞罗那城成为商人逃避封建体系的很好的避难所。此时期的城市空间形态主要源于

---

① 图片来源：Joan Busquets 著，BARCELONA——the urban evolution of a compact city，Harvard University Graduate School of Design，2006：27

人们对世俗社会生活的追求。一些古老教堂如 Sant Pere, the cathedral 和 Sant Miquel 建立起来了，并延续至今。当时的街道形态是连续的不规整的布局，公共空间和广场的建造适当地拓宽了狭窄的街道，一些象征权力的行政建筑也相应建立(图 2.5)。

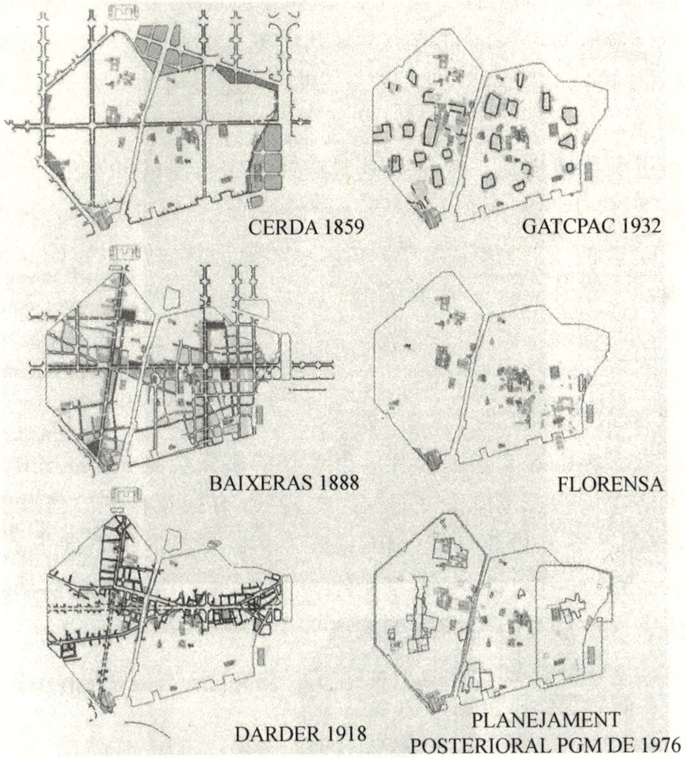

图 2.5 1859—1976 老城区不同规划的叠合[①]

巴塞罗那古城自罗马帝国时期以来经历了多个时期的建设与发展，在地理与文化等因素的共同作用下，古城形成了低层高密度的城市形态(图 2.6、图 2.7)。到 17 世纪末，古城中建筑多为 3 层，人口约为 4 万。到 19 世纪中叶，随着工业革命的发展，人口增到 20 万，但城市建设依然局限于原有的城墙范围内，导致人口密度高达 859 人/ha，成为欧洲当时密度最高的城市之一。街坊塞满拥挤的公寓住宅，建筑高度达 5～6 层，街道十分狭窄，大部分建筑的采光通风条件很差，居住环境十分恶劣。这种状况严重影响到居民的健康和生活，在部分城区，人口的平均死亡年龄为 19 岁。

1855 年，为摆脱令人绝望的城市环境状况，缓解人口压力和平抑房屋租住价格，巴塞罗那政府决定拆除城墙，拓展城市范围。在城市周边原军事隔离区内建设新的城市扩展区。从此老城区在巴塞罗那

图 2.6 加泰罗尼亚音乐厅新老建筑结合

图 2.7 RAVAL 区保留下来的老建筑

① 图片来源：http://www.geographyfieldwork.com/barcelona.htm

城的中心地位随着城市的扩展逐渐淡化和衰落。

直至20世纪80年代始，政府为了改变老城区日趋衰败的境况，富有远见地采用了渐进式的可持续发展更新方式，制订了专门针对老城区的“内部特别更新计划”(Els Plans Espacials de Reforma Interior)，重新梳理老城区的空间格局和历史建筑的保护及再利用问题。这样不仅使巴塞罗那的城市历史文化得到延续与继承，而且还促进城市多样性和经济效益的增长，如激发商业效益、增加人群活动、开发旅游经济等。

通过长期渐进地替换和整修旧建筑，如今老城区的空间形态系统是独一无二，无法复制的。其新与旧的叠合，可以在时间的跨度中找到缔结纽带，保持历史文脉的延续，同时把传统形态包含的文化信息带入现代生活中，实现老城区时间、空间、使用者三重维度的活力交叠。

3.3 混合的空间功能

已更新建成的老城区拥有形态丰富的多元类型，包含各个年代的不同风格建筑物。有保留完好的历史建筑，有处于良好整修状态的老房子，有大量普通和低价值的旧民居。这些旧建筑如今赋予酒吧、书屋、画廊、商店、博物馆、餐饮等现代功能，形成了一个密集变化的城市综合体。这个复杂的综合体组织成一个严密紧凑的，融商业、住宅和经济活动于一体的网络系统(图2.8)。

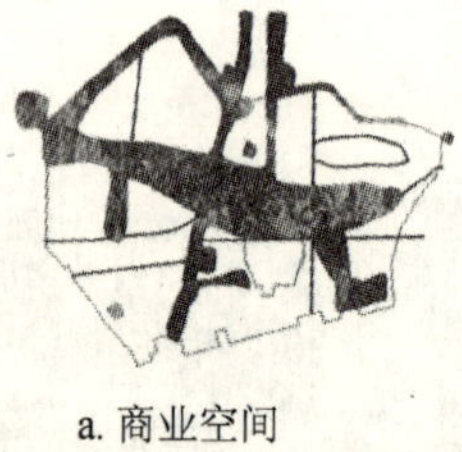

a. 商业空间

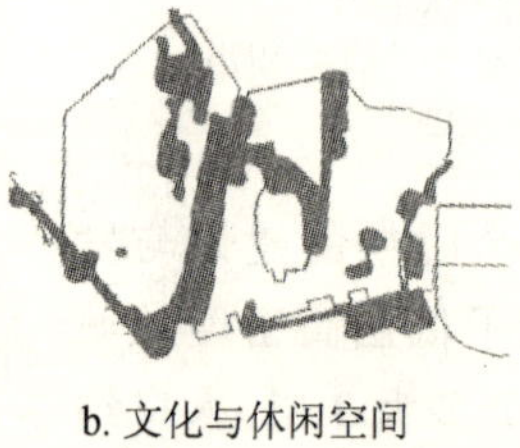

b. 文化与休闲空间

c. 艺术价值空间

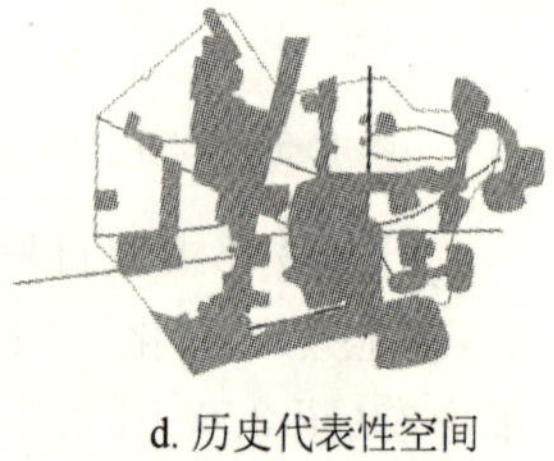

d. 历史代表性空间

图2.8 巴塞罗那老城区城市功能空间分析图①

空间的功能混合，不同于功能上的简单合并，在老城区的更新开发中，综合考虑了如结构、设备、投资、经营等一系列问题，涉及居住、交通、办公、商业、旅游开发、教育、娱乐、休闲、仪式等多种功能，最大可能地激发了老城区潜在活力的可行性。不同空间形态的行为活动，其中包含许多可做可看的事，各种不同文化背景和社会阶层的人们，以不同的方式、不同的时间，汇集于这样一个丰富多样的空间环境。

---

① 图片来源：Joan Busquets 著，BARCELONA——the urban evolution of a compact city，Harvard University Graduate School of Design，2006：389

无论白天还是夜晚，老城区已经成为整个城市的活力聚焦点。

4　老城区公共空间的活力分析

空间公共性是空间活力的源泉。人，是公共生活的主体；公共空间，是公共生活的容器。

一个场所是否具有吸引力，主要看使用者们来到这里如何地生活，又给予怎样的情感。中国古代的《东京梦华录》和“清明上河图”中记述的市井生活、京城看灯、街头买卖、法场劫人、茶棚献艺等构成了一幅幅街道生活的画卷，正是这样一些融入百姓生活场景的普通街道，形成一个个故事发生的活力网络。

在地中海的这边，处处可见社会生活的转变和传统文化两种对立形式的共存。人们既需要传统的延续，又需要新的城市空间，继续成百上千年来的生活：出门散步、购物、看与被看、会见和联络他人等。这些活动和它们所发生的场所——城市街道和广场，一样古老。

同样是丰富的街道生活气息，各种不同的活动，构成多元变化的场景和丰富多彩的社会公共生活。

4.1　公共活动的多样性

当代公共生活越来越多样化，社交与休闲在生活活动中扮演着越来越重要的角色。公共空间作为都市生活的载体，与经济消费、社交和休闲娱乐活动融为一体，以顺应和激发丰富多样的城市生活（图 2.9、图 2.10）。

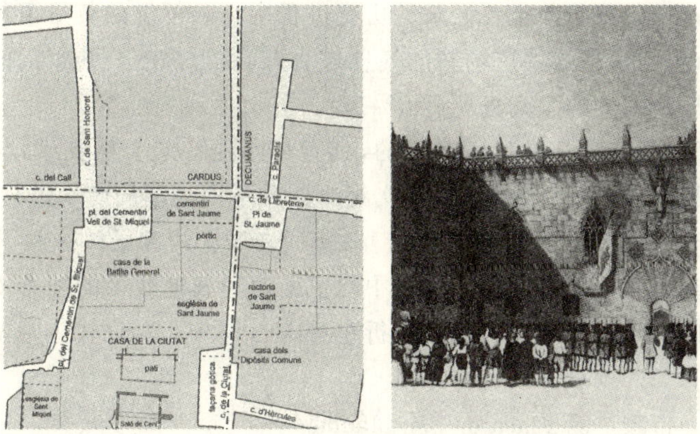

图 2.9　Placa de Sant Jaume 改造前①

---

① 图片来源：Joan Busquets 著，BARCELONA——the urban evolution of a compact city，Harvard University Graduate School of Design，2006：111

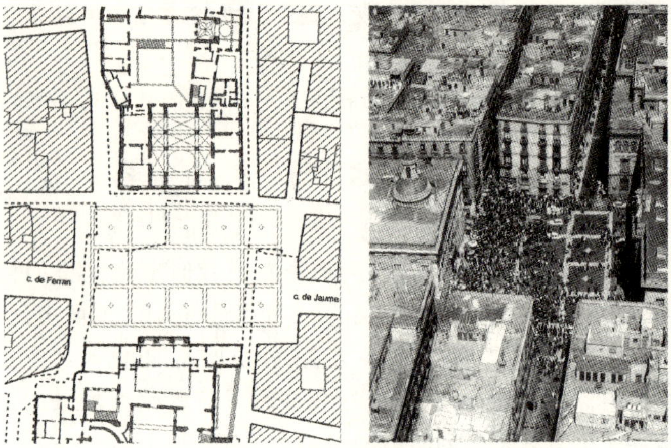

图 2.10　Placa de Sant Jaume 改造后①

老城区的公共活动丰富多样，儿童少年来到这里，可以寻找到色彩缤纷充满童真浪漫的空间；年轻人来到这里，在琳琅满目的商业购物中心、不同历史时期留存下的艺术文化荟萃的博物馆、热闹拥挤的街道等地方实现多样的需求；老年人来到这里，同样可以从这些空间中找到共鸣与快乐。从早上的晨练、遛狗，到白天的各种商业、娱乐、街头表演、政治活动，到晚上的市民散步、聚会、购物休闲等活动在更新后的老城区都成为可能，多元共存的公共活动相互融合，产生丰富热闹的社会活力。

图 2.11　市政广场前发生的活动行为

4.2　促进活动与事件发生的广场

在老城区里，有很多历史文化广场，每一个广场都展示了一段辉煌的历史，记载着人类在漫长的历史进程中可歌可泣的英雄事件。现代城市生活赋予这些广场新的气息与活力，成为都市公共生活的聚集地，和故事发生的生动场所(图 2.11)。

每一个广场都是独一无二的，具有鲜明独特的个性要素，与周遭环境很好地融为一个整体。本文将对四种不同类型的广场进行解析：穿插于老城区街道小巷的市政广场；串联老城区内部居民区和 Rambla 步行街的皇家广场；连通老城区中间主街道和其他城区的加泰罗尼亚广场；以及坐落于红灯区蜿蜒曲折小巷内的 MACBA 现代艺术博物馆前广场。

4.2.1　市政广场 Placa de Sant Jaume

市政广场是中世纪古城的心脏所在，直至今日仍然是举行各种重

① 图片来源：Joan Busquets 著，BARCELONA——the urban evolution of a compact city，Harvard University Graduate School of Design，2006：111

要仪式的市政广场。Placa de Sant Jaume 在城区内部 Carrer Ferran 主要道路上，并成为 Carrer Ferran 道路的一部分。道路与广场的叠合形态，将 Carrer Ferran 道路的活力和市政广场的活力综合提高。经过 Carrer Ferran 大道的游客和当地居民一定不会错过市政广场，使市政广场成为拥有丰富社会生活的场所。广场的每个角落都充满着活力：有的在吃东西、有的在购物、有的在交流、有的只是安静地站着；游客停下来拍照留念、小商贩摆着小地摊、大人小孩悠闲地散步……路过的行人像流动的风景，广场成为看与被看的背景舞台(图 2.12、图 2.13)。

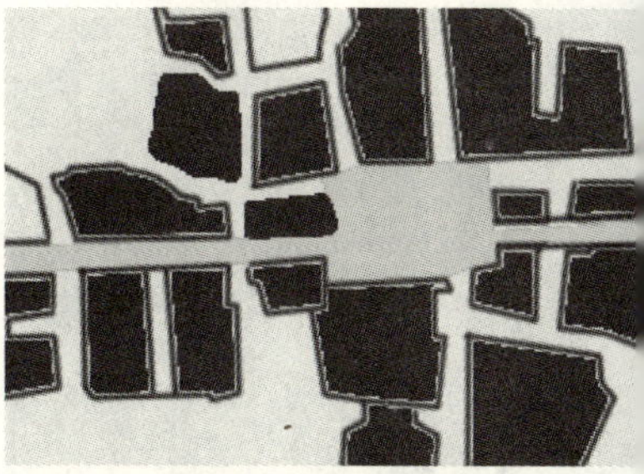

图 2.12　广场与街道关系示意图

图 2.13　围合 Placa de Sant Jaume 的市政厅

围绕 Placa de Sant Jaume 的建筑是巴塞罗那市政厅和法院(图 2.12)，门厅站着威武的警卫，他们不仅在守卫政府职能部门，同时还充当了为迷路的游客们指路的引路人。市政府前的广场性格本来应该是威严肃穆的，可是在巴塞罗那，在老城区，市政广场可以成为一个临时的集贸市场，小商贩在这里自由地售卖花卉、饰物和纪念品，还有街头音乐和表演，引来市民和游客的围观。每一个人都可以在这个空间里找到舒适安全的感觉，也能找到所期待的活力(图 2.14)。

图 2.14　1850 年的 Placa Place Reial 及当时照片①

4.2.2　皇家广场

皇家广场，建于 19 世纪 50 年代。在 20 世纪城市化过程中，这里曾作为停车场。80 年代内城改造过程中，设计师用石材把地面铺成简单的平面，以整齐的棕榈树与一个喷泉作为主题重新赋予公共空间的性质(图 2.15、图 2.16)。

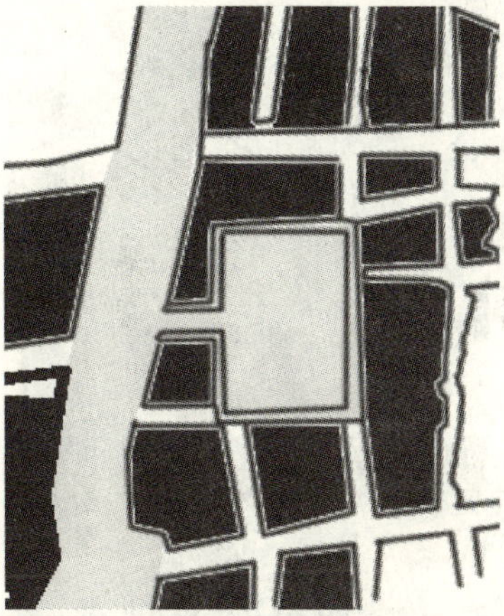

图 2.15　广场与街道关系示意图

皇家广场与 Rambla 大街通过一段拱廊连接，拱廊将 Rambla 大街的繁华喧闹隔离开，穿过古老的长廊，空间突然豁然开朗，嘈杂拥挤变成宽敞散漫。中心是个喷泉水池，中间的灯柱由著名的建筑师高迪设计。广场呈长方形，四周由建筑围合，底层均为便于人们交流的柱

图 2.16　皇家广场中心水池

① 图片来源：Joan Busquets 著，BARCELONA——the urban evolution of a compact city，Harvard University Graduate School of Design，2006：115

廊。底层建筑现开发成咖啡厅和酒吧，休闲的坐椅随意地摆放在广场每个角落，三五成群的人们聚在一起聊天，晒太阳，偶尔观看走进走出广场的人们。

这个广场成为老城区内最受欢迎的宁静角落之一。当老街区中的广场改善之后，周围的环境也跟着更新逐渐繁荣起来，包括周围的住宅也得到很大改善(图 2.17、图 2.18)。

图 2.17　皇家广场周围的拱廊及酒吧

图 2.18　广场一侧的建筑立面及散落的坐椅

4.2.3　加泰罗尼亚广场

加泰罗尼亚广场位于几条城市主干道交汇处(图 2.20)，它的前身是巴塞罗那火车站的站前广场。1981—1983 年加泰罗尼亚广场的环境改造揭开了 20 世纪 80 年代加泰罗尼亚新现代主义的先声(图 2.19、图 2.20)。

加泰罗尼亚广场没有绿地、草坪和树木，中间是巨大的铺砌花岗岩的空旷广场，四面八方的人们汇聚在这里，嬉戏并观赏鸽子。四周是由两排高大乔木形成的林荫休息区，人们坐在这里，可以观看广场里发生的嬉闹活动。巨型花坛、喷泉，Josep Clarà 的雕塑“女神”和 Pablo Gargallo 所作的“城市象征”和“牧羊人”青铜像等历史的记忆和精华点缀其间，使得宽敞的广场不单调，而是散发空间凝聚力和行为活力。

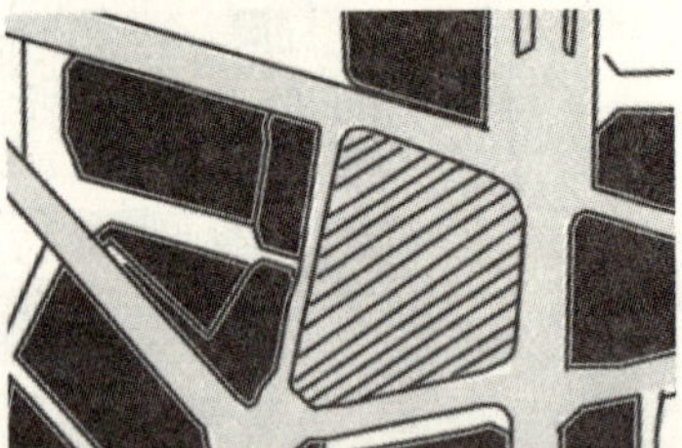

图 2.19　广场与街道关系示意图

加泰罗尼亚广场是进入老城区和 Rambla 大街的标志场所，也是老城区丰富公共生活的序曲。它不仅具有休闲娱乐功能，周围都是集中购物功能的高层建筑和餐馆酒吧，同时它也是城市交通系统的重要节点，巴士站、地铁站汇聚在此，巴塞罗那最大的旅游问讯处也设立在此。历史记忆、多功能定位和位置的重要性，使得加泰罗尼亚广场成为最具有活力的广场之一。

4.2.4　MACBA 现代艺术博物馆前广场

巴塞罗那现代艺术博物馆，坐落在老城区 Raval 区，是巴塞罗那城市更新与历史保护最新成果之一。Raval 区的肌理是杂乱的，道路网错综复杂，然而就是在这样的历史空间交错重叠中，MACBA 及馆前广场成功地解决了传统与现代尺度和空间的难题，并赋予建筑与环境多重的功能与意义(图 2.21)。

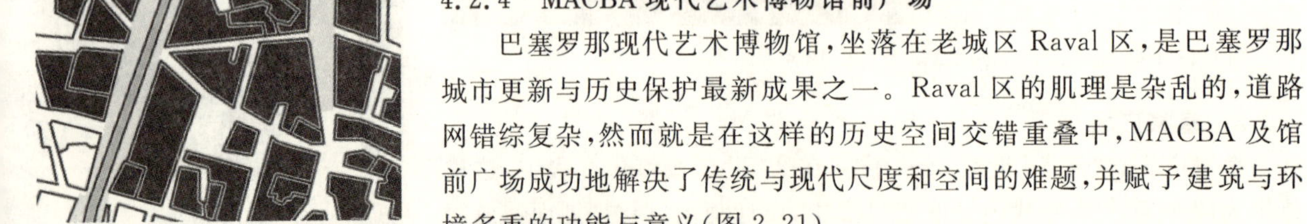

图 2.20　加泰罗尼亚广场鸟瞰及局部

从密集的旧建筑释放出来的场所，在尺度和界面上能够反映所在地块的空间价值。在复杂的迷宫般的肌理中，设计师用大体量的现代建筑将四周小尺度、零碎的历史空间整合起来。传统与现代的对话，现代建筑语言和形式，不再是传统历史街区的对立，而是在整个时间轴上，现代建筑如同以往任何时期的建筑一样，和谐地融入老城区的环境肌理中。

在现代艺术博物馆前广场有许多年轻人玩滑板，溜旱冰，对于居住在Raval区的人们来说，它是最具有活力和吸引力的场所，也是最安全的空间。

图 2.21　现代艺术博物馆前广场(李迪华摄)

4.3　丰富公共生活的街道

好的步行环境作为高质量的公共空间是增加人们日常生活和公共生活活力的重要媒介。位于老城区中心的Rambla大街，是巴塞罗那最繁华的步行街道。Rambla大街，源于阿拉伯语“ramla”，意思是季节性干枯的河流。在13世纪，这里是城墙边的一条河流，在16世纪，河对岸建起了修道院和大学，河流被改成了道路。Rambla大街是在一系列水沟的基础上改建的。今天这条宽敞热闹的大街是这座中世纪城市的一道分界线。Ramble在加科兰语为漫步的意思，1859年种了两行长得没有尽头的悬铃木树，于是该词衍生出“林荫大道”的含义(图 2.22 至图 2.25)。

图 2.22　农贸市场前拥挤的人群(李迪华摄)

如今的Rambla大街，大道两侧为高大的遮阴乔木，中间为人行步道，机动车道在两侧。街道两侧布满了旅馆、商店、咖啡厅、快餐店以及官邸公寓。大街上人流不息，尤其是在周末的晚上，无数的市民和旅游者汇集到这条街上，商业和街头艺术活动在这里非常活跃丰富，卖花、养鸟、占卜、弹唱、表演、模仿艺术都汇集在这条大街宽阔的中央步行道上。Rambla大街成为整个城市最活跃的街道，不同身份和年龄的来访者都可以在这里找到快乐和满足。

在户外咖啡馆或购物街上度过的时光不仅仅是一种愉快的消遣，还是健康城市生活的必需要素。建筑师亨利·沃顿说到建筑及场所品质三部曲中的最后一部就是“喜悦”，城市体验在这里成为欣赏，以步行的方式、休闲喜悦的心情来体验(图 2.26)。

图 2.23　商业购物中心前拥挤的人群(李迪华摄)

不同年龄、不同种族的人们穿梭在Rambla大街上，形成场所的整体感和宽容感。同样，丰富多彩的街头艺术和街头表演，以一种吸引力的方式让人们有机会观看、会见和接触他人，它们吸引人们参与到各种公共活动中，成为人们娱乐及享受生活的场所，咖啡座等设施的设置也丰富了市民的各种休闲生活。

5　小结与思考

于巴塞罗那人，在时间的积淀下继续生活，守望着先辈们留下的

图 2.24　步行街道自发的买卖活动(李迪华摄)

图 2.25　Rambla 大街上的热闹场景(李迪华摄)

图 2.26　老城区街道的公共生活(李迪华摄)

家园财富,继续传承着本地传统文化,不卑不亢,快乐,平和,充满自豪之情;于旅行者,这座城市每一处都在精致地表达她的友善。

当今中国的城市化,是一种机器模式,意味着一种对历史的清除,对公共生活和公开愿望的抹杀。1999 年,马里斯卡(J. Mariscal)创作的一副海报主题是"巴塞罗那从不缺少梦想"。十年后再看巴塞罗那老城区,丰富多元和宽容的城市活力展示着巴塞罗那人的远见与愿望的实现。我国城市大多数地方都是令人不满意的,所面临的问题也是千变万化,但不变的是人们对美丽祥和的城市环境的期望。中国旧城更新和改造,更多是开发商和政府单一的、自上而下的行为,不带任何感情色彩。然而如本文所阐释,最富有说服力、吸引力和感染力的因素却是那些带着浓厚情感的,如场所记忆、历史回顾、相遇、看与被看、集会买卖、购物消费等。因此人的活动是考虑一切空间形态之根本。

参考书目

[1]　Joan Busquets 著,BARCELONA——the urban evolution of a compact city, Harvard University Graduate School of Design:27－35;350－389.

[2]　刘易斯·芒福德著,宋俊岭等译,城市发展史——起源、演变和前景[M]. 北京:中国建筑工业出版社,2005.

[3]　凯文·林奇著,林庆怡等译. 城市形态[M],北京:华夏出版社,2001.

[4]　张钦楠,阅读城市[M],北京:三联书店,2004.

[5]　伊恩·本特利等著,纪晓海等译. Responsive Environments:建筑环境共鸣设计[M],大连:大连理工大学出版社,2002.

[6]　C. 亚历山大等著,王昕度等译,建筑模式语言[M],北京:知识产权出版社,2002.

[7]　克莱尔·库博,马库等著,俞孔坚,孙鹏,王志芳等译. 人性场所——城市开放空间设计导则(第二版)[M]. 北京:中国建筑工业出版社,2001.

[8]　雅克·阿达利著,邱海婴译,智慧之路——论迷宫[M]. 北京:商务印书馆,1999.

[9]　荆哲璐,城市消费空间的生与死——《哈佛设计学院购物指南》评述[J],时代建筑,2005(2):216－222.

[10]　杨·盖尔著,何人可译,交往与空间[M]. 北京:中国建筑工业出版社,1988.

[11]　蒋涤非著,城市形态活力论[M],广州:东南大学出版社,2007.

[12]　曲伟,韩明安,当代汉语新词词典[M]. 北京:中国大百科全书出版社,2004.

*未特别注明的照片或图片均为作者拍摄或绘制。

专题3　巴塞罗那公共空间改造中城市资源的可持续利用

The sustainable use of city resources in the transformation of public space in Barcelona

李瑾/Li Jin

摘要：巴塞罗纳公共空间改造通过高效利用土地资源、使用耐久材料和可回收材料、合理开发和利用能源以及多形式保护历史文化遗产等措施，实现了对城市资源的可持续利用。这些措施既改善了城市环境，保护了城市的历史文脉，又提高了居民的生活品质，为我国提供了宝贵的经验。

关键词：巴塞罗纳；公共空间改造；城市资源；可持续利用

Abstract: Through the efficient use of land resources, using durable and recycling materials, proper development and utilization of energy and protecting historical and cultural heritage, the transformation of public space in Barcelona achieved the sustainable use of city resources. These measures not only improved the urban environment, protected the city's historical context, but also improved the quality of residents' life. These successful experiences provided our country valuable experiences.

Key words: Barcelona　Transformation of Public Space　City Resources　Sustainable Use

1　引言

城市资源，广义上指属于城市和城市居民的所有资源，包括有形、无形的；共有的、私有的。狭义的城市资源是指属于城市，或直接为城市服务的公共资源(周冰，郭捷，2008)。随着城市化进程加快和城市社会经济的迅猛发展，一方面，城市建设和城市资源浪费、城市资源短缺之间的矛盾日益突出，尤其在土地、材料、能源等自然资源的利用上更加明显。另一方面，由于市场条件下，城市资源的直接和间接开发利用过分强调效率和收益的最大化导致了大量的城市历史文化遗产的消失，文化底蕴和城市记忆等无形的城市资源也遭到严重的破坏。

如何在城市建设实现城市资源的可持续利用，是城市可持续发展的关键，巴塞罗那的空间改造正是体现了对城市资源的可持续利用。本文主要从土地、材料、能源、历史文化遗产四个方面研究巴塞罗纳公共空间改造中对城市资源的利用。

2 巴塞罗纳公共空间改造的历史沿革

巴塞罗那的城市公共空间改造从 1981 年开始至今，创造了 450 多个新的公共空间。这些公共空间色彩绚丽、风格独特，和城市环境以及市民的生活自然融合，展现着城市的文脉，表达着城市的活力，成了巴塞罗纳引以为傲的城市公共资源。巴塞罗纳的公共空间改造大致分为三个时期：

(1) 1976—1986 年“可持续的巴塞罗那模式”：针对工业的衰败导致的土地利用率降低和市民生活质量的降低，政府主要进行“针灸式”城市公共空间改造，目标是着重规划广场、街道和公园以提高城市生活质量，对区域人力资源、物质资源、文化资源进行可持续的重组创新。

(2) 1986—1992 年：“可持续的”奥运规划。以主办 1992 年奥运会为契机，以继续改造和发展城市为目标，巴塞罗那全面展开都市规划与建设。政府明确提出奥运相关设施建设要与城市可持续发展规划相结合，注重城市各区域发展的相对平衡和城市资源的统筹配置。

(3) 1992 年后至今：以城市文化资源保护为核心的空间计划。奥运会后，巴塞罗那结合 2004“世界文化论坛”，城市公共空间改造以城市文化资源保护为核心，主要完成了滨海区域的改造和开发。目前，政府正利用公众对城市改造的支持，继续实施一系列公共空间改造计划，包括扩大城市绿色空间、完善城市道路和开放海滩，以文化吸引经济发展。

总之，巴塞罗那三个阶段的公共空间改造分别从主城区和扩展区、滨海区以及到巴塞罗那大区进行，依次实现了市民的生活品质的提高、城市资源的统筹配置以及城市文脉的保护。

3 巴塞罗那公共空间改造中城市资源的可持续利用途径

3.1 土地资源的合理利用

巴塞罗那在 20 世纪五六十年代之前曾一直大力发展工业，随着传统工业的衰败，大量工业用地的荒芜和人口的不断增加，造成了土地利用的紧缺，居民的生活品质不断下降。设计师通过巧妙的设计手法在改造工业用地的同时，保留了市民在工业发展时期的城市记忆，实现了土地资源的合理利用。

3.1.1 废弃工业区的多样化开发利用

位于海滨的 Plblenou 区是独立于城市的工业废弃区。该地区的海岸风光宜人，有开发潜力。巴塞罗纳政府就将此地作为奥运村的建设和规划用地。奥运会后，由于奥运村设计配合了住宅的需求，设施完善，环境优美，立即成为重要的观光带，吸引了大量的游客和大批的中产阶级来此居住，废弃的工业区变成了一个蓬勃发展的新兴地区。而位于巴塞罗纳西侧高密度的社区中的废弃工业园，政府则决定将它改造成社区公园，即西班牙工业公园(Parc Espanya Industrial)。一方面，公园通过巨龙滑梯、灯塔雕塑表现了巴塞罗那的活力和未来；另一方面，园内宁静的湖水，葱绿的草坪和树木以及儿童游乐区给居民带来了轻松惬意的休闲气氛，成了他们的活动乐园(图 3.1、图 3.2)。

图 3.1 工业区改造后的奥运村

图 3.2 工业园改造后的社区公园

3.1.2 废弃的采石场特殊地形的开发利用

位于城北的一个高密度低收入的社区内的库莱伍艾塔·德鲁·考鲁公园，原为一个废弃的采石场，环境非常脏乱，而且四周都是峭壁。设计师顺应山势，在公园南面设计了多层弧形台阶，并利用采石场留下的坑洞设计成了儿童游泳池并在东面的山间平地开辟老年门球场。而园内手抓形和抹刀型的雕塑则给人们带来采石场的回忆。公共空间改造结合特殊地形，既减少了开发成本，又能避免对环境造成破坏(图 3.3、图 3.4)。

图 3.3 采石场留下的坑洞设计成了游泳池

3.1.3 废弃车站的功能转换

位于巴塞罗纳市中心的北站公园，是为了 1992 年奥运会对原有的北火车站进行改建而成的。它保留了原车站的建筑，内部空间改建成了体育活动中心。在车站外部空间设计了宽阔的草坪、儿童活动区、游憩区，并通过大地艺术景观“沉落的天空”和“旋转的树林”，为城市营造了富有艺术气息的公共空间。这种功能转换的方法避免了大规模的改建，实现了废弃车站的高效利用(图 3.5、图 3.6)。

图 3.4 手抓雕塑保留了采石场的记忆

图 3.5 废弃的北站火车站(来源自纪录片《城市的远见》)

图 3.6 北站火车站如今成为体育活动中心

图 3.7　儿童活动区融入圣约翰大街

图 3.8　圣约翰大街休憩区

3.1.4　城市机动车道引入带状社区公园

工业的发展给巴塞罗纳留下了过分密集的机动车道。于是，政府利用了这些机动车道，根据实际情况在车道中间、单侧、双侧甚至立交桥下开辟带状绿地，既作为城市步行道又作为带状社区公园。这类机动车道的改造在巴塞罗纳随处可见，如位于扩展区的桑特琼大道，设计师将道路中间开辟成了社区公园。公园根据交通需要由六个带状公园组成，韵律相同，由北向南分别为水池或雕塑区、休憩区、植被区、儿童活动区，依次循环。这些人行道上简单的功能分区，恰恰满足了居民对社区公园的需求，具有非常好的可达性（图 3.7、图 3.8）。

3.2　材料的合理利用

城市材料的合理利用能减少森林砍伐和材料加工、运输产生的污染，是保护城市环境的重要方式之一。

3.2.1　建筑废弃材料的再利用

巴塞罗那公共空间的改造除了完整保留有纪念价值的废弃建筑、烟囱、水塔，也注重废弃材料的重新利用，建设和经过加工成为公共艺术和雕塑。

位于圣马丁区的克洛特公园是个非常成功的例子。它原为 Renfe 铁路车间，后来火车改道，车间废弃，政府将此地建设成社区公园。公园将旧车间的砖用于新公园的建设，而保留的车间墙体经过设计成了公园的特色。东面的“城墙”将下沉广场围合，并被利用成了喷水池，恰似古罗马的水渠。铸铁柱式的旧墙组成摩尔式的拱架和中间的水池，和雕塑相映成趣。另外两面墙则烘托了工业时代的烟囱，成为入口标志（图 3.9 至图 3.11）。

图 3.9　旧墙改造成的水渠

图 3.10　铸铁柱改造成的拱架

图 3.11　旧墙联系着烟囱

3.2.2 提倡使用耐久材料

巴塞罗那的公共空间大多采用经久耐用、容易在当地取材的材料。如一些优质的大理石和木材做成的铺装、桌椅在历经风雨后仍然能保持陈旧的美感。基罗纳公园的设计师Jordi Farrando阐述道:“我们用高品质的建材,不是假装豪华,而是高品质的建材能经久耐用,而且越旧越有味道。”另外,巴塞罗那大面积地使用土石铺装,使雨水可以直接渗入土壤,有利于地下水回补。而土石铺装的多孔构造,一定程度上能调节地面温度,缓解城市热岛效应,也能起到减轻城市排水系统压力的作用,缓解城市雨涝灾害(3.12至图3.13)。

图3.12 基罗纳公园使用耐久的木材和石材

图3.13 达尔戈诺玛公园土石铺装

3.3 能源的合理开发和利用

城市能源如何利用,直接关系到城市的发展方向和生死存亡。巴塞罗那的能源的合理开发和利用体现在城市的各个层面,从公共空间的角度阐述,主要包括太阳能的开发和水资源的节约利用。

3.3.1 太阳能的开发

巴塞罗那充分利用了日光充足和太阳能发电领域的领先优势。如在万国文化论坛场址中心地带建成了占地10 500 m^2的巨型太阳能发电厂,可生产1.3兆瓦的电力,足以满足一座千人城镇的需要。巴塞罗那的每幢新建筑也都安装了太阳能板。许多公园还配备了以太阳能为动力的无线电控制灌溉系统。另外,巴塞罗那召开国际能源展、“洁净阳光能源”大型研讨会等更促进了巴塞罗那和各国间的合作交流,吸纳先进的环保技术,促进可持续能源的开发力度。

3.3.2 水资源的节约利用

巴塞罗纳在公共空间建设中无不考虑到对水资源的节约利用。如公园的喷泉水池都装有再循环系统或利用净化水,道路清洗也使用净化水,公园灌溉则保持每公顷,每月四百五十 m^3 自来水。公园的雨水收集系统也在日益完善,如巴塞罗纳植物园内排水系统采用混凝土明沟,引导雨水至聚乙烯管,再到埋设在主路下的混凝土管道,将雨水收集到园内最低点的池塘并用于灌溉。另外,政府和市民的合作是环保措施成功实施的最关键因素。如由于水资源短缺,巴塞罗那政府不得不短期实行禁水令,市民对此表示支持,形成了很高的节水及责任消费意识。

3.4 历史文化遗产的多形式保护

城市的历史文化遗产是城市最珍贵的历史记忆,是无价的城市资源。

巴塞罗那至今已有2 000多年的建城史,别具特色、类型繁多的历史文化遗产是巴塞罗纳独有的文化资源。对城市中文化资源的合理

图 3.14　莱伊阿鲁广场融入水池和商铺

图 3.15　圣保罗教堂后的菜园（李迪华摄）

保护使巴塞罗那成为世界文化交流中心。如颁布了《历史建筑保护名录》，对全市几百个历史建筑一一制订了详细的保护条款。另外，政府严格按法规办事，对保护区内的房屋，私人产权要严格按照保护区的规定改造修缮，严禁推倒重建，公房产权则按政府的行政命令进行改造修缮。保护主要分为三种形式：

一是严格保留原物的历史地段，要求对重要的历史建筑完整、准确、原封不动地永久保存下来。

二是以保护为主、适当添建与改建的历史地段，要求基本保留原有的街区格局和原有建筑物，房屋内部允许进行改造。如莱伊阿鲁广场的改造，在保留广场周围的街区格局、历史建筑外观和设施（高迪设计的路灯）的基础上，加入了喷泉水池、坐椅和沿着广场的商铺。大范围的保护和小规模的改造给旧城广场带来了商机和活力，游人络绎不绝（图 3.14）。

三是以改建为主、保护为辅，保留其旧有格局和富有特色的建筑及街区的历史地段。如圣保罗教堂，基于建筑遗产的保护已经不能使用。设计师就利用了教堂周围的空间，在东侧设计了围绕着教堂的二层的公共空间。底层是儿童活动中心，上层是跑道和休憩坐椅，教堂的背后是管理人员的菜园和住所，沉寂的教堂透露出浓郁的生活气息（图 3.15）。

4　巴塞罗纳公共空间改造对我国城市建设的启示

在巴塞罗纳公共空间改造中对城市资源的可持续利用，为我国城市建设中对城市资源的利用方式提供了宝贵的经验。尤其在我国城市化迅速发展下更应该借鉴其土地资源的利用方式，将城市的废弃地进行改造和利用，如建设工业遗址公园、进行工业区环境整治等；其次，我国的城市发展更要根据实际情况，尽量节约材料，节省能源，就地取材并开发无污染能源；再次，对城市的历史遗产和城市无形的文化资源通过修葺、颁布法律和政策进行多层面保护的同时，更要提高相关部门和民众的保护意识。

巴塞罗那经验在为我国提供方法借鉴的同时，更向我们展示了城市设计者在城市资源利用的过程中蕴藏的建设理念，更值得我们探讨和借鉴，主要包括以下三个层面。

首先，城市建设坚持公众利益最大化，以提高居民生活品质为目标。一方面，通过对城市资源的可持续利用为居民及其后代提供良好的生态环境、居住条件、充足的资源和洁净的能源。另一方面，通过提高居民生活品质提高居民对城市资源的保护及节约利用的意识。

第二，坚持公平发展原则。既要注重新老城区城市资源的共同保护和开发，又要协调城乡发展，避免优先政策造成的城市过度开发，避免昂贵的表面美化和建筑材料的浪费，忽视了整体生态环境的保护。在合理的城市规划基础上，循序渐进地改造，鼓励利用无污染和可再生能源，高效利用不可再生能源。

第三，建立城市资源配置的合作机制。在城市资源消耗不断增加的压力下，城市规划部门应该综合多种意见，采取多部门合作以及政府和公众合作机制，以城市资源的数量、结构、发展生态价值、经济价值、文化价值，以综合效益最大化为目标，达到城市资源最合理、长效和公平的配置。特别注重城市资源文化价值的合理评估，针对实际情况确定资源保护和开发的力度和强度，避免对城市文脉不可逆转的破坏，使城市丧失特色和文化内涵。

参考书目

[1] 周冰，郭捷. 中美城市资源利用方式及效率比较研究[J]. 中国城市经济，2008(05):50-53.

[2] 刘嵩. 城市的远见——巴塞罗那的经验[Z]，台北:公共电视，2001.

[3] 乌多·维拉赫，欧洲当代花园[M]，北京:中国建筑工业出版社，2006.

[4] 联合国环境署，巴塞罗那市和万国文化论坛共同主办2004年世界环境日庆典活动[N]，2004.2.24.

[5] 胡文芳. 人工与自然的结合——体验巴塞罗那植物园[J]，中国园林，2005(03):11-16.

[6] 欧浪网，巴塞罗那将在干旱法令撤销后灌注七十五个喷泉[N]，2009.1.16.

[7] Bet Figueras. *A network of triangles*[J]. Topos，1999(29):24-30.

[8] 谭少容. 巴塞罗那:借奥运平台成功改造城市的典范[J]. 华中建筑报. 2007年9月11日第008版.

[9] 黄琲斐. 巴塞罗那的城市更新[J]. 建筑学报，2002(5):57-61.

[10] 樋口正一郎著. 苍峰译. 巴塞罗那的环境艺术[M]. 大连:大连理工大学出版社，2002.

*未特别注明的照片或图片均为作者拍摄或绘制。

专题 4　充满着迷人情调的“城中村”
——巴塞罗那格拉西亚区的更新与活力
Renewal and Vitalities of“City Village”in Barcelona

刘慧怡/Liu Huiyi

摘要：在巴塞罗那城市扩张与更新的发展过程中，格拉西亚作为历史演化而来的“城中村”，通过小规模有机更新与综合环境整治，始终焕发着活力，是一个独特而迷人的区域。格拉西亚案例揭示了“好”的生活场所的本质，对我国城市更新与建设有很大借鉴意义。

关键词：格拉西亚；城中村；更新；场所

Abstract：During the process of urban expansion and renewal in Barcelona，Gracia considered as“City Village”has evolved into a unique and fascinating region always full of vitalities by means of small-scale organic renewal and integrated environmental remediation. Gracia′s case reveals the essence of the best living place，and it should significantly refer to urban renewal and construction in china.

Key words：Gracia　City village　renewal　place

1　引言

巴塞罗那的格拉西亚原本是 14 世纪中发展起来，直至 19 世纪中后期仍然相对孤立的小村落。塞尔达规划开始实施后，巴塞罗纳版图大规模扩张。1897 年，格拉西亚整个村落纳入城市发展区域，成为巴塞罗那的“城中村”。有别于塞尔达规划地区严谨的方格网布局，格拉西亚保留了自身独有的小尺度窄巷和有机的空间格局。发展至今，在这个所谓的“城中村”里看到与中国城中村有许多相似之处：城市化加速发展，相对低廉的住房价格吸引了大量低收入人群；屋主们顺应需求纷纷将原先的底层住宅再加建至六七层以供出租；街区内密布着“接吻楼”，道路显得更加窄小。然而与中国不同的是，巴塞罗那的“城中村”，绝非城市过客们的临时居所，或城市更新进程中一个被遗忘的角落，而是一个在偏僻深巷里充满着迷人情调的个性区域，并且是一个不断良性有机更新、受居民爱护有加而又充满活力的温馨家园。

本文作者结合对格拉西亚区的实地考察和文献研究，从“渐进式的城市更新”、“人车共存的道路形式”、“朴实无华的城市景观”、“居民参与的设计方式”等四个方面，阐述巴塞罗那“城中村”的迷人之处和背后的原因。

2 渐进式的城市更新

格拉西亚没有宫殿类富丽堂皇的历史建筑，不同历史时期留下很多具有时代特色的建筑，无论是数量或质量都难以媲美老城哥特区、拉巴尔或拉里韦拉等传统的历史街区。格拉西亚的迷人之处在于从过去到现在所有不同类型不同年代建筑的并置，对于不同历史阶段的不同审美，格拉西亚呈现了一种包容的态度。没有哪一类建筑在同一时期被大规模拆除，也没有哪一类建筑在同一时期内被大规模建设，重点在于不过分强调或重复单一历史时期的精彩或辉煌，所有新时期的建筑都是以一种渐进的小规模方式来融入已有的建成环境，进行着一种自发而有机的演替，这是格拉西亚独有的特色(图 4.1)。

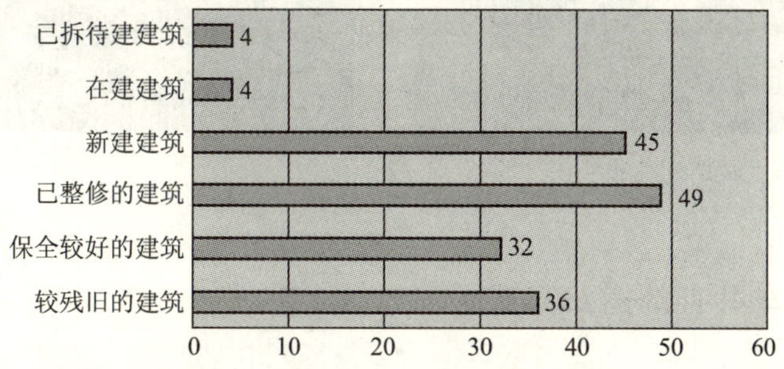

图 4.1　carrer del torrent de I′olla 的建筑统计图

以东南-西北向贯穿格拉西亚区的一条长街——carrer del torrent de I′olla 为例，这条长街与 30 多条街道正交，街道两边共有建筑 166 座，老建筑比例高达 68.8%，其中 32 栋老建筑一直维护较好，49 栋老建筑经过重新整修后继续保持着良好的使用状态，状况较差不能适应使用需求的建筑被拆除重建。秉持着巴塞罗那“支持它的多样性，发展它的差异性，展示它的独特性”的城市发展理念，新建建筑从来不刻意模仿老建筑的风格与形式，而是最大限度地体现当代建筑多元化发展的趋势。尽管如此，由于每个街区内部仍然是由许多较小的地块组合而成，新建建筑有机地散布在老建筑中，其尺度与体量与老建筑基本保持一致，设计上通过某种统一语言来取得和谐，使得新建筑像是从老建筑群中生长出来一样，并显得独特新颖(图 4.2)。

图 4.2　carrer del torrent de I′olla 上不同历史时期的建筑

3　人车共存的道路形式

人车共存的道路形式在 1970 年荷兰的德尔福特首先出现，1975 年荷兰政府在“与生活同在”的交通政策中将其定位为生活化道路。人车共存慢慢发展到街道共享，它强调宜人、友好的交通空间，更重要的是它被赋予了交流与休闲的功能，成为一种生活空间。

格拉西亚区积极地秉承了这种理念，其街道的历史肌理与格局是街道共享的良好基础。受较早前 16 世纪流行的几何式空间规划的影响，这里所有建筑沿街布置，形成了正交、狭窄的街道网络。街道一般 5～7 m 宽，50～80 m 长，平衡分布，把村落分成一个个矩形的小街区，并形成许多十字和“T”型小路口，这种短窄的街道格局保证了较好的通达性，并具有良好的步行尺度，这种街道肌理与格局一直被完好地保存下来（图 4.3）。

图 4.3　格拉西亚的街道与肌理（图片来源：google earth）

在村落纳入了巴塞罗那市区后，机动交通需求的迅速增长一度使这里面临车辆拥堵的压力。尽管如此，格拉西亚并没有为了满足车辆的快速行驶需求而拓宽街道，也没有完全禁止机动交通把街道变成孤立的步行体系。在街道的设计上，采用了一种更为积极的街道共享理念，限制机动车，而非排斥机动车。在较窄的仅仅宽为 5～6 m 的街道，仅保留约 2～2.8 m 作为单向通行车道；在相对较宽的 6～7 m 的街道里，同样设定单向的通行车道，并在街道一侧划定约 1.5 m 宽的停车空间，剩下的空间则全部通过抬高或使用不同铺装设为人行道，以护栏或花池加以分隔，通过各种方法尽量限制机动车道的宽度。在广场、交叉口与公共场所附近，通行车道也被铺上特殊的有凹凸的铺装，逼使车辆减速慢行。通过街道空间的小空间划分和清晰的指示标识，最大限度地减少街道人流与车流之间的干扰，保证行人安全，同时又满足了交通的通达性要求，满足区内商业货运停放和生活交通需求，实现人车共存(图 4.4 至图 4.6)。

当车辆与交通不再成为街道的困扰因素，街道的精彩生活便能够积极展开，实现人与机动车共享街道。格拉西亚区不仅是个单纯的居住区，除了保留住宅的入口，所有建筑正对街道的一层空间都被用作非居住用途，而且这些用途与居民的生活息息相关，冻肉店、水果店、超市、干洗店、理发店、书店、花店、小型家具店、小诊室、酒吧、餐厅等小型商业与服务设施，分散而数量众多，覆盖了整个格拉西亚，但却没有商业区的喧嚣，人们在步行范围内就能满足日常生活的所有需求。行走在这些狭窄的街道中，不停地与路人擦肩而过，偶然看到几个简易的仓库与小型工作室，透过通透漂亮的小橱窗，可以看到人们平凡的生活细节，感受到居民最简单最真实的生活气息。

图 4.4　人车共存的街道

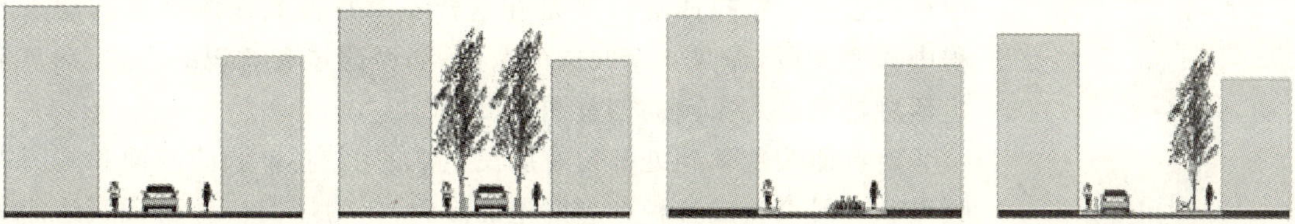

图 4.5　几种街道断面

4　朴实无华的城市景观

美学效果是景观设计师的设计任务之一，然而设计师容易在过分的美学追求中忽视了人的使用，使景观的美变得苍白而空洞。格拉西亚区在街道广场的设计上以简单朴实的设计手法，赢得了街区人们的喜爱，使景观之美变得丰富而生动。

格拉西亚区的广场暗藏在密集的住宅楼房中，面积大部分不超过 2 000 m^2，但通达性极高，与四向的楼舍仅仅只有一路之隔，居民站在阳台上，就能把整个广场尽收眼底，犹如自家楼下的小庭院。站在广场之中，张

图 4.6　街道生活

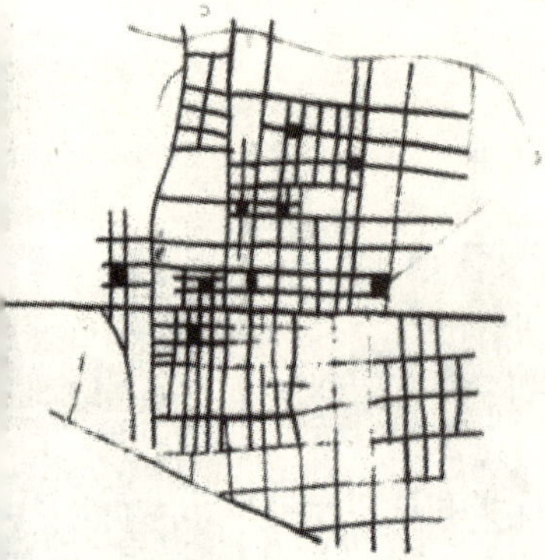

图 4.7　格拉西亚街道与广场布局

(图 4.7 来源于：Barcelona the Urban Evolution of a Compact City)

图 4.8　格拉西亚的街头小广场

望四方，也能清楚地看到周边街道与建筑，抬头转眼之间，在场内外的各个位置都能相互招手、打招呼，居民很容易便能产生互动交流(图 4.7、图 4.8)。

对于热爱户外生活的巴塞罗那人而言，为了在建筑密度较大街区里争取更多的活动空间，他们断然舍弃了视觉效果震撼的美化装饰，广场的设计没有西方古典主义里严谨的几何图案，也没有东方园林那般浓缩而成的自由山水。单纯从形式美的角度来看，这些广场甚至显得极其简陋，缺少花卉、草坪、喷泉、水池等基本景观元素，完全没有“可看”性，但也正因为如此，广场十分朴实耐用，基本不需要维护。所有设计都是简单而实用的提炼，紧紧围绕人的使用与活动，每一个元素都是严格筛选的结果：能成荫的树、用于休息的椅子、吸引行人的露天咖啡座、隔离机动交通的小花池、分隔空间的路灯、提供饮用水的艺术雕塑、儿童玩耍的沙地。一览无遗的小广场配以简洁的设施，少了让人眼花缭乱的景观组织，人反而成为广场中最突出的主角，人们的活动为场所创造了动人的情调。情人的约会，夫妻的散步，老人的安坐，小孩子的玩耍，全部成为空旷小广场中的一方场景，一进入这个场所，就不由得联想起无数的平凡小故事。

5　居民参与的设计方式

荷兰的建筑师赫茨博格曾经说过，让人们有更多机会用各自的特色给环境留下印记……使它能被每个人作为亲切的场所来使用……用这种方式，空间形式和使用者互相理解和适应，在一个交互的过程中彼此强化。格拉西亚区正是在这样一个自发式循序渐进的动态过程中演变发展，作为一个共同的家园，居民通过有意识的维护，在日常生活中把各自对家园的创意纳入设计。

所有街头巷角到处都留有居民生活的痕迹：单调的墙面和闸门被喷漆和颜料涂绘成各种色彩鲜艳的涂鸦，作为居民一种自我表达的平台，或作为商家一种吸引路人眼球的广告，成为格拉西亚区一道亮丽的风景线；在街巷的细微之处，有一种很有创意的小广告，商家们把自己的广告标语印在拳头大小的荧光小彩纸上，统一张贴在灰暗的闸门和外露的管道上，不但避免了传单张贴的凌乱效果，还形成整体谐调而色彩缤纷的视觉效果；所有正对街道的商铺，无论是精品店、书店，还是冷肉店、杂货店甚至是钥匙店，其橱窗与入口都按照不同店主的喜好进行了特别设计与布置，一切都显得整齐有条而别致；街道两边的阳台上，居民精心地摆放了色彩斑斓的花卉与盆栽，使得原本就丰富的建筑立面更添一份绿意与生气……每个居民都是街区的创造者，积极地把个人创意与生活品位结合融入整个格拉西亚的设计中。

居民参与设计是有着深厚传统的，特别是在每年一度的格拉西亚

图 4.9 居民设计的环境

节更是达到了高潮。这个节日持续一个星期，是巴塞罗那最大最华美的街头狂欢节，除了享受醇香的美酒和动人的音乐舞蹈，居民不惜昂贵费用，用各种装饰对各自住宅与街道进行隆重的装扮，争相获得最佳展示奖。这个历史悠久的节日，激发了居民对家园的热爱与自豪感，促进了大家与格拉西亚区的良好互动(图 4.9)。

6 结语：重回人性的场所

格拉西亚作为巴塞罗那的一处“城中村”，它不浮夸、不混乱、不衰败，作为一个真实的生活家园，在自发的更新演化中真实记录着人们的生活，满足人们最基本的生活需要，在平凡中折射出活力与精彩。

“好”的生活场所，可以在高标准的现代建筑里，可以在山清水秀的自然环境之下，其实同样也存在于“城中村”中，只要围绕人的生活与需要去建设，用心经营，激发当地居民的主人意识，共同参与塑造环境，培养起大家的归属感，便是最好最人性的生活场所。

参考书目

[1] Joan Busquets. *Barcelona the Urban Evolution of a Compact City*[M]. Italy:Litografia Stella,2005.

[2] 罗杰·特兰西克. 寻找失落空间——城市设计的理论[M]. 北京:中国建筑工业出版社,2008.

[3] Lonely Planet 公司. 巴塞罗那[M]. 北京:三联书店,2008.

[4] 索斯沃斯，本·约瑟夫著，李凌虹译，街道与城镇的形成[M]. 北京:中国建筑工业出版社,2006.

[5] 克莱尔·库珀·马库斯等编，俞孔坚等译. 人性场所[M]. 北京:中国建筑工业出版社,2001.

[6] 朱跃华，姚亦锋，周章. 巴塞罗那公共空间改造及对我国的启示[J]. 现代城市研究,2005,(04):4-8.

*未特别注明的照片或图片均为作者拍摄或绘制。

专题 5　巴塞罗那道路空间改造模式研究
Study on Road Reconstruction Models of Barcelona

成颖/Cheng Ying

摘要：本文在介绍巴塞罗那城市更新和交通系统规划的基础上，研究了该城市线形道路空间的改造模式和点状道路空间的设计方法，最后总结巴塞罗那经验，为我国城市的道路改造提供参考。

关键词：巴塞罗那；城市更新；道路改造；道路节点

Abstract: This paper studies the reconstruction models of linear road space and the redesign of the road nodes based on the city renewal and reforming of transportation system in Barcelona, in order to provide reference to our city planning.

Key words: Barcelona　city renewal　road reconstruction　road nodes

1　引言

巴塞罗那风光旖旎，气候宜人，地处西班牙东北部的地中海沿岸，是西班牙加泰罗尼亚自治区的首府，第二大港口城市。从迦太基人的居民点，到罗马人建造的殖民城市，再到 14 世纪西班牙最早的通商口岸，具有千年历史的巴塞罗那是地中海城市中一颗璀璨的明珠。

19 世纪末，当地政府采用了工程师西尔达的方案，确立了巴塞罗那中心地带的城区发展策略，那就是建设方格网扩建区域，将形状不规则的老城区和周围山区的郊区连接起来，引导城市的有机发展。20 世纪 30 年代，西班牙内战使巴塞罗那陷入了弗朗哥的独裁统治，之后的 30 年间，巴塞罗那全力发展工业，城市基础设施的建设全面停滞。一时间，宽阔的马路分割了城市的大街小巷，工厂的废气封锁了城市的上空，南方移民和地下反对运动使城市秩序面临挑战，70 年代，独裁统治之后，新政府不得不采取有效的规划方法来复兴这个千疮百孔的城市。

20 世纪 80 年代，人口的增长和背山面海的地形限制使巴塞罗那再次面临发展压力，城市规划专家从公共空间入手，大刀阔斧地改造城市的面貌。90 年代的奥运会和 2004 年世界文化论坛的催化，使实施更大的工程以及对城市问题的重新审视成为可能。而这些前瞻性的规划策略,在不同尺度上发挥了优化空间、紧缩城市的最大效应,得到了各国专家的好评,形成了城市规划史上著名的“巴塞罗那模式”。

2 巴塞罗那的城市交通

交通系统是城市的命脉,合理的交通组织和街道布局不仅能提高出行效率,更能保障市民出行的安全要求。在巴塞罗那,地铁(Metro)、私营地铁(FGC)、郊区短途火车(Renfe)、有轨电车(Tram)和巴士(Bus)在地下和地上编织成一张张大网,连接城市的各个角落。城市交通的完善离不开城市自身的发展策略。在“巴塞罗那模式”中,除了依靠“点式切入法”来改造小尺度的城市公共空间外,优化城市交通系统,改造道路空间也成为城市更新的重要手段。在这个过程中,规划者们首先完善城市路网等级结构,其次通过对道路断面的改造创造开放的道路空间,再次综合设计道路的交叉点,提高机动车通行效率,最终形成现在丰富、高效的道路系统(图 5.1)。

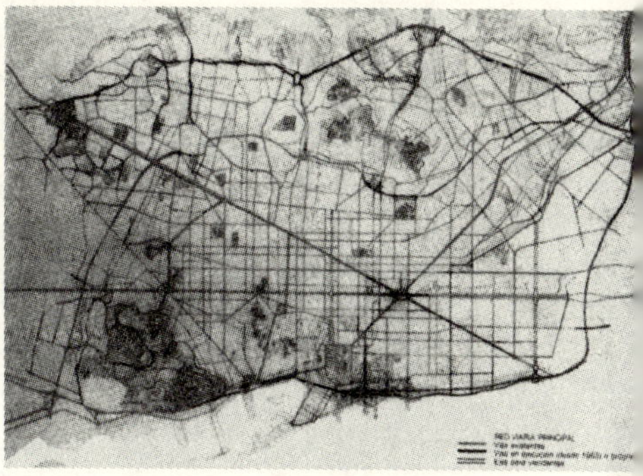

图 5.1　巴塞罗那地面交通网络①

3 巴塞罗那城市道路改造

巴塞罗那的道路改造主要从两个方面着手进行,一是针对线形的道路空间采用水平或垂直方向的拓展,增加人行空间的比例。二是在重要的道路节点处结合车流方向设置公园、停车场或布置便民设施,分流交通。线性空间的改造和道路交叉点的设计相互结合,形成了巨大的分流,将城市车流组织得井井有条。

3.1 道路空间改造

依据人行和车行空间的改变情况,将巴塞罗那的道路空间改造模式分为三大类:一是在水平方向上向两侧或一侧拓宽人行道,同时在人行空间范围内布置绿地和各类休闲设施;二是使车流下沉,其上部分或全部覆以绿地或公共艺术品,形成道路中央的人行空间;三是综合运用前两类方法,使城市中的自然景观得以延续。

3.1.1 水平延伸式

对于地面上受周边建筑限制小、可扩建余地大的区域,可在水平方向上拓展人行空间。根据人行空间拓展方向的不同,可分为单侧扩展式、双侧延伸式以及中心聚合式。

① 图片来源:Joan Busquets. Barcelona:the urban evolution of a compact city[M]. Rovereto:Nicolodi,2005:372.

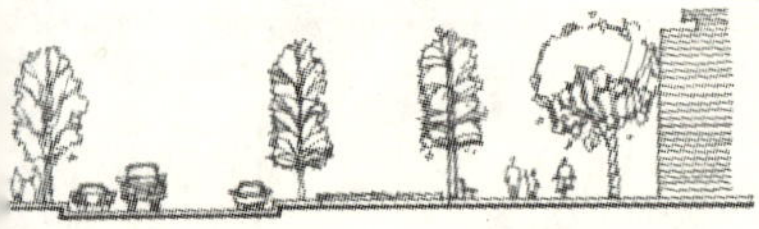

图 5.2　Doctor 路断面

(1) 单侧扩展

单侧扩展的方法是针对道路一侧实施矛盾较小的情况，在现状道路的基础上，通过加宽某单侧的人行道，设置坐椅、绿地、儿童游戏场等公共设施，同时划出少部分作为自行车带，既实现了机非分离，又节省了道路空间，减少工程造价。Doctor 路就是一个典型的例子(图 5.2)。

(2) 双侧延伸

巴塞罗那城市主干道的建设也没有忘记为行人提供一个安全舒适的步行空间。斜穿城市的 Diaognal 大街是分担车流的主要通道之一。在该路的西北段，人行道、城市轨道列车、车行道将道路断面分成 7 个条带，如图 5.3 所示，在右侧较宽阔的人行条带上，由悬铃木和棕榈形成的宽阔的林荫道作为重要的空间分隔，内侧形成连续的步行空间，为市民搭建了一个沐浴在地中海阳光中的交流平台。

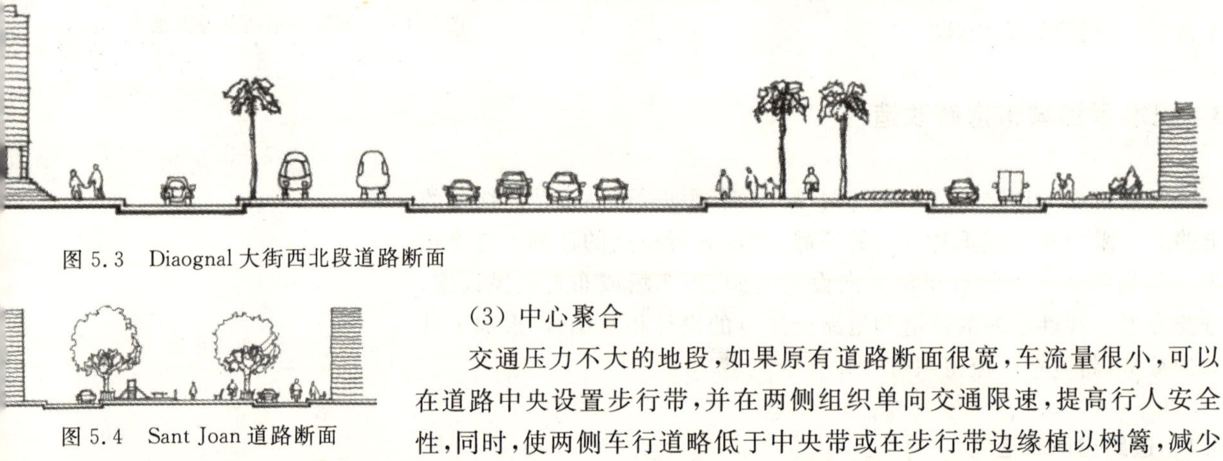

图 5.3　Diaognal 大街西北段道路断面

图 5.4　Sant Joan 道路断面

图 5.5　Sant Joan 道路断面

图 5.6　Prim 大街断面改造

(3) 中心聚合

交通压力不大的地段，如果原有道路断面很宽，车流量很小，可以在道路中央设置步行带，并在两侧组织单向交通限速，提高行人安全性，同时，使两侧车行道略低于中央带或在步行带边缘植以树篱，减少两边车流对中间活动人群的干扰。像 Prim，Sant Joan 和 Meridiana 大街，以及 Diaognal 大街的东南段等，都是在原有路面基础上扩大步行道的比例，将步行道和自行车道聚合在道路中央，布置坐椅、绿地、花坛、雕塑、儿童游戏场、门球场等公共设施，满足市民户外活动的需要(图 5.4 至图 5.6)。

3.1.2　竖向拓展式

市区交通繁忙的路段，滚滚的车队在狭窄的道路上高速行驶，周边建筑密集，改造难度大，巴塞罗那道路改造时多数都面临上述情况。但改造工作本着“街道是市民活动的重要场所”的原则，为了给周边居民创造更多的户外活动空间，规划者们将车流埋入地下，封闭或半封闭车道，其上建设安静宽阔的中央漫步带。Ronda Ring 路的改造就是最典型的一例(图 5.7)。

图 5.7 Ronda Ring 道路断面改造①

3.1.3 混合式

在城市主要干道的改造中，往往要综合考虑人和车之间的关系，既要疏导大量的车流，又要尽力避免汽车尾气、噪声对周边居民的影响，同时还要为行人创造安全舒适的步行空间。在这种情况下，需要同时在水平和垂直空间上寻求解决方案，即产生混合式的道路改造方法(图 5.8)。

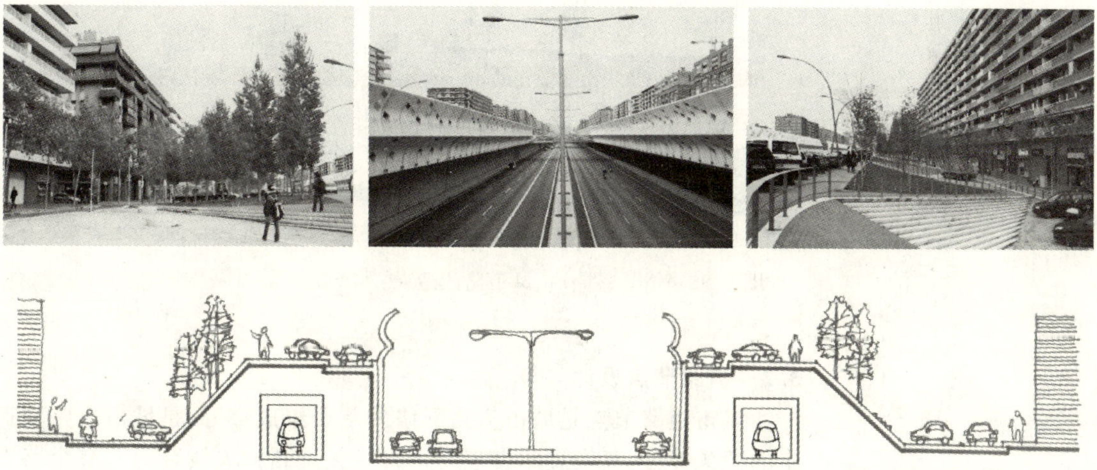

图 5.8 Corts Catalanes 道路断面改造

① 图片来源：Joan Busquets. Barcelona：the urban evolution of a compact city[M]. Rovereto：Nicolodi，2005：374.

在 Corts Catalanes 道路改造时，设计师们将慢车道、停车带和行人空间抬升，形成步行堤，堤下修建地铁，紧靠中心车流的一侧安装隔音板，减小中央快速路对周边居民的影响，同时在其外侧斜坡上布置台阶、绿地、地铁口等，斜坡外平地设计停车场、儿童游乐场等，最后以慢速道结合自行车道的小路毗连建筑。

Moll de la Fusta 路的拓建是巴塞罗那道路改造的经典案例。这里曾是环城路交通最密集的地方，约 120 000 辆/天。改造前人口高度密集的老城区与海边隔绝，市民无法享受滨海美景。改造的目标是让老城区能直接临海，沿着海岸线创造一系列公共活动空间。“Moll de la Fusta”路改造于 1982 年完成规划，1990—1993 完成该路的改造。改造主要措施是：环城路与城市通往海滨的主轴线“Ramblas，der Parallel，der Via Laietana”三条路交叉的地方下沉，道路上方完全被覆盖，使人从老城区步行到达海边成为可能，其他部分主要对道路剖面进行改造，使城市的不同功能结合在一起（黄琲斐，2002）（图 5.9）。

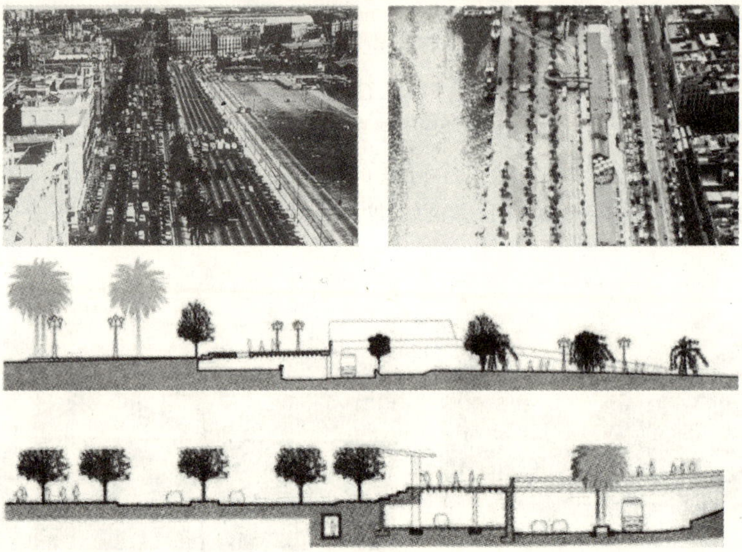

图 5.9　Moll de la Fusta 道路改造①

3.2　道路节点设计

城市道路节点是城市道路网络的重要组成部分，是城市道路交通中的瓶颈部位，其设置的合理与否直接关系到相关线路乃至整个路网交通功能的发挥，它对于城市道路的机动性、通行能力、路网容量以及交通安全都有较大的影响（杨永勤，2006）。巴塞罗那网格式道路形成

① 图片来源：Joan Busquets. Barcelona：the urban evolution of a compact city[M]. Rovereto：Nicolodi，2005：374.

了大量的交叉点，对道路节点的处理直接关系到城市交通的效率。巴塞罗那人口180万，有200多万辆机动车，城市的交通尤其是节点的交通更需要一个综合的改善系统。一方面必须加强交通管理控制措施，另一方面，对整个空间的利用与基础设施的综合开发结合起来，建立复合型的城市节点(李翅，2004)。设计师们通过在道路节点处建设地下停车场、公园绿地以及公共艺术品，将这些交叉点及周围空间改造成城市重要的商业空间、社会交往空间和文化娱乐空间(图5.10)。

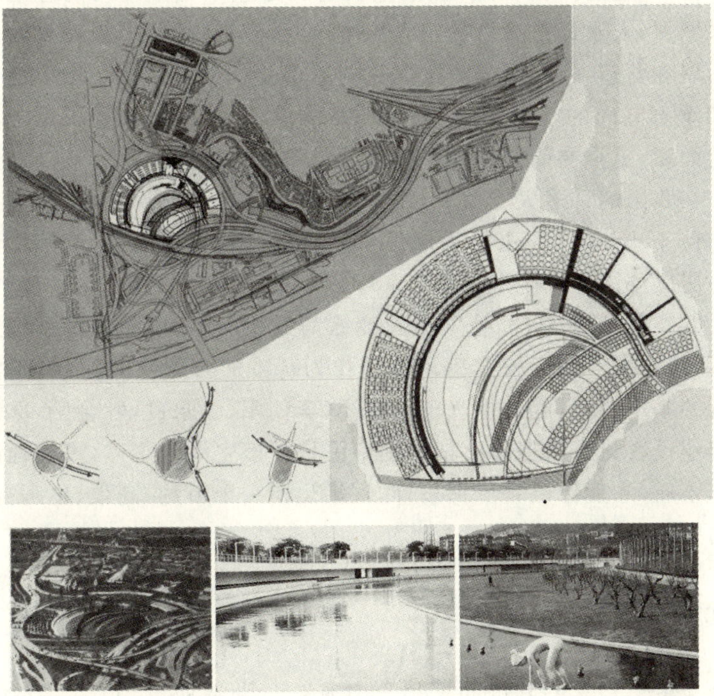

图5.10 Moll de la Fusta道路改造①

Park Trinitat位于巴塞罗那的东北郊，位于数条高速路的交叉点上，设计者们通过对车流和方向以及场地特征的分析，延续弧形的设计语言，利用周边立体交通网和公园中心的高差，创造丰富的竖向地形。场地中心的弧形水面是整个公园的最低点，像一面镜子，倒映着周边弧形阵列的杨树。周边层层叠叠的活动平台上布置了简易的露天烧烤设施和多个网球场，同时在较高的观景平台上建造廊架、坐椅为市民提供了一个多功能的休闲场所。

Drassanes环岛位于海滨大道和主干道parallel的焦点上，这里是城市形象的重要展示地之一。设计师们将此环岛开辟为一座地下停车场，汽车从环岛地下的道路缓缓开出，有条不紊地汇入周边的车流，

---

① 图片来源：上图、下右图来源于www.urban.arch.virginia.edu，下左图来源于Joan Busquets. Barcelona：the urban evolution of a compact city[M]. Rovereto：Nicolodi，2005：377.

巧妙地避免了因车辆的迟滞带来的交通堵塞。场地的东南侧是一组以管状钢材制成的公共艺术品，日出时，它们的投影落在后方环岛停车场的顶侧，不断变幻着，给游人带来美的享受(图 5.11、图 5.12)。

图 5.11　Drassanes 环岛鸟瞰(李迪华摄)

图 5.12　Drassanes 环岛前艺术雕塑①

4　巴塞罗那经验与启示

在巴塞罗那道路改造中，我们既能看到科学，也能发现艺术，既能读出粗犷，也能体会细致，但最重要的还是整个城市对人的态度。在巴塞罗那，人永远是城市的主人。城市道路空间的改造强调人行空间的拓展和营造，将滚滚车流中迷失的城市交换到市民的手中。通过水平和垂直方向的空间拓展，辅以巧妙的设计，不仅增加了城市公共空间的面积，更重要的是提高了整个城市的生活品质。

在我国的许多大城市中，快速路、高速公路严重切割城市，城市道路让位于小汽车，失去了为居民步行服务的基本功能，小汽车大量发展对居民生活也产生严重影响。小汽车导致城市低密度无序蔓延，城市公共空间遭到蚕食，公共设施萎缩消失，生态环境和家庭结构遭到破坏，居民生活缺乏安全感。街道作为基本的公共空间，不具备满足步行的基本功能，成为小汽车的海洋(李朝阳，张永良，叶会哨，2004)。城市建设者只有从根本上认识到市民是城市生活的主体，理性地解决人车矛盾，才能像巴塞罗那一样，逐渐迈向一个节约、高效、生态、可持续的紧缩型城市。

参考书目

[1]　黄琲斐. 巴塞罗那的城市更新[J]. 建筑学报，2002(5)：57－61.

[2]　杨永勤. 城市道路节点规划设计理论与方法研究[D]. 北京工业大学，2006.

[3]　李翅. 巴塞罗那的城市文化与城市空间发展策略初探[J]. 国外城市规划，2004(4)：67－71.

[4]　李朝阳，张永良，叶会哨. 面向“人本位”的城市道路交通规划建设探讨[J]. 规划师，2002(11)：16－20.

*未特别注明的照片或图片均为作者拍摄或绘制。

① 图片来源于 www.farm3.static.flickr.com.

专题6 巴塞罗那城市公共空间与街道组合模式

Combination Model of Public Space and Streets in Barcelona

钟晨/Zhong Chen

摘要：街道作为连接城市公共空间的重要途径，其与公共空间的组合模式使得各类公共空间形成连续的城市公共空间体系。这些连续的公共空间提高了人们的生活质量，方便了人们的出行和交流，极大扩展了公共生活的场所，把人重新作为城市的主体。本文通过对巴塞罗那城市公共空间类型，公共空间与街道组合模式的归纳和研究，分析出社区公园、大型公园、道旁公共空间与街道的组合模式，强调街道本身就是重要的城市公共空间。

关键词：公共空间；街道；组合模式；巴塞罗那

Abstract: streets are the most important public space in Barcelona and closely linked with other kinds of public space. The whole city is benefit from the Public Transformation Policy and the quantity of public space is increased greatly. The street space is extended and form the continuous space system with other public space. The public space improved people′s quality of life. According to study on types and combination mode of public space in Barcelona, find the methods for spatial continuity design.

Key words: public space　street　combination model　Barcelona

1　引言

传统公共空间总是具有聚会、交易以及交通三种功能，且不同功能之间的公共空间往往位于步行可达的范围之内。然而19世纪工业化在大多数西方国家蔓延，新的交通、贸易和交流方式冲击着传统城市空间格局。大量的机动交通取代了步行系统，人行空间逐渐被压缩，人们步行可到达的公共空间越来越少，导致人们的公共生活逐渐消失（扬·盖尔，2002）。

巴塞罗那也曾经历过同样的发展过程，但是巴塞罗那近现代的城市设计师们扭转了事态的发展。他们极具远见卓识地在城市建设或更新中维持和恢复城市中传统的生活方式，把街道、聚会场所以及市场重新还给人们，同时制订了行之有效的公共空间政策，把公共空间改造作为提升生活水平和整个城市环境的关键。巴塞罗那的规划师们将城市的改造工程化整为零，分散到城市各个地方，渗透到居民的生活当中，通过一个由量变到质变的过程(黄琲斐，2002)，终于使巴塞罗那的公共生活得到复兴，从而使整个城市面貌焕然一新。

巴塞罗那城市改造把人作为城市中的主角，所有规划和设计必须首先满足人的需求。由于巴塞人民热爱传统生活方式，热爱在街道空间中的公共生活，因此各类空间都和街道发生或强或弱的联系，人们通过街道空间，仅凭借脚力就可到达交往聚会场所或是贸易市场。设计师们抓住这一特点着重改造了城市街道空间，并不断完善步行系统，力求在新的历史条件下找寻聚会、交易和交通三种公共生活的平衡。

可见，街道对于巴塞罗那有着十分重要的作用，它是联系各类公共空间的纽带，是形成连续步行系统的关键。因此探讨巴塞罗那公共空间和街道的组合方式具有十分重要的借鉴意义。

2　主要公共空间类型

文章主要以巴塞罗那老城为研究区域，选取城市空间中比较常见的空间类型进行研究。

2.1　社区公园

巴塞罗那的公共空间改造充分考虑人的需求，随处可见的社区公园就是很好的证明。这些社区公园主要是建筑围合的内院型空间，设计朴实无华且平易近人。社区公园一般面积不大，200～1 000 m^2 不等，布置了大量安全性及耐用性很高的公共设施，整个空间功能划分明确合理，能够满足多种人群的使用需求。这些社区公园从根本上改善了人们的生活质量和居住环境。

2.2　大型公园

大型公园往往是占用一个或几个方格街区面积，如北站公园、城堡公园等。这些公园分布在城市重要的节点空间，艺术品位很高，是深受居民喜爱的场所，同时也是整个城市形象提升的关键(李翅，2003)。

2.3　道旁公共空间

道旁公共空间是巴塞罗那城市公共空间中最重要的类型，种类也极其丰富，主要包括：十字路口空间、街道转角空间、街道相邻空间、街道中央步行空间、交通环岛空间、三角地空间等。这类公共空间分布广泛，与街道关系密切，是人们公共生活最为频繁的场所。

其中三角地空间是一类特殊的与道路密切相关的城市公共空间，它是由斜向型道路切割方格街区形成的特殊地块。这些地块大小各异，分布零散随机，功能也各有不同。有的三角地块被作为社区公园，有的作为短暂停留空间，有的三角地块被整合起来，成为连续的大型公共空间等。由于三角地块与街道联系紧密，成为街道与其他种类公共空间联系的过渡空间(图 6.1)。

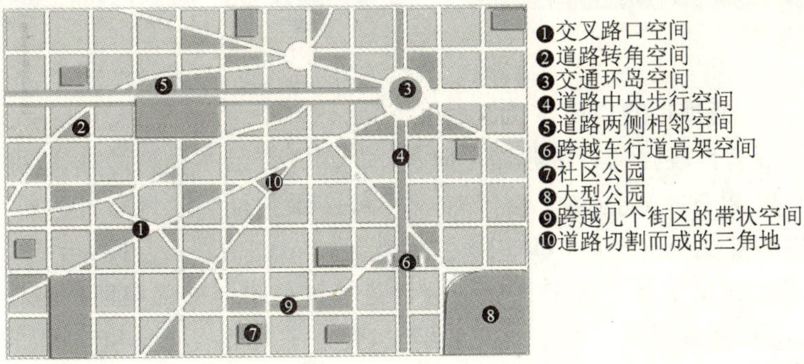

图 6.1　巴塞罗那城市公共活动空间类型示意图

3　公共空间与街道组合模式

3.1　社区公园与街道的组合模式

社区公园是方格街区住宅建筑围合空间，包括全围合和部分围合两种类型。

3.1.1　通过底层架空建筑和建筑通道与街道联系

在巴塞罗那利用底层架空空间和底层通道连接社区公园与街道空间是十分常见的做法，架空空间和底层通道是类似于入口的过渡空间，既保证了社区公园的私密性，也加强了内外部的视觉联系，促使社区内外部空间的交流和流动(图 6.2、图 6.3)。

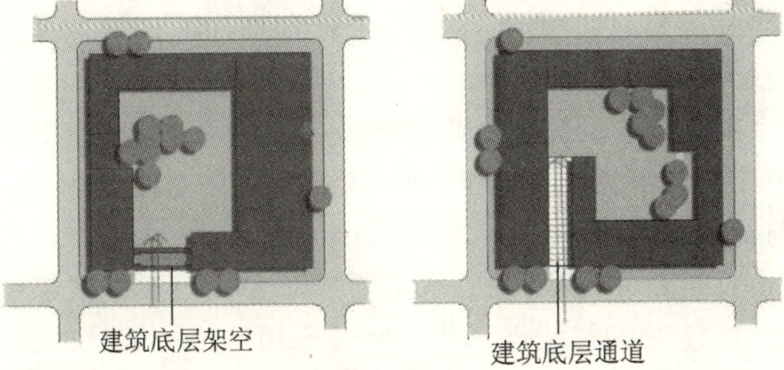

图 6.2　社区公园与道路组合示意图

图 6.3　底层架空和建筑底层通道

3.1.2　通过过渡空间与街道联系

围合性较强的社区公园是服务于部分人群的半私密公共空间，其本身既要有一定的私密性同时也要和外部空间有较为紧密的联系。巴塞罗那的社区公园多采用折线型空间和Y型的茬口空间，折线型的转折部分和Y型空间的入口部分都是社区公园与外部空间的过渡部分，这些过渡空间丰富了空间的层次，促进了人群的交流和流动，既保证社区公园具有一定围合感，又保证社区公园和外部街道空间的连续性（图 6.4、图 6.5）。

图 6.4　社区公园通过住宅山墙之间的入口型空间与街道联系

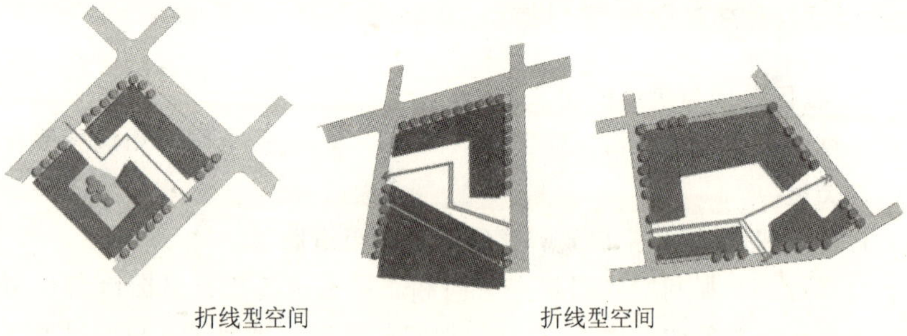

图 6.5　折线型空间 &Y型空间

3.1.3　与街道转角空间链接

这一类社区公园面积较大，比住宅围合型社区公园更加开放，并且欢迎大量外部人群进入使用。街道转角空间和社区公园自然过渡，组合成一个由半公共到完全公共的空间，增加了空间的层次性和流动性，促使更多的人群到达并使用空间（图 6.6、图 6.7）。

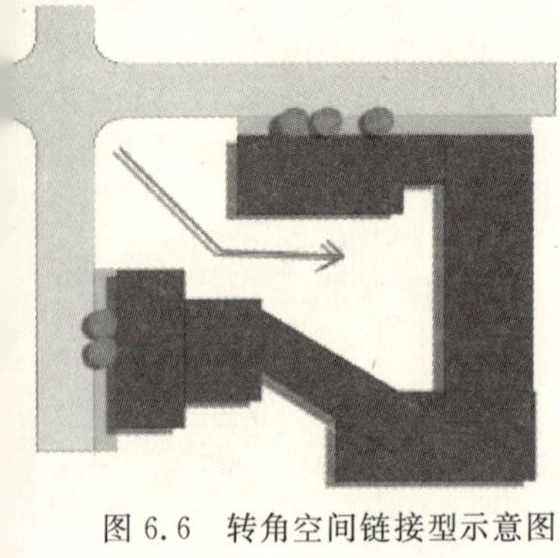

图 6.6　转角空间链接型示意图

3.1.4　与街道直接相邻

与街道直接相邻的社区公园，主要分布在交通不太繁忙的路段，社区公园同时还发挥着城市公共空间的作用。这一类社区公园和街道空间直接相连，设计简单朴实，既给居民提供一些活动设施，也为行人提供了穿行和短暂停留的空间。

3.2 大型公园与街道组合模式

3.2.1 直接与街道相邻

大型公园在城市空间中占据着重要的地位，一般紧邻主要干道且占据一个或几个方格街区，具有明显的标识引导，如北站公园(图 6.8、图 6.9)。

3.2.2 布置在主要街道尽端

布置在主要街道尽端的大型公园往往占据了十分突出和重要的位置，成为视线和交通的聚焦点，是一个片区甚至整个城市的标志性景观，如城堡公园等(图 6.10)。

3.3 道旁公共空间与街道的组合模式

3.3.1 街道转角空间

街道转角空间是巴塞罗那最丰富和常见的空间类型。街道转角空间作为空间中转部位，起到了重要的引导和标志空间转换作用。最突出的是对几个转角空间进行整合，通过带状步行空间或是带状绿地的形式串联起来，成为连续的公共空间(图 6.11、图 6.12)。

3.3.2 交通环岛空间

交通环岛空间是城市的标志性节点空间，也是连续公共空间的过渡空间。巴塞罗那的交通环岛空间并不像很多城市那样是封闭的绿地，而是可停留休息的空间。有的环岛空间还布置了多种设施，可以和一个社区公园媲美；有的环岛空间则布置了各种标志性雕塑，吸引人们前往参观。巴城人民对于街道空间十分喜爱，在保证安全的前提下，人们能够尽可能多地利用街道空间，这一点也促进了连续公共空间的形成。

3.3.3 道路中央的空间

道路中央空间是连续步行空间的主体部分，人们通过道路中央空间前往步行系统的其他空间，可能暂时到达一小块三角绿地短暂停留，也可能到达一个精致的环岛空间，或是经过临街的转角空间后被引入一个社区公园等(图 6.13、图 6.14)。

3.3.4 道路两侧的空间

快速路缺乏供人们使用的街道空间，很大程度上减少了人们可活动的场所，为了让快速路周围的居民同样获得良好的公共生活，巴城设计师们巧妙利用快速路两旁的空间，打造出沿快速路的连续步行系统和丰富的活动空间。巴塞罗那几条快速路都采用了步行空间和多种车行空间重叠组合的方式。有的通过机动车和步行空间分层的形

图 6.7　与街道相邻的社区公园

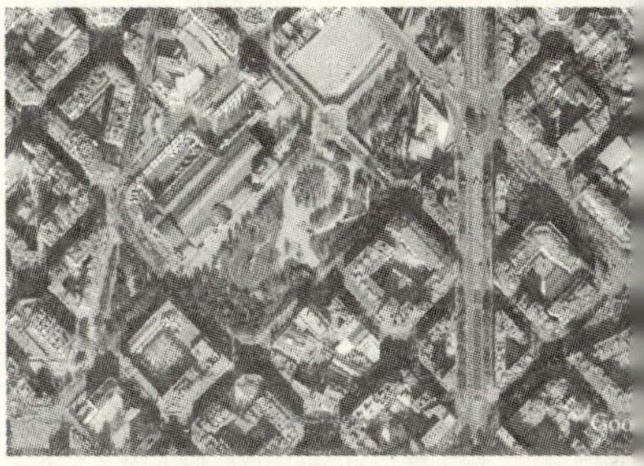

图 6.8　北站公园

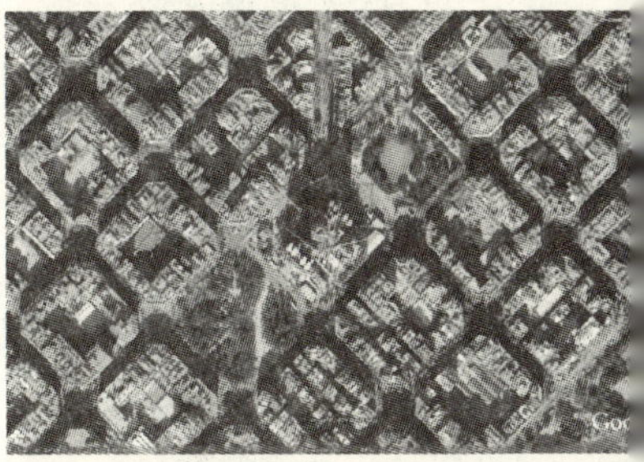

图 6.9　圣家族大教堂及周围绿地

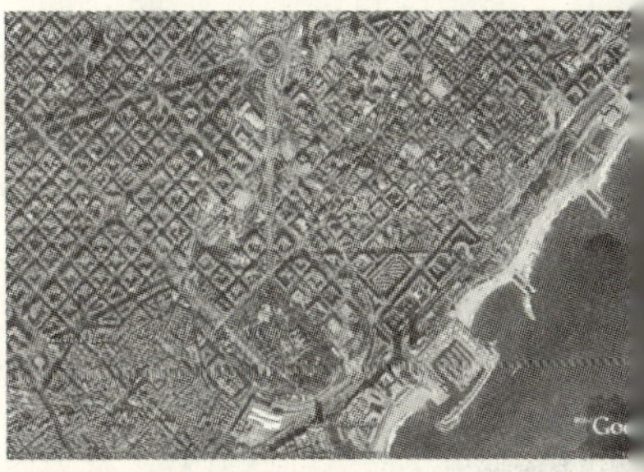

图 6.10　轴线尽端的城堡公园

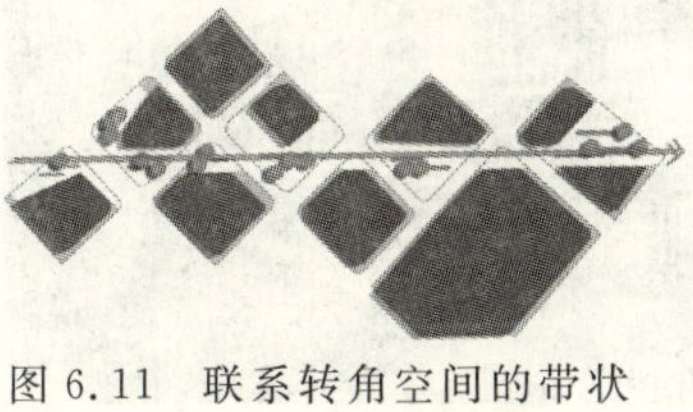

图 6.11　联系转角空间的带状空间 Avinguda del Bogatell

式，有的直接把街道两侧作为步行空间并通过过街桥紧密相连。这一类步行空间中也同样布置了丰富多样的场地和设施，有各种儿童游戏场地、停车场、小广场、轮滑区等，重要的路口布置小型公园起到引导和疏散人流的作用（图 6.15、图 6.16）。

图 6.12 顺应道路肌理的弧形连续空间 Parc de Carles

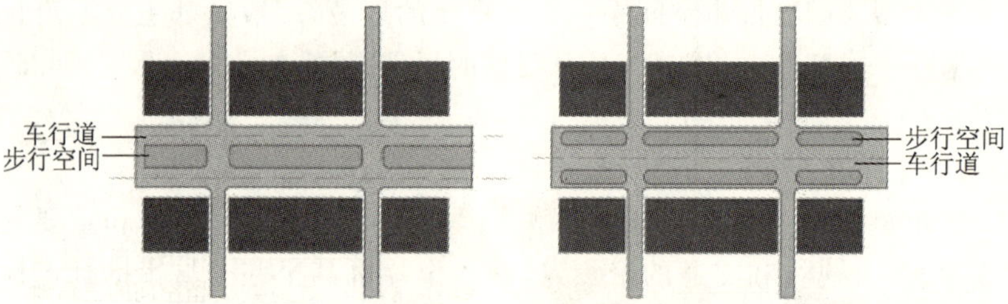

图 6.13 主要街道中央空间示意图

图 6.14 Diagonal Avenue

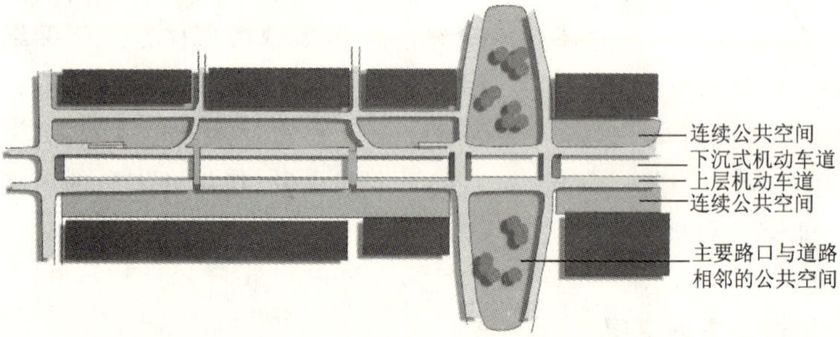

图 6.15 道路相邻公共空间示意图——以 Corts Catalanes 大街为例

图 6.16 Corts Catalanes

3.3.5 三角地空间与组合模式

三角地空间因道路切割而成，因此往往紧邻多条道路，小型且孤立的三角地块，通常简单布置坐椅，种植树木，可以供经过的人群短暂停留休息，成为人们通过路口的过渡空间。大型且邻近的三角地块通常被整合起来，形成功能综合的公共空间(图 6.17)。

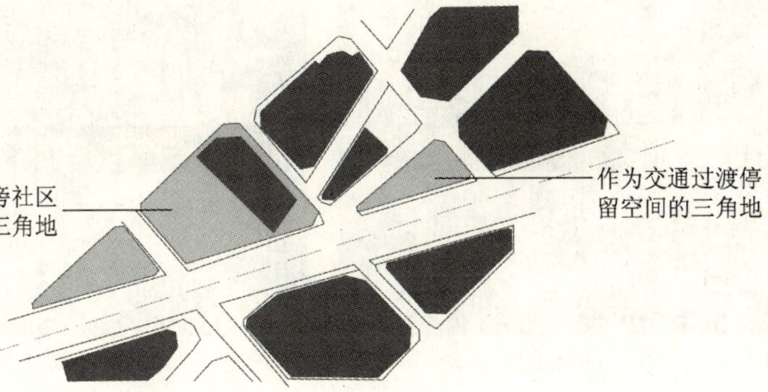

图 6.17　三角地空间示意图

4 公共空间与街道组合的细节设计

巴塞罗那之所以能形成连续的公共空间系统，除了将各类型公共空间与街道合理组合之外，还在细节处十分注重公共空间与街道连接方式的设计。通过巧妙地链接，完成空间自然的过渡和转换。

为了使人们漫步于巴塞罗那城市公共空间系统中，具有连续的空间感受。一系列巧妙的空间过渡处理手法起到了更加重要的作用。“重视细节设计”一直是巴塞罗那城市设计的亮点，巴塞罗那设计师在处理空间关系时，十分注意空间过渡手法的运用。

人们从一个空间可以顺利并轻易地到达下一个空间，身体感受上无阻碍，心理感受上是自然明确的，就会产生连续的空间感受。过渡设计手法就是要促成这种空间连续感受的形成。因此，空间过渡的处理手法最为注重的就是空间的引导性和呼应性。

4.1 空间的引导性设计

空间引导性的强与弱依不同情况而定。环境复杂，需要正确人流导向的地点往往需要引导性表现强烈的空间，通常使用标志性景观，如指示牌、指示路线等；引导性表现较弱的空间，往往是周围环境单一，人流导向有多个选择的场所，通常会用不易察觉的暗示手法来实现。总体来说，巴塞罗纳公共空间中引导性设计有以下几类：

图 6.18　Passeig de Picasso 大街

图 6.19　Parc del clot 公园

图 6.20　利用线性铺装把步行街道和场地连为一体，引导人群从场地到街道 Placa del General Moraguen

（1）目标景物视线引导

目标景物引导是指在空间中运用不同元素指示运动路线，明确运动方向。这些构成元素以其不同的形式，联系着一个区域与另一个区域，强调明确的前进方向，引导人们从一个空间进入另一个空间，并为人在空间的活动提供一个基本的行为模式。这些景物成为空间之间的联系。如下面的例子，街道上的雕塑和公园中形成序列的构筑物景观都是具有引导性的空间元素（图 6.18、图 6.19）。

（2）使用具有指向性的元素

① 铺装

利用铺装的图案和形式起到引导作用是最常见的一种指向性过渡手法。铺装往往是通过线性元素来起到引导作用的。线具有方向性、流动性和延续性，线性图案能刺激人的视觉感知，向人暗示它所延伸的方向，具有十分强烈的纵向延伸感，在引导人流方向上具有重要作用（图 6.20 至图 6.24）。

② 植物

利用植物的种植排列来起到引导作用也是十分常见的手法。植物排列也以直线形和弧线形为主，同样利用了线形的方向性和延伸性，在空间中起到三维的视觉引导效果。例如两行高大乔木平行排列，轻易地营造出线性的空间，线性空间可以引起人们对未知事物的好奇心和对新空间的某种期待，促使人们沿着线性空间前行，从而达到引导人流从一个空间自然转换到另一个空间当中（图 6.25 至图 6.27）。

图 6.21　铺装结合种植池形成引导人们进入的图案
(图片来源:googlearth)

图 6.22　弧形和直线形铺装起到引导作用(Diagonal Avenue)

图 6.23　特殊的铺装提示公园入口

图 6.24　具有前进感的铺装

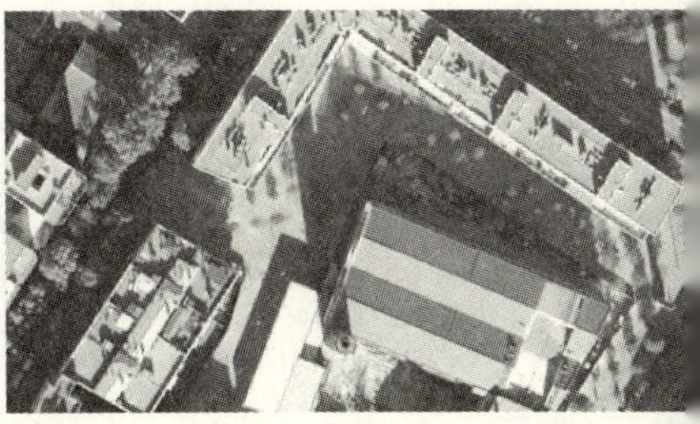

图 6.25　规则种植的树木引导内外部空间 by googlearth

图 6.26　植物营造线性空间

图 6.27　利用树木弧线形种植引导空间转换

(3) 高差

地势的高低变化往往能引起人们强烈的空间感受,能够激发人们走入其中去体验高差变化。人们往往认为抬高或下沉的空间比较特殊,即使在同一空间中,稍微抬高或者下沉的空间都仿佛是新的空间领域,比一般的空间场地更加吸引人群。台阶或坡道就是用以联系这种高低地坪的,它的指向预示着空间高潮区域的出现。设置踏步或坡道，可以起引导作用。

巴塞罗那城市中的地形十分丰富，许多空间之间都是通过高差地形连接过渡，各种台阶坡道的设计显得尤为重要。巴塞罗那的台阶和坡道类型可以分为以下几种：

第一是利用平缓宽大型台阶和坡道。这一类的台阶和坡道比较容易被人们注意，可以自然而然地引导大量人流通过，但是人们可以体验到的高差变化感受相对较弱。由于尺度较大，往往是台阶和坡道相结合的形式。

其次是利用陡峭狭窄型台阶和坡道。这一类的台阶和坡道往往都是单独使用。台阶的级数较多且陡，形式往往非常自然。这一类台阶虽然不够明显，但是由于高度较大，人们不能对台阶上方的空间一览无余，从而产生强烈的好奇心理，一旦发现就必然会沿台阶而行了。狭长的坡道也同样充满了神秘感，看不到尽头向下或向上延伸盘旋的坡道，激发了人们想要探究的欲望（图 6.28）。

图 6.28　台阶与坡道

（4）限制性景观的安排

限制性景观能够很好地引导人流按照设计意图行进，既可以形成两个空间的分界元素，起到空间界定并暗示空间转换的作用，又可以自然地引导人群进入另一个空间（图 6.29）。

图 6.29　限制性景观

(5) 利用道路指示线引导

由于巴城街道纵横交错且多种交通方式混合使用，造成巴塞罗那的道路指示线种类丰富标识复杂，如人行斑马线、自行车线路、轻轨线路等。在巴塞罗那人们经常跟随地面的标识线前行，保证各种交通并行不悖。标识线可以把人们引导至环岛或交通过渡的三角地，在减轻交通对人们心理压力的同时，也缓解了人流穿越造成的交通拥挤，同时形成了连续的步行空间感受(图 6.30)。

图 6.30　三角地及指示线/道路指示线/交通环岛指示线

4.2　空间的呼应性设计

巴塞罗那的公共空间设计十分注意同周围环境的切合与呼应，特别在空间转换的地方十分注意暗示人们空间继续或空间转换的心理感受。在一系列连续的空间中，呼应性设计使用频繁，哪怕相隔一段距离的场地，也仍然能够遥相呼应，让人们意识到这个空间还在延伸和继续，引导人们继续前往。

(1) 形式的重复和交替出现

通过空间中元素的重复或交替出现，使几个空间统一起来营造连续的空间感受。可利用元素十分丰富，如植物、路灯、坐椅甚至是铺装都可以达到良好的效果(图 6.31)。

(2) 色彩的运用

通过使用与周围建筑和环境相同或相似的颜色来把几个空间组合成整体，从视觉上暗示空间的联系和附属关系。分散的空间因为具有相似或相同的颜色而形成一种视觉惯性，人们会依赖于这种视觉惯性而选择前进的方向。

图 6.31　Avingda del Bogatell (李迪华摄)

5　结论与讨论

巴塞罗那的老城至今仍保留着传统的城市空间和生活。老城中街道纵横交错，与建筑结合的广场和大型市场是主要的公共空间，大型绿地和公园则比较稀少。巴塞罗那的新城，一直保持着 1859 年工程师塞尔达的“黄金方块”街坊单元规划模式(戴林琳，盖世杰，2008)。旧城自由多变的城市肌理与新城方格网道路营造的几何肌理本该有些格格不入，但是通过巴塞罗那成功的公共空间改造举措，利用街道成功地组织了新旧城的各类空间，使整个城市形成了连续的公共空间系统。

通过对巴塞罗那公共空间与街道组合模式的梳理、归纳和研究，我们可以更加深入地理解巴塞罗那公共空间政策，学习公共空间改造中的技巧和智慧，并运用到中国城市的改造中。巴塞罗那这种针灸式的改造方法十分适用于中国大型城市。由于快速城市化导致城市建设力度强、密度大，人口十分密集，想要颠覆性地对一个基本建设完毕的城市重新进行大规模规划和改建是无法做到的。因此，学习巴塞罗那这种从点入手，再扩展到面的改造方式是十分必要的。

巴塞罗那的城市公共空间改造定位于提高城市可居住性和人们的生活水平是十分务实且有远见的。认真审视每一个改造后的空间，都十分巧妙地适应周围已有环境，并尽量协调各种关系，最大限度地迁就人的活动，从最实际最微小的方面关怀人，关怀生活。

参考书目

[1] 扬·盖尔著. 何人可译. 交往与空间[M]. 北京：中国建筑工业出版社，2002.

[2] 简·雅各布斯. 美国大城市的生与死[M]. 南京：译林出版社. 2001.

[3] 黄琲斐. 巴塞罗那的城市更新[J]. 建筑学报，2002(5)57，60.

[4] 李翊. 巴塞罗那的城市文化与城市空间发展策略初探[J]，建筑学报，2003(2). 33.

[5] 朱跃华. 巴塞罗那公共空间改造及对我国的启示[J]. 现代城市研究，2008(4). 23 - 25.

[6] 戴林琳，盖世杰. “塞尔达规划”的街区模式及其空间发育进程初探[J]，现代城市研究，2008(8). 26 - 27.

*未特别注明的照片或图片均为作者拍摄或绘制。

专题7　巴塞罗那社区公园的设计经验及启示

The design experience and enlightenment of community park in Barcelona

刘琰/Liu Yan

摘要：目前，我国各大中小城市的居住小区均备有不同规模的社区公园，但在社区公园这一设计领域中研究尚处于起步阶段，相关文献也较少，本文通过介绍分析巴塞罗那的社区公园，来阐释其设计理念和设计语言，为我国社区公园的规划设计提供可借鉴的经验和启示。

关键词：社区公园；设计理念；功能分区；使用主体

Abstract: At present, different sizes of community parks are familiar in China's residential areas, but the research in this design field is still in its infancy, related literature is relatively less, this article mainly through the analysis and introduction of community parks in Barcelona to explain its design philosophy and design language, in order to provide some experience and enlightenment used for reference to our community park planning and design.

Key words: Community Park　Design Concept　Function Division　Main Consumer

1　引言

世界造园已有多年的历史，公园的出现则只是近一二百年的事，而社区公园更是到了近几十年才逐步发展起来。由于社区公园与人们的日常生活更加密切相关，因而，近年来在国内外都得到了很大的发展。由于国内外社区发展历史和所处环境的不同，对于社区公园并没有形成一个统一、明确的概念，下文将分别对国内外的社区及社区公园的发展分别进行论述。

1.1　国外社区公园发展历程

“社区”一词最早是由德国社会学家腾尼斯提出的，是指前工业社会中，以“基于血缘、邻里和朋友关系建立起来，具有共同的利益、共同

价值取向，关系密切、出入为友、守望相助、富有人情味的社会关系和社会共同体”。（菲迪南·腾尼斯，1999）

社区发展是由美国社会学家 F. 法林顿在 1915 年发表的《社区发展将小城镇建成更适宜生活和经营的地方》中最早提出的。西方国家在 20 世纪 20 年代起陆续运用“社区”领域的主张，开展了多次城市和居住改革。如 50 年代，英国产生的邻里规划思想，提出了住区规划的适度规模、人车分流、服务设施配套合理方便等原则；在 50—60 年代开展了大量的新镇规划建设实践，提倡“发展均衡社区，享受全面的社会、工业和商业活动”，大伦敦的新城建设被喻为规划王冠上的明珠；70 年代美国产生了规划单元开发理论，提倡尊重自然地貌和丰富的地方生活方式，强调规划单元中人与用地方式的多样共存原则，将生态观念引入社区的发展。20 世纪 80 年代以来，西方发达国家的城市发展虽然已经进入成熟期，但仍受到不断发生的社会问题的困扰。1996 年联合国第二次人类住区会议把城市生活空间和社区可持续发展的研究推向了高潮，会议通过了《人居环境议程》，其影响十分深远。其后一直到目前为止，在世界范围内，特别是西方发达国家，一直把城市生活空间和社区发展看做是相关学科的热点问题。

1.2 国内社区公园发展历程

国外社区公园发展到今天已经比较成熟，然而在我国对于社区公园规划设计的相关理论研究仍较为缺乏。现在我们经常使用的“社区”一词是中国社会学者在 20 世纪 30 年代自英文意译而来。在此之前，我国的城市社区规划一直沿用着形成于建国初期的居住区规划理论。可以说到目前为止，我国社区规划还处在观念引入阶段。因此，许多专家认为我国目前基本上没有完全意义上的社区规划实践。

我国社区建设由民政部于 1991 年首次提出，而社区公园的定义由建设部在 2002 年颁布的《城市绿地分类标准》中提出。在“标准”中指出城市绿地包括公园绿地、生产绿地、防护绿地、附属绿地和其他绿地五大类，而公园绿地的主要类型包括综合公园、社区公园、专类公园和其他专类公园。社区公园在规范中解释为——“为一定居住用地范围内的居民服务，具有一定活动内容和设施的集中绿地”。

这几年我国社区建设发展迅速，尤其是经济相对发达的东中部地区。但由于我国城市规划领域中对社区公园规划设计的研究尚处于起步阶段，因此对其研究的文献较少，相关社区公园的质量等方面还有待提高。

2 巴塞罗那的社区公园

2.1 概念界定

本文主要是介绍分析巴塞罗那城市扩展区的社区公园，从典型案例中总结得出巴塞罗那社区公园的设计经验及对我国的启示，因此文中对社区公园的界定是“在巴塞罗那城市扩展区各个街区内不同居住建筑围合的公园”。

2.2 巴塞罗那社区公园的发展历程

巴塞罗那拥有2000多年的历史，其城市发展经历了三个大的发展阶段：城市发展阶段(公元前230年—公元1850年)，城市扩张阶段(1850年—1920年)和城市更新阶段(1920年—至今)。本文所探讨的城市扩展区街坊中的社区公园是在19世纪城市扩张阶段中逐渐形成和发展起来的。

19世纪中叶随着工业革命的发展，巴塞罗那的人口急剧增加，而城市建设却依然局限于原有的城墙范围之内，导致人口拥挤不堪，居住环境十分恶劣。针对这些问题1859年瑟达(Cerda)提出扩展区规划方案。该方案以棋盘式的路网构建城市的新骨架，以对角线大街将新区与老城区以及邻近的小城镇连接成为一个新型的工商业城市。瑟达还将街坊作为城市的基本单元，每个街坊的地块为113m^2，周边的道路为20 m宽。每个方块留下20 m宽的切角使得十字交叉口留下了一块可观的公共空间。在方块的内部他还要求建筑密度不超50%，剩余土地留作城市花园(图7.1)。(张杰，袁路平，1994)

由于巴塞罗那的街坊遵循了建筑形态自由发展的原则，因此使得城市规划和城市自由生长完美结合，发展到今天，方格网的城市街坊形成了城市的一个基本限制框架，但街区内部则是丰富多样的建筑和绿地的混合空间，整个城市形成了丰富而不混乱的特征。

2.3 巴塞罗那社区公园的典型案例剖析

2.3.1 案例一　莫拉加斯公园(Jardins de Moragas)

该社区公园的显著特点是考虑了不同使用者的需求，公园内部动静分区，公共活动区以儿童活动场所为主体，私密活动区主要以自然种植的植物围合出不同大小的空间，同时布置以各类坐椅等实用设施，满足不同需求的居民使用。同时园区内部铺地和景观设施等通过运用质朴、简单的材料做到了生态性、美观性和经济性的结合(图7.2至图7.6)。

图 7.2　莫拉加斯公园平面图

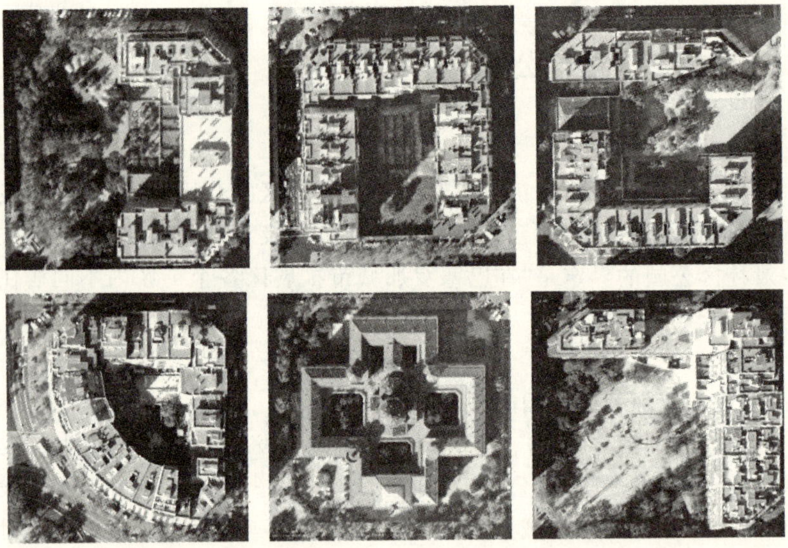

图 7.1　瑟达街坊部分现状

图 7.3　儿童活动场所结合年龄段进行活动分区

2.3.2　案例二　塞瓦斯蒂亚·加施公园（Jardins de Sebastia Gasch）(图 7.7)

该社区公园四面均有建筑或墙体围合，面积很小，但是设计师通过很好地利用地形划分出不同的空间，解决了居民的日常需求。园区内部通过多样化的铺装和竖向绿化种植来营造视觉上较为宽敞的空间感，同时在不大的空间内划分出儿童活动空间，并以绿化种植与周围空间做一定隔离，整个公园精巧、实用，同时兼顾了不同人群的使用需求(图 7.8 至图 7.12)。

2.3.3　案例三　圆环社区公园（Jardins de Círculo）

该社区公园采用了“圆”作为唯一的设计元素，不同高差的坡道成功运用于地形的同时也达到了很好的视觉效果，构成公园的主体。园区内沿坡道还分别种植了高大的乔木和布置了环形的坐椅来满足居民休憩的需求，同时呼应和加强“圆”的主题设计元素。坡道或采用自然底质或采用砖石铺装，同时缓坡草坪周边设置了导流槽，很好地解决了雨水入渗和收集的问题(图 7.13 至图 7.16)。

图 7.4　私密空间的坐椅设置，便于交流

图 7.5　开放空间和私密空间过渡区的直饮水设施

图 7.6　园路采用自然沙石铺地，同时注意雨水收集利用

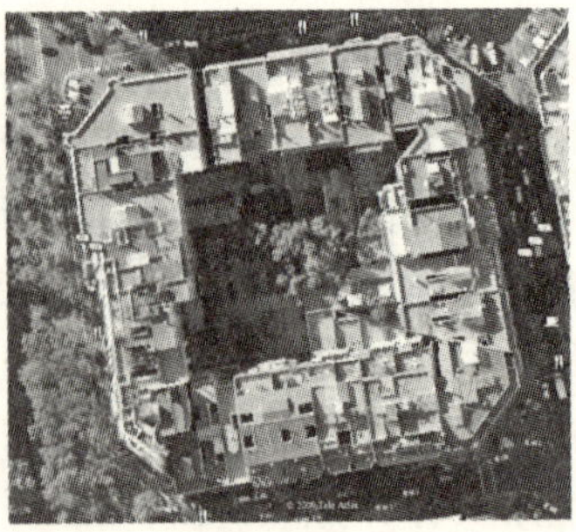

图 7.7　塞瓦斯蒂亚·加施公园平面图

2.3.4 案例四　克洛特公园(Parc del Clot)(图 7.17)

图7.8　园区与居民建筑的空间分隔方式

图 7.9　对儿童活动空间的重视

图 7.10　无障碍通道的设置体现了人性化的设计

图7.11　由于空间狭小,多采用竖向绿化和规则树阵种植

图 7.12　不同高差的地形分别采用草坪、木板和砖石铺地进行空间划分

图 7.13　沿地形设置的坡道将全园统一在圆的主题下

图 7.14　环形设置的坐椅呼应主题、满足游憩的需要

图 7.15　沿绿地边缘设置的雨水收集设施

图 7.16　园路多采用自然质地的材料,生态、环保

克洛特公园与前述三个社区公园相比,面积更大,地块形状呈楔形,设计师巧妙地将这种不好处理的地块通过中间设置有白色框架廊桥的中心下沉广场分成了两部分,各自独立又相互呼应,同时也使得公园内部地形有了更加丰富的层次,白色框架廊桥也成为整个社区公园醒目的视觉焦点。与其他社区公园相一致的是公园内同样延续了质朴、简洁的设计风格和运用了简单、精致的选材,在功能上同样兼顾了动静分区和儿童活动区的多种使用要求(图 7.18 至图 7.23)。

图 7.17　克洛特公园平面图

图 7.18 白色框架廊桥与中心下沉广场的处理

图 7.19 白色框架廊桥延伸的景观序列感

图 7.20 通过植物形态的对比来塑造空间丰富的层次感(a)

图 7.21 通过植物形态的对比来塑造空间的丰富层次感(b)

图 7.22 木质坐椅、沙石铺地和石质矮墙的结合处理

图 7.23 精心处理和专门设置的儿童活动区

3 巴塞罗那社区公园设计经验总结及启示

3.1 设计经验总结

从以上四个案例中我们可以看出，设计师用看似简单的设计手法营造了具有现代风格的巴塞罗那社区公园，我们从中可以总结得出以下设计经验：

(1) 以使用者为主体、简洁实用

巴塞罗那社区公园本身的景观构成元素并不多，但由于均是从使用者的角度出发来进行规划设计，因而使得公众需求均能得到满足，同时公园本身又形成了简洁、明快的风格。在园内各项景观设施及铺地的选材上尽可能采用自然底质或木质、沙质、砖石等生态型材料，降低成本的同时也符合公园实用、质朴的风格。

(2) 纯粹、统一的设计语言

由于社区公园的占地面积相对不大，功能相对简单，因而设计语言就不宜过于繁杂，设计师所采用的纯粹和统一的设计语言既能在不大的空间内突出主题，又能使得整体氛围和谐、统一。

(3) 功能分区明确，做到开放空间与私密空间相结合

这一特点在案例一中得到充分体现，一般来讲，开放空间的设计多结合儿童活动空间来展开，兼顾了安全性的考虑。在开放空间中植物多采用规则式种植；而私密空间则侧重于营造便于交流的空间，植物多采用自然式种植。

(4) 对交流空间尤其是儿童空间的重视

巴塞罗那社区公园的一个显著特点就是格外重视交流空间的塑造，这一空间几乎出现于每一个社区公园内，不论是从植物种植的形式还是景观小品的摆放，都充分从便于交流的角度出发，力求营造一个舒适、轻松的交流空间。再者，尽管多数的社区公园普遍面积不大，但难能可贵的是几乎每一个社区公园都在设计之初将儿童活动空间考

虑进去，而且尽可能地做到了不同年龄段的分区设置，同时游戏器械和铺装上满足安全要求之外，更是兼顾了儿童活动空间的特殊要求。

（5）生态设计理念贯穿始终

尽管巴塞罗那的社区公园呈现出的是一种简单、朴素的风格，但生态设计的理念和原则始终贯穿始终，体现得淋漓尽致。无论是道路的铺装、植物的种植形式，还是公园内随处可见的收集雨水或利用太阳能的装置，无一不体现了生态设计的概念。

同样值得一提的还有公园的管理维护。我们所参观的公园都非常干净整洁，很好地体现和维护了设计师最初的设计主旨和意愿。由此可见，一个成功的社区公园不但要具有良好的设计概念和质量，还要做好后期管理维护工作，才能做到真正意义上的成功。

3.2 启示

巴塞罗那的社区公园采用简洁的设计手法，耐用的建筑材料创造出了舒适宜人的空间，这与当前我国多数公园不计成本，追求豪华、复杂的造型，形成了鲜明的对比。结合我国实际，今后我们应从以下几方面努力：提高社区公园的规划设计质量，将生态理念贯穿设计始终；增加社区公园的分布密度，尤其是在人口密度较大的中低收入居住区；控制社区公园的建设成本，尽可能地节约土地资源，提高利用率；重视公众参与和多元化需求，充分考虑各类特殊群体（老人、儿童、残疾人等）；尽可能设置专门的儿童活动空间；加强公园的后期维护和管理。

社区公园作为城市整体绿地系统的一部分，能够缓解城市化与生态环境恶化之间的矛盾，改善城市公共空间质量，因而今后我们应充分重视社区公园，将社区公园的建设与改善城市环境和公共空间质量的提升有机结合起来。

参考书目

[1] 孟刚，李岚，李瑞冬等. 城市公园设计[M]. 上海：上海同济大学出版社，2000.

[2] 菲迪南・腾尼斯. 共同体与社会[M]. 北京：商务出版社，1999.

[3] 石忠贵. 重庆市主城区社区公园规划设计的途径与方法研究. 西南大学硕士论文. 2008.

[4] 张杰，袁路平. 巴塞罗那扩展区多层高密度街坊的发展与启示[J]. 国外城市规划，2004 vol. 9 No. 4：51－55.

[5] 刘嵩. 城市的远见——巴塞罗那的经验[Z]. 台北：公共电视，2001.

*未特别注明的照片或图片均为作者拍摄或绘制。特别感谢李婷同学对本文提供的 google earth 图片资源，许婵同学对本文所做的校对整理工作。

专题 8　巴塞罗那农贸市场专题研究
Studies on Barcelona Farmers Markets

刘文晋/Liu Wenjin

摘要:在我国农贸市场超市化改造引发广泛争论的背景下,农贸市场的出路成为亟待解决的难题。本文试通过对巴塞罗那农贸市场特征的分析,从区位布局、建筑景观、产品与购物环境、市场管理和与城市旅游结合模式五个方面探索其保持百年繁荣的原因。并由此反观我国农贸市场现状,从文化、艺术、管理三个层面提出农贸市场改造建议。

关键词:农贸市场;巴塞罗那;超市化改造

Abstract: The transformation of farmers market into supermarket in China triggered much debate and the development prospects of farmers market caused widespread concern. This paper analyzed the characteristics of Barcelona farmers markets. Based on the analysis of location and layout, landscape and architecture, product and shopping environment, market management, combination mode with city tourism, the study explored the reasons for maintaining a hundred years prosperity of Barcelona farmers market. By learning the experiences of Barcelona, this paper made recommendations on China's farmers market from culture, arts and management perspectives.

Key words: farmers market　Barcelona　supermarket transformation

1　引言

农贸市场是蔬菜、肉食禽蛋、水产品等农副产品的主要销售场所,是广大农村和城市间进行各种农副产品交接的主要场所,对城乡居民生活都有着重要影响。然而,我国农贸市场由于经营条件、卫生条件差,交易秩序混乱,往往成为城市里的灰色地带。传统的农贸市场销售模式正面临着来自超市等新型零售业态的竞争压力。为了促进商贸流通现代化和提高“菜篮子”产品卫生安全水平,很多地方兴起了农贸市场超市化改造热潮。特别是在2004年2月份的中央1号文件令提出“要鼓励有条件的地方将城市农贸市场改建成超市”后，各地政府更是加大了改革力度，纷纷将“农改超”列入日程，深圳、上海、成都、西安、北京等城市都出现了大量改造后的生鲜食品超市，但目前看来，成功的城市和企业还比较少。“农改超”成为我国市场研究中争议的焦点：传统农贸市场何去何从，是彻底让位于现代化超市从人们的视野中消隐，还是在延续自身特色的情况下寻求其他改造途径？

而反观巴塞罗那农贸市场，在经历了长达百年的繁荣后，至今不衰，不仅为居民带来生活的便利，还为城市旅游业注入活力，成为这座旅游城市不可替代的重要组成部分。巴塞罗那农贸市场百年兴盛的经验或许能够启发我们找到值得借鉴的模式，为我国农贸市场改造提供更多路径选择。

2 巴塞罗那农贸市场概况

2.1 市场类别

巴塞罗那是加泰罗尼亚地区的经济和政治中心，农贸市场历史可以追溯到10世纪晚期。经过数百年发展，目前巴塞罗那已成为世界上市场网络建设最为完善的城市之一，共有46个市场，包括40个农贸市场和6个非食品市场。根据不同的规模和服务半径，农贸市场大致可分为三级：

一级：综合性中心市场。以Boqueria和Sant Antoni为代表的大型综合性农贸市场，历史悠久，保留着典型的农贸市场传统，主要分布在巴塞罗那老城区。

二级：社区中型农贸市场。以Fort Pienc、Galvany等中型市场为代表，主要为周边社区服务。

三级：小型专业性市场。巴塞罗那有很多主题市场，如鲜花市场、旧货市场、圣诞装饰品市场等，农贸市场也有专门经营特定农副产品的类型，一般规模不大，以Fira Artesana蜂蜜市场为代表。

不同层级农贸市场并存，辐射范围覆盖全市，构建了比较完善的市场竞争体系和服务网络。本文以最具代表性的大中型综合性农贸市场为研究对象，其主要分布情况见图8.1。

2.2 主要综合性市场简介

巴塞罗那主要的大中型综合性农贸市场包括圣何塞市场(La Boqueria)、圣安东尼市场(Sant Antoni)、圣卡特纳市场(Santa Caterina)、La Barceloneta、Galvany、Fort Pienc等。其中最著名的三家是：

图 8.1　巴塞罗那大中型农贸市场分布图

(1) 圣何塞市场

“欧洲最著名和最好的市场,这个熙熙攘攘的农产品市场所有的氛围、色彩和其他元素,使得西班牙菜肴成为餐桌上最受欢迎的食品之一。”圣何塞市场建于 1836 年,坐落在 Rambla 大街旁,是欧洲最大的永久性农产品市场之一,每天吸引着大量市民和游客前往。

(2) 圣安东尼市场

圣安东尼市场在 Sant Pau 街,建于 1872 年,已被列入巴塞罗那历史文化遗产清单。1997 年市场进行了改建,跟圣何塞市场类似,但其规模更大,游客相对较少,目前是巴塞罗那最大的综合性市场。农贸市场周边环绕有服装市场、周末有售卖旧书旧币的跳蚤市场。

(3) 圣卡特纳市场

圣卡特纳市场建于 1844 年,其前身是修建于 1268 年的修道院,是巴塞罗那第一座有屋顶的农贸市场。1997 年由于地区环境品质恶化、拥挤狭窄,由西班牙著名建筑师 Enric Miralles 和 Benedetta Tagliabue 对市场进行改建,历时 7 年完工。动工期间发现地下考古遗迹,在市场旁边开辟了遗迹展示区,成为圣卡特纳市场的一大特色。

3　巴塞罗那农贸市场特征分析

3.1　区位与空间布局

3.1.1　区位分析

农贸市场区位、布局的合理与否,影响着其经济效益的好坏和城市环境的治理,也与居民的生活便利程度息息相关。巴塞罗那农贸市场充分依托其区位优势:圣何塞市场地处哥特区最繁华的 Rambla 大道核心地带，人口密度极高；圣安东尼市场处在十字交叉路口，紧邻地铁站，交通可达性高，为市场的繁华创造了重要条件。

3.1.2 市场布局

巴塞罗那农贸市场多采用厅式多循环布局，内部有功能和商品分区。形成以海鲜产品为核心，其他农产品围绕海鲜区分散布置的格局。以圣何塞市场内的平面布局为例，方形大厅的中央为圆形海鲜区，各个方位都方便抵达，通道约为 2～3 米。海鲜区周围没有明显分类，各类商铺杂处，根据产品的相对集中度可大致划为蔬菜肉类区和调味料区。而色彩、布置都更吸引游人的水果甜点区则靠近入口主要通道。除了摊位布局讲究外，巴塞罗那农贸市场往往在摊位外围预留服务性空间，提供餐饮、物流配送、儿童游玩等功能，有的市场还建有地下停车场(图 8.2 至图 8.4)。

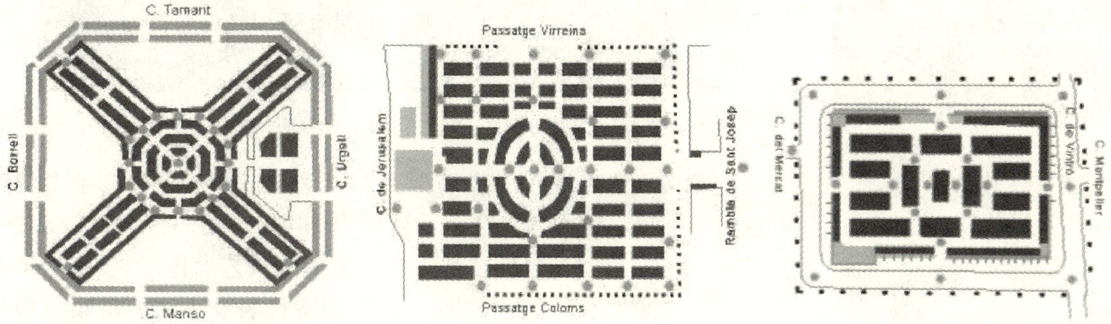

图 8.2 以海鲜区为核心的多循环布局
(图片来源：http://www.bcn.es/mercatsmunicipals)

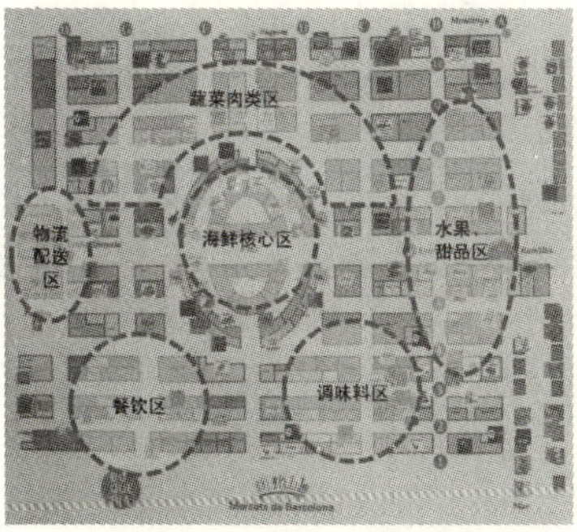

图 8.3 圣何塞市场分区示意图

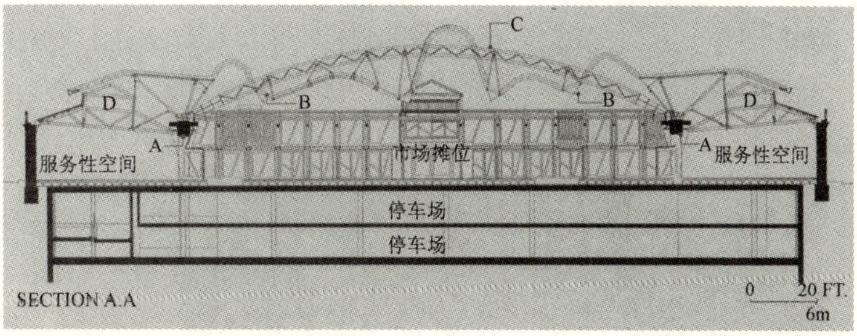

图 8.4 圣卡特纳市场空间布局剖面图
(图片来源：www.panoramio.com)

3.2 建筑及周边景观

3.2.1 建筑风格

巴塞罗那农贸市场往往以形式多样的哥特式或现代建筑为依托，具有很高的文化和艺术价值，使农贸市场成为兼具产品交易功能和审美功能的场所。许多市场的前身都是教堂或修道院，完整地保留了传统建筑风格，如历史悠久的 Galvany 市场和被列为艺术遗产的圣安东尼市场（图 8.5）。

图 8.5　Galvany 市场（左）和圣安东尼市场（右）的传统建筑风格

近年来修建或改建的市场则更多地采用了现代风格。圣卡特纳市场的彩虹顶建筑由西班牙本土建筑大师 Enric Miralles 和 Benedetta Tagliabue 设计，是巴塞罗那一件著名的建筑艺术作品，波浪形屋顶由钢条和木板架构，上面 67 种的色彩图案代表着不同的蔬菜鱼肉生鲜食材，与农贸市场的功能相呼应。位于渔村的 Barceloneta 市场建筑形态上模拟展翅飞翔的海鸟，体现着该区的渔村文化（图 8.6）。

图 8.6　圣卡特纳市场（上）和 Barceloneta 市场（下）契合地域特色的现代风格

3.2.2　周边景观

市场周边多为街道、住宅、公共广场。与公共空间的结合是巴塞罗那农贸市场的一大特点，许多市场，如 Barceloneta、Fort Pienc 和圣卡特纳等周围都设置了广场作为向街道和住宅区的过渡，以疏散过于集中的人群、减少市场噪音影响，同时还为居民提供更多休憩和交流场所，吸引更多客源（图 8.7、图 8.8）。

图 8.7　Barceloneta 市场门口的长方形广场，一直延伸到前方的主干道

图 8.8　Fort Pienc 市场旁边的圆形广场

3.3　产品与购物环境

3.3.1　产品结构

巴塞罗那综合性农贸市场拥有极为丰富的产品类型：海鲜、肉类（尤其是著名的西班牙火腿），蔬菜、水果、甜点等。从蔬果肉类到酒水调料一应俱全，有的市场还包括杂货店（图 8.9）。

根据对圣何塞市场的观察统计，产品结构主要以生鲜食品为主，经营生鲜食品的商铺约占整个市场的 70%左右，其中又以蔬菜水果所占比例最高。由于市场规模较大，产品门类齐全，同类产品竞争比较激烈，从而形成相对低廉的价格，这也是吸引消费者的一个重要原因（图 8.10）。

图 8.9　农贸市场内丰富的产品

3.3.2　商铺设计

市场内商铺多采用统一网格状布置，每个窗口的规模大致相当。从整齐的产品陈列到精致的商铺装饰，每一个细节都显示出经营者的用心。尤其是蔬果类店铺，巧妙利用产品形态和色彩，搭配出极具审美效果的陈设。视觉上的享受无疑是农贸市场招揽游客的重要原因(图 8.11 至图 8.14)。

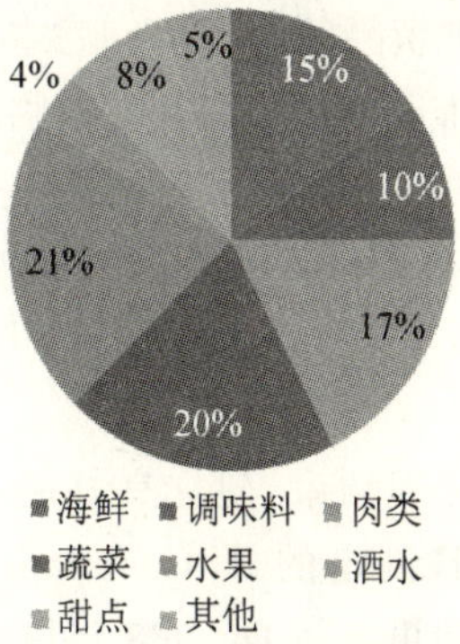

图 8.10　圣何塞市场产品结构示意图

图 8.11　鸡蛋商铺可爱的装饰风格

图 8.12　圣诞前夕的商铺设计

图 8.13　极具审美效果的产品陈设

图 8.14　前来参加视觉盛宴的游客(图片来源：www. bcn. es/mercatsmunicipals)

3.3.3　卫生环境

巴塞罗那农贸市场普遍具有良好的卫生环境，通道和商铺干净整洁，易形成脏乱潮湿地带的海鲜区还专门配有地面排水通道。其出售的食品还必须达到技术卫生标准(ASPB)(图 8.15、图 8.16)。

3.3.4 购物配套服务

在巴塞罗那农贸市场不仅可以体验购物乐趣，还能够享受价格低廉、风味纯正的西班牙美食，市场内设有餐饮服务，海鲜饭、海鲜烧烤等受到了大量顾客的喜爱。此外，有的地方(如圣卡特纳市场)还为顾客提供无线上网和免费停车服务。儿童游玩设施也比较常见，如 Galvany 市场专门设置了小型旋转木马供儿童免费使用。

3.4 市场管理

3.4.1 管理机构

巴塞罗那政府设置了专门的市场管理机构 IMMB(Instituto Municipal de Mercados de Barcelona)，旨在提供公共服务，促进市场发展和保障消费者权益。该机构于 1991 年 4 月设立，由行政理事会和执行委员会组成，其中理事会成员包括政府官员和商业代表。IMMB 是一个具有行政自主权和预算自主权的自治机构，全面负责城市里 46 个市场的行政管理和商业服务，建立了良好的市场网络。其主要职能包括：改善市场设施和服务、更新商业报价，以政策促进贸易等[①](图 8.17)。

管理机构在市场发展过程中发挥了巨大推动作用。尤其在面临现代化零售业态冲击之下，IMMB 提出了重塑市场，以优质产品和民俗文化为核心将农贸市场打造为城市购物中心，发挥其社会和文化凝聚力的功能。

3.4.2 管理方式

(1) 制定市场发展相关政策条例

为了使市场经营受到更加完善的政策法规约束，建立良好的市场秩序，2008 年 11 月 28 日市议会通过 IMMB 制定的《L'Ordenança 市场条例》，该条例于 2009 年 1 月生效，改善和更新了自 1968 年以来推行的旧条例。1968 年巴塞罗那还只有 31 个市场，且尚未受到超市竞争的压力，居民消费方式与今天有很大不同。为了应对金融危机下新的市场环境，新条例对执照和许可证、行政处罚、营业时间、销售等方面都做了相应调整，还提出了以下策略：

① 引进城市市场现代商业设备和管理模式；

② 以市场服务为导向，最大限度地满足客户和市民；

③ 维护市场交易份额，平衡市场供求关系；

④ 对市场和贸易进行统一监管；

⑤ 发扬市场传统文化。

此外，IMMB 还同巴塞罗那公共卫生署(ASPB)制定了食品安全

图 8.15 圣何塞市场干净整洁的通道
(图片来源：www.bcn.es/mercatsmunicipals)

图 8.16 海鲜区地面排水通道

Mercats de Barcelona

图 8.17 巴塞罗那市场统一标识
(图片来源：www.bcn.es/mercatsmunicipals)

---

① 信息来源于 IMMB 官方网站 http://www.bcn.es/mercatsmunicipals.

法规，以保障食品安全。

（2）建立促进市场公平与效率的激励机制

每年举办市场评选活动，以激励表现突出的个体商户或市场集体，在市场经营中贯彻效率与公平原则。如具有较大影响力的金辣椒奖，每年吸引大量商户和公众参与评选（图 8.18）。

（3）营建市场网络体系

统一的机构管理为市场资源整合提供了很好的平台。IMMB 通过对城市市场环境的宏观分析，制定新建或改造市场的决策，以形成互补互利的市场网络体系。

（4）提供市场信息咨询服务

IMMB 立足于其服务职能，为市场商户和公众提供全方位的信息咨询服务，如产品最新报价、农贸市场位置和分布、市场节庆活动等。服务载体丰富多样，包括电话、网站、发行物（月刊《InfoMercats》）等。

（5）展开多元化合作形式

积极推动区域内合作与国际合作。在 IMMB 推动下，巴塞罗那农贸市场与当地文化、教育等机构建立了紧密的合作关系，如圣安东尼市场与周边学校合作，成为小学生食品认知教育场所。巴塞罗那农贸市场还加入了世界市场联盟（WUWM），以促进优质低价产品的供给和消费。

图 8.18　2009 农贸市场金辣椒奖评选活动
（图片来源：www.bcn.es/mercatsmunicipals）

图 8.19　圣卡特纳市场的考古遗迹被完整地保存下来

3.5　与城市旅游结合模式

与城市旅游结合是巴塞罗那农贸市场的一大特色。尤其圣何塞市场每年吸引大量游客前往，已成为城市著名旅游景点，农贸市场成为带动旅游业发展的重要力量。总的来看，巴塞罗那农贸市场与城市旅游结合的途径可分为以下几类：

3.5.1　观光导向型

利用农贸市场建筑景观、商铺设计、文化遗迹作为旅游吸引点，开展旅游观光项目。如圣何塞市场极具审美价值的产品陈设、圣安东尼市场列为历史文化遗产的建筑、圣卡特纳市场的古罗马考古遗迹等，都是重要的城市旅游资源（图 8.19）。

巴塞罗那已经将农贸市场纳入城市设计和旅游规划考虑，并通过旅游标识系统引导、多种媒体结合的旅游宣传使农贸市场融入城市旅游体系。

3.5.2　产品和服务导向型

优质低价产品和个性化服务是吸引游客的又一途径。农贸市场提供物美价廉、品类齐全的农产品和热情周到服务，并通过购物与饮食、观光等活动的联动，形成一条龙式经营，让游客获得丰富的购物体验。

3.5.3　大型活动导向型

通过举办大型活动或施行大型工程来推动旅游发展，促进游客参与，丰富农贸市场文化内涵。主要有以下几种形式：

（1）民俗节庆活动

将农贸市场与当地民俗节庆结合，这也是最常见的一种方式。在农贸市场举办各种民俗活动已经屡见不鲜，成为当地传统。如加泰罗尼亚民俗音乐会，自 1988 年以来一直在市场内举办，2009 年更是在 I'Estrella、Lesseps 等四家农贸市场巡回演出。著名的西班牙狂欢节也早已引入农贸市场，2009 年 2 月 15 日 12 时，狂欢节选择在圣何塞市场启动。农贸市场已成为展示地方民俗文化的重要平台（图 8.20、图 8.21）。

图 8.20　农贸市场内的民俗音乐会
（图片来源：www. bcn. es/mercatsmunicipals）

图 8.21　2009 年狂欢节在圣何塞市场启动
（图片来源：www. bcn. es/mercatsmunicipals）

（2）大型会展

以展览会或博览会的形式充分发挥会展经济的作用，提高市场知名度，吸引游客前往参观。2009 年 1 月，圣卡特纳市场举办有机食品博览会，取得了显著的旅游促进效果。

（3）市场改建工程

市场改建工程往往能够带动周边地区的城市更新，改善城市旅游环境。圣卡特纳市场改建便是很好的案例。改造之前该地区环境恶化、街道狭窄拥挤、开放空间和服务设施匮乏，改建工程将市场当做城市更新的一部分来处理，整合新旧建筑，为地区注入新的活力，带动了当地旅游发展。

4 巴塞罗那农贸市场繁荣原因及其对我国的启示

是什么力量维系着巴塞罗那农贸市场的活力，使它在面临超市零售业态迅猛发展和居民消费方式转变的双重挑战下还能延续其长达百年的繁荣，并形成巴塞罗那特色的旅游品牌？优越区位条件、低价、优质产品、良好卫生环境、高效流通组织体系等当然是形成市场繁荣的重要因素，但真正构成农贸市场不可取代优势的核心力量还在于文化、艺术和管理层面，由此引出对我国农贸市场改造的几点启示和建议：

4.1 重塑凝聚地方民俗特色的农贸市场文化

农贸市场复兴的关键在于文化重塑。从巴塞罗那农贸市场案例研究中可以发现，文化在其中扮演了一个举足轻重的角色，将之与超市等形态的市场彻底区分开来。农贸市场完全可以成为展示地域民俗特色的平台，发挥社会文化的凝聚作用。而我国传统农贸市场承载的地方文化和乡土文化意义尚未得到应有重视，且不断地在脏乱差的市场环境中被扭曲，城市居民"仇农"意识也加剧了农贸市场文化的流失。

针对这一现状，可以借鉴巴塞罗那将各种民俗节庆活动与农贸市场结合的做法，并通过教育、宣传等方式赋予农贸市场文化内涵，使居民单纯的购物行为成为一种丰富的文化体验和参与活动。

4.2 营建具有审美价值的农贸市场环境

艺术的作用在巴塞罗那农贸市场得到了凸显。具有审美吸引力的建筑、景观、店铺设计和产品陈设可以将买菜变成一个优雅的享受过程，将旅游观光变成人们前往农贸市场的主要目的。拥有干净美观的市场环境是探索我国农贸市场与旅游结合途径的前提，也是目前市场改造最直接有效的措施。然而，建筑和景观的改造容易，用心设计经营每一个细节却颇难，有待于市场商户整体审美素养的提升。

4.3 推行以多元化服务为立足点的市场管理模式

农贸市场的发展需要有一个强有力的管理机构在背后推动，这个机构不仅要制定政策规范，更要从提供市场服务的角度促进贸易发展。参照 IMMB 对巴塞罗那农贸市场的成功管理经验，我国应当加快市场管理机构的服务型职能转变，为市场经营商户和顾客提供及时的信息咨询服务，同时大力推动农贸市场与区域内外的贸易和文化合作，建设更广泛的市场网络体系。

*未特别注明的照片或图片均为作者拍摄或绘制。

专题9　巴塞罗那儿童活动场的安全设计
The Safety Design of Children Playground in Barcelona

熊亮/Xiong Liang

摘要：保证儿童在活动时的安全是儿童活动场设计的重点之一。巴塞罗那儿童活动场的设计在此方面具有较为突出的特点。本文通过实地踏勘结合 Google Earth，对巴塞罗那 65 个儿童活动场的活动设施、地面材质、地形、坐椅、植物、围栏等景观要素调查。根据调查结果将儿童活动场环境归纳为四种空间：安全空间、守护空间、隔离空间和排斥空间。在四种空间中各种景观要素都呈现相应的特征以保护儿童活动场的安全。研究还发现儿童活动场的设计安全等级跟路人情况、儿童年龄有关，并提出巴塞罗那儿童活动场安全设计的规律。

关键词：儿童活动场；安全设计；空间；巴塞罗那

Abstract: To ensure the safety of the children while playing in the playground is one of the most essential concern in the children playground design. Differences exists in the children playground design theory between Barcelona and China. The research, using field investigation and Google Earth, collects the features in landscape characters of sixty-five children playgrounds in Barcelona. The data includes facilities, ground material, topography, seat, vegetation and barrier. The researcher see the environment of a children playground as a combination of four spaces: safety space, guard space, isolate space and eliminate space. The landscape characters represent homologous features in each four spaces to ensure the safety of the children playground. The research also find the correlation exist between the design safety level and the pedestrian intensity, children age and surrounding land use, and the safety playground design pattern in Barcelona. The research aims to raise the average safety design level in children playground in China.

Key words: public space　contemporary arts　France

1　引言

巴塞罗那的景观设计中有无数的闪光点，由宽阔马路改造的中央带状绿地、与自然巧妙结合的 guell 公园、色彩风格各异的建筑，但是这琳琅满目中最让我感动的还是无处不在的儿童活动场。几乎每隔一个街区就能看到有明确标识的儿童活动场，孩子们在大人的注视中尽情地玩耍。这些简朴但是又实用的活动场，深受周围居民的欢迎。孩子们的笑容感染了仅仅是路人的我。在到达巴塞罗那两天后，我终于忍不住要去探究，这令人温馨的环境背后那巧妙的设计。

2　观察与研究方法

基于考察实际情况的限制，本研究中研究场地为公共空间中的儿童活动场，不包括幼儿园、学校及街区内部由建筑围合的私有儿童活动场。

笔者在由巴塞罗那旅游局提供的巴塞罗那地图中，选择市区范围内被标注为绿地的区域，通过实地踏勘辨识出 65 个儿童活动场。覆盖范围包括巴塞罗那市区的东、南和西部。所有 65 个研究场地分布在各种类型的公共空间中，包括大型公园、社区公园、街区内公共绿地、道路中心绿化带、广场以及商业区。在场地中拍摄照片，对服务对象、场地设施、地形特征等进行观察统计（图 9.1）。

图 9.1　本研究中所调查的儿童活动场分布
（地图来源于：Google Earth）

3　儿童活动场的空间划分

一个儿童活动场通常具有三种空间形式：安全空间、守护空间和隔离空间，在潜在威胁需要特别注意的区域内设置的儿童活动场，还包括排斥空间。这几种空间的相互关系如图 9.2、图 9.3 所示。

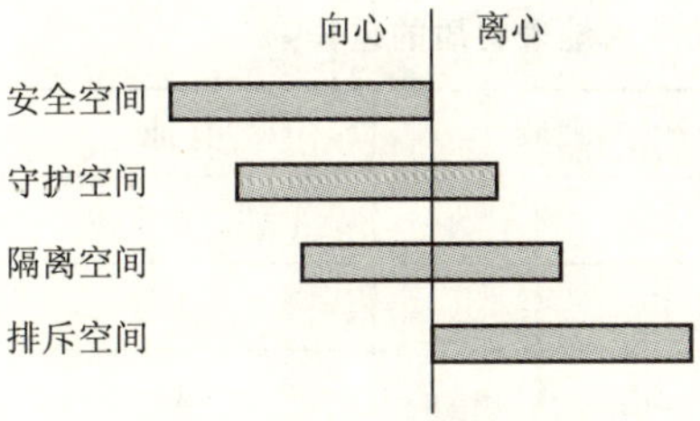

图 9.2　四种空间对人的作用力
（向心力和离心力）

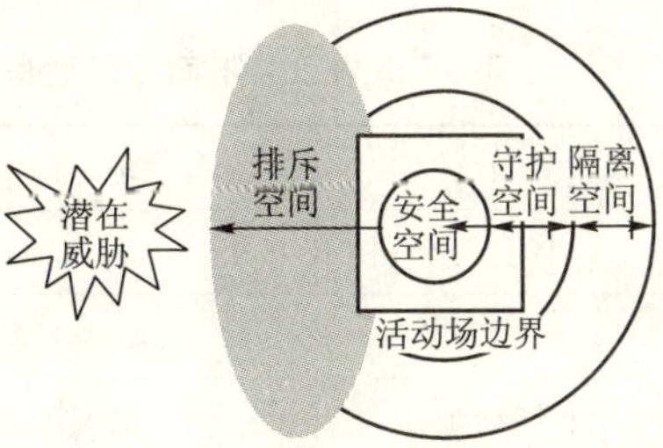

图 9.3　四种空间相互关系

一般情况下，儿童活动场的安全性由这三种空间保证：位于活动场中心的安全空间、位于活动场边界附近的守护空间以及位于守护空间外围与外部环境之间的隔离空间。在存在潜在威胁的情况下，活动场的设计将包括排斥空间，以将外来的威胁排斥于活动场之外。在各类空间中，都会通过一些景观要素来实现空间的功能，这些景观要素包括地面材质、活动设施、坐椅、围栏、植物、地形设计以及街道眼的设置。各种景观要素根据不同需要，在四类空间中表现出不同的特征，具体如表 9.1 所示。

表 9.1　景观要素的分布

空间类型	地面材质	活动设施	坐椅	围栏	植物	地形	街道眼
安全空间	有	有				有	
守护空间	有		有				有
隔离空间	有			有	有		
排斥空间	有			有	有	有	

3.1　安全空间

安全空间通常以儿童活动器材为中心，到明显的障碍物或者标识物为止，如坐椅、围栏、改变的地表地面材质以及突变的微地形等。在安全空间中，最显著的特征是布置了儿童活动设施，场地的地面平整或者有适度的微地形，地面材质柔软，多为沙地，个别活动场根据所处环境采用了塑胶场地。儿童活动设施、松软的地面材质、无围栏、轻微起伏的坡地是安全空间的特征。

3.1.1　地面材质

在安全空间中，场地多采用平整的沙地，为儿童的活动提供了很大的可变性。从年龄段与地面材质的对照表 9.2 中可看出对于不同年龄段的儿童，提供了相应的设计。其中对于小于 5 岁的儿童和无年龄限制的活动场，更加倾向于使用塑胶场地以满足活动能力不够完全的幼儿的安全需要，而对于 6—12 岁的儿童，为了满足其活动需要，更加倾向于设置沙地(图 9.4、图 9.5)。

图 9.4　6—12 岁的活动场常采用沙地

图 9.5　小于 5 岁以及无年龄限制的儿童活动场采用塑胶的比例更高

表 9.2　不同年龄阶段活动场内地表材质的差异①

年龄段	沙地	塑胶	其他
小于 5 岁	8	2	0
6—12 岁	36	4	1
无年龄限制	9	4	1
总计	53	10	2

① 表格内数字为巴塞罗那儿童活动场实地调研统计。如年龄段小于 5 岁，材质为沙地的数量是 8，表示笔者在巴塞罗那实地调查的 65 处儿童活动空间中，满足这两个特征的儿童活动场有 8 处。

3.1.2 活动设施

在安全空间内，按照设计年龄段的不同，布置了相应的活动设施。在为小于5岁的儿童设计的活动场中，危险性小、可活动性弱的设施较多，包括弹簧坐椅、转轮、小型滑梯等。在为6—12岁儿童设计的活动场中，可活动性强的设施较多，如秋千、大型滑梯、跷跷板等。在无年龄限制的活动场中，除了包含前两种活动场中的设施外，还会出现综合型的设施，如滑梯组合、荡杠和秋千组合等(表9.3)。

表9.3 不同活动场内活动设施的差异

设施名称	小于5岁	6—12岁	无年龄限制
弹簧坐椅	有		有
转轮	有		有
滑梯	有	有	有
跷跷板		有	有
秋千		有	有
独木桥			有
组合设施			有

3.1.3 微地形

在安全空间内另一个景观元素是微地形。微地形增添了儿童活动场的趣味性，让儿童在其间蹦跑攀爬，充分发展运动协调能力。由于地面材质的限制，沙地活动场中微地形的坡度比塑胶活动场的坡度缓。塑胶活动场中的微地形通常结合活动器材，创造出整体的活动空间(图9.6、图9.7)。

图9.6 和微地形相结合的活动设施

3.1.4 小结

安全空间内的设计，一方面是为了给儿童活动提供安全保障，另一方面是为活动提供更多的趣味性。其内所有区域均方便到达，其外则充分开放，同时又在设计上给予该空间一定的保护。

图9.7 和微地形相结合的活动设施

3.2 守护空间

守护空间是连接安全空间和外部空间的纽带，是保护安全空间，限制潜在危险的重要空间类型。守护空间通常采用和安全空间相同或者相似的地面材质来完成过渡。地面材质相似、有围栏、座位朝向、有沟通的微地形(坡道、楼梯、草地和乔木草地)。在守护空间中发挥作用的景观要素有：围栏、坐椅、植物以及街道眼。

3.2.1 坐椅

通过合理地摆放坐椅，可以创造出具有守护作用的空间，其中坐椅的数量和朝向在这种空间的营造之中占有极其重要的地位。坐椅在儿童活动场的布置分为两种：场地内布置和场地外布置。此外，这两种布置形式中，都存在一些特别设置在门附近的坐椅，通过在进出儿童活动场的通道上布置坐椅，可以有效地提升儿童活动场的安全等级。被坐椅吸引而来的人群，在防止儿童活动意外和外来威胁两方面均能起到作用。表 9.4 是巴塞罗那儿童活动场中坐椅设计和年龄段的关系。由表可以看出：

表 9.4　不同年龄阶段活动场坐椅的平均数量①

年龄段	内部	外部	入口处
小于 5 岁	2.0	10.0	2.0
6—12 岁	6.0	16.0	4.0
无年龄限制	10.0	20.0	3.5
平均	6.0	16.0	3.5

所有类型的儿童活动场中，安置在外部的坐椅均远远多于安置在内部的坐椅。内部的坐椅通常由照看孩子的家长使用，坐椅多指向安全空间。而外部的坐椅相比较而言可以为更多样的使用者提供休息功能。其朝向多数向外，也弥补了安置在内部的坐椅视线过于集中的局限性，为守护空间扩大了范围。

随着活动人数的增加，设置的坐椅数量也相应增加。相比于有明确年龄限制的儿童活动场，无年龄限制的儿童活动场由于提供了更加多样的活动设施，因此吸引了更多儿童在此活动。在这种类型的活动场边坐椅的数量是最多的。

3.2.2　植物

在守护空间中，设计的重点是使视线能够聚集在安全空间之内，因此在需要植物配置时一般采用乔木散植的形式，满足绿化需求，也不会遮挡视线。图 9.8 是一个典型的守护空间中植物配置的例子。冠幅大的乔木、藤本植物都是适合在守护空间内布置的植物类型。而灌木由于具有遮挡视线的效果，因此很少出现在守护空间内。

图 9.8　守护空间内的植物配置

3.2.3　街道眼

在街道上的常住人口对街道的安全起着重要的维护作用。各种能够聚集观察者的建筑也被有意识地设置在儿童活动场附近，如高层住宅、地下停车场的人行出口、地铁站出口、农贸市场、报刊亭和杂货

① 表格内数字为巴塞罗那儿童活动场实地调研统计。如年龄小于 5 岁，场地内部坐椅数量是 2.0，表示笔者在巴塞罗那实地调查的 65 处儿童活动空间中标明为 5 岁以下儿童活动场中，出现的坐椅平均数量是 2.0 个。

铺等，在被调查的儿童活动场中，71%的社区公园在视线范围内有建筑物或构筑物的门窗直接相对。即使在大型公园中，通过将儿童活动场布置在公园边缘，也有17%的儿童活动场能够被周围建筑直接观察到(图9.9)。

3.2.4 小结

在守护空间中，守护强度由积极活动者的数量决定。通过合理设置坐椅、植物以及儿童活动场的位置，能够有效地吸引足够数量的积极活动者，并排除消极活动者，从而达到守护安全空间的作用。

图9.9 守护空间内的地下停车场人行出口

3.3 隔离空间

隔离空间是守护空间外的空间，通过明显的界限划分，将守护空间与外界区分开来。因此隔离空间之内，设计的意图是促使人们尽快离开此空间，或者进入守护空间，或者离开儿童活动场的范围。为了达到以上目的，隔离空间往往通过明显的地面材质差异、背向的座位设置、围栏、难以逾越的地形设计以及密闭的植物配置来达到目的。

图9.10 隔离空间中明显的地面材质变化

3.3.1 地面材质

在隔离空间中多采用与守护空间中有明显区分的地面材质来起到表明空间边界的作用。这些区分一般通过颜色、质地和纹理等形式表现，也存在使用线形分割的做法。隔离空间常常和人行道结合，地面材质倾向于选择硬质铺装(图9.10、图9.11)。

图9.11 隔离空间内的围栏

3.3.2 围栏

围栏的作用是使儿童活动场产生一个明确的边界，使空间得到明显的划分。在儿童活动场中设置的围栏绝大多数为木质，70 cm 高。在三种年龄阶段的儿童活动场中，围栏的设置比例稍有不同。年龄段较小的儿童活动场，围栏设置比例相对较高(图9.12、图9.13)。

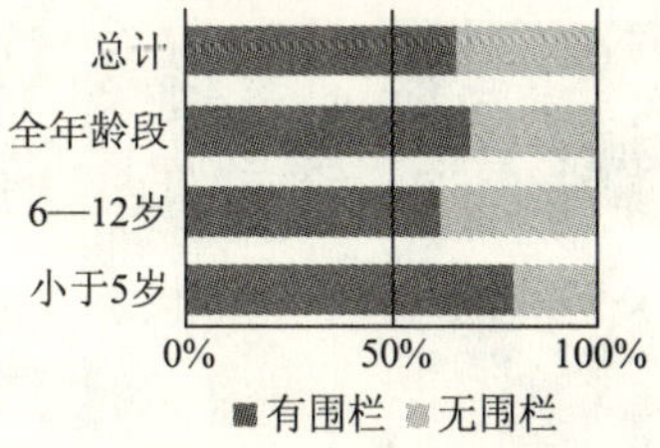

图9.12 儿童年龄与有无围栏相关性示意图

3.3.3 植物

在隔离空间中植物是重要的设计元素之一。通过密闭的植物配置，能够形成相对柔软的阻隔效果。在巴塞罗那儿童活动场的隔离空间内，以半人高的密植灌木丛最为常见。在隔离空间明确了边界之后，儿童活动场与外界联通的通道仅剩下2处，将每一个通道入口处作为守护空间的设计重点，可以在保证儿童活动场的安全的同时，也使守护空间内的活动者获得更大的活动范围。这种设计将原本受儿童活动场内的活动干扰而不愿停留的人们也保持在守护空间内，而不是过于远离儿童活动场，以至于不能在第一时间解决儿童活动场内可能出现的危险情况。

3.3.4 小结

隔离空间的设计目的是让人尽快地离开，因此经常以通道的形式

图 9.13　隔离空间中的植物配置

出现，而在与守护空间的交界面上会设置线性景观要素或面性景观要素来表明空间的转换。这些要素包括地表材质、围栏和植物。

图 9.14　排斥空间中的植物配置

3.4　排斥空间

排斥空间是一种相对不常见的空间类型，其特点是通过设计使任何人都无法在这些区域停留或者穿越。巴塞罗那儿童活动场的排斥空间出现在两种情况下：一是在需要强烈的安全保障的环境之中，如在治安较差的街区内的儿童活动场；二是在因用地紧张而无法形成隔离空间甚至守护空间的环境之中。排斥空间中的景观要素特征有：地面材质的反差、无法逾越的地形设计和围栏（图 9.14 至图 9.16）。

3.4.1　地面材质

排斥空间中的地面材质和隔离空间基本一致，都是通过对比来明确空间边界。

图 9.15　照片中远处的高栅栏属于排斥空间中的围栏

3.4.2　阻隔措施

排斥空间中的围栏采用不可逾越的形式，主要形式有超过 2 m 的铁丝网、围墙等。这些围栏中，有的是将儿童活动场与其他活动场隔离，以避免来自这些场地的威胁，如球类活动、不受控制的宠物等。也有将活动场与外界隔绝，如为了避免车行道、治安条件差的街区等的影响而设置的围墙。

在地形起伏较大的地区，也采用刻意增大高差来阻止人们进入。

植物也可以作为有效的阻隔措施。密植的乔灌组合或者灌木均能够起到阻隔作用。但是为了保证儿童活动场内的安全，不能采用带刺的植物作为阻隔措施。因此植物配置的排斥能力有限。

图 9.16　排斥空间中的地形设计

3.4.3　小结

排斥空间是最有效地阻止进入的空间类型。在排斥空间中通过以下景观要素的设计来达到此功能：划分空间界限、设置阻隔措施等。

4 设计安全等级的确定

在儿童活动场的设计中，需要根据路人情况、活动人群年龄等确定设计所需要的安全等级。不同等级的儿童活动场在设施布置、地点选择等方面均有所不同。设计安全等级直接决定了守护空间和隔离空间的面积，如果设计安全等级最高，即当潜在威胁不容忽视的时候，排斥空间将会出现。

4.1 路人情况

儿童活动场位于开放空间之中，因此不可避免地与外界接触。场地所处地带的路人情况将极大地影响儿童活动场设计安全等级。根据所处地点的治安状况、人流量，将对应的儿童活动场分为以下 4 种类型。

4.1.1 治安状况差＋人流量小

在 CIUTAT VELLA 区（DISTRICTE DE CIUTAT VELLA）CARRER DE SANT PAU 与 CARRER DE SANT OLEGUER 交界处的 SANT PAU DE CAMP 公园，考虑到处于治安状况较差的贫民区，而且周围缺少能够吸引人流的设置，因此需要对该公园内的儿童活动场进行最高安全等级的设计以保证其安全性。在守护空间的设计中，公园选址于教堂旁，而且正对着街对面的建筑，从建筑中可以清楚地看到儿童活动场内的活动。这种设置能够通过当地的住户有效地形成街道眼，对潜在的安全威胁进行警示。活动场外侧并没有设置坐椅，其目的在于尽量避免包括潜在的威胁在内的各种人的停留，而在活动场的内部，则将 5 个双人坐椅面朝入口布置。可以预见当有儿童在这个活动场中游戏的时候，正对着出口坐下的家长们可以对整个场地进行有效的看护。隔离空间中与此同时，排斥空间的设计也采用栏杆和木围栏两层屏障将儿童活动与外部环境分隔开来，并与公园的其他部分通过高差隔离。最大限度地避免了与外部的接触，形成了一个单向进出的空间。在这个单向通道的尽端是一个带锁的菜园，可以推断菜园的使用者是附近的住户。这种通过用地类型来选择活动人群的方式在儿童活动场的安全设计中有着极其广泛的运用（图 9.17、图 9.18）。

图 9.17　治安状况差＋人流量小的情况

图 9.18　治安状况差＋人流量大的情况

4.1.2 治安状况差＋人流量大

位于 RONDA DE SANT PAU 和 PLACA DE JOSEP MARIA FOLCH I TORRES 交界处的广场内的儿童活动场就属于此类，同样处于治安状况较差的街区，但是此处人流量较大，因此在此处的儿童活动场设计时，安全等级为高。在安全空间内，地面材质选择了沙土质地。守护空间内，在儿童活动场的一侧设置了篮球场，另一侧为5条长椅，通过吸引人们的聚集来达到守护的效果。同时，儿童活动场的四面都被有窗户和门的建筑包围，街道眼也有效地守护着场地。植物配置选择了不遮挡视线的乔木。这些都是安全等级高的体现。

图 9.19　治安状况好＋人流量小

4.1.3　治安状况好＋人流量小

一个典型的人流量小的儿童活动场，通常会把隔离空间的设计作为重点。在这些地区活动的儿童，通常都会有家长陪伴，因此通过设计隔离空间可以将需要监视的出入口数量减少到最少（图9.19、图9.20）。

4.1.4　治安状况好＋人流量大

在这种环境下，可以采用取消隔离空间的方式，使儿童活动场与外界融为一体。只要有适度的坐椅，儿童活动场的安全就能得到很好的保障。

图 9.20　治安状况好＋人流量大

4.2　儿童的年龄

儿童的年龄也是儿童活动场设计安全等级的一个重要参考指标。预期的儿童年龄越小，安全等级就越高。特别是守护空间中坐椅的设计，因为低年龄段的儿童活动时基本都有大人看护。

5　营造手法

5.1　内部设计

5.1.1　活动设施类型作为最基本的安全设计

作为儿童活动直接接触的活动设施，应该根据儿童的生理特点和活动特征进行设计。

5.1.2　按照年龄段提供不同活动内容和安全等级

儿童活动场按不同年龄段的活动特征分别设计，并且在场地周围有醒目的适合年龄标识，共分为三种年龄阶段：小于5岁段，6至12岁段以及无年龄限制区域。每种区域布置了相应的活动设施，开放程度以及坐椅的设置也有不同。

5.2　内外沟通

5.2.1　利用坐椅作为维护安全的重要设施

通过调整坐椅的分布、数量和朝向，可以吸引积极的活动人群，让其形成有效的防护空间。

5.2.2　利用微地形达到保护目的

坡道、楼梯和台阶等微地形可以对空间进行联通。通过改变微地形划分空间，达到明确空间边界的效果，以明确人们的领地意识。

5.3 外部设计

5.3.1 地面材质与外部的结合

根据不同的空间关系，地面材质可延续与变化。守护空间，地面材质的风格是延续安全空间的。而在隔离空间和排斥空间，需要采用与安全空间截然不同的风格，以明确空间关系。

5.3.2 合适的服务半径保证足够的活动场地，提供可选择性

在调查区域内，每两个儿童活动场之间的距离不会超过 500 m。这使有活动需要的儿童能够在很短时间内到达儿童活动场，同时也给他们提供了大量的选择。

*未特别注明的照片或图片均为作者拍摄或绘制。

专题10　巴塞罗那城市色彩研究

City Color in Barcelona

李怡然/Li Yiran

摘要：本文从巴塞罗那的城市色彩出发，通过对该城市自然色彩（包括地形、植物和水系等）和人工色彩（包括建筑、道路广场、城市小品等）的分析，指出了形成当地城市色彩的内在根源，即自然因素、人文因素、时间、材料和功能。并提出在城市色彩的建设中，必须尊重当地的自然条件和历史文化，挖掘地域特征并处理好新旧建筑之间的矛盾。

关键词：巴塞罗那；城市色彩；自然色彩；人工色彩

Abstract: Through analysis of natural color of the city (including topography, vegetation and water systems, etc.) and artificial color (including building, roads, squares, etc.), point out that origin of intrinsic color of local city: natural factors, human factors, time, material and function. Article point out that we must respect the local natural conditions, historical and cultural in urban construction. Article also indicates that we must search local character and harmonize new architectures and old architectures.

Key words: Barcelona　city color　natural color　artificial color

1　引言

城市色彩，就是指城市公共空间中所有裸露物体外部被感知的色彩总和(陈剑，王姣姣，史保钢，2007)。城市色彩是直观的信号，它在一定程度上给人更直接的城市印象。恰当的色彩运用不仅传达丰富的美的视觉信息，有助于现代社会文明程度的提升，而且对于城市的规划和设计，都具有现实和深远的意义。

巴塞罗那是加泰罗尼亚自治区的首府，西班牙第二大城市，它巧妙地将传统与前卫、本土与异域融为一体，形成开放热情、兼容并包的个性(肖启明，2007)。在全球时代的影响下，巴塞罗那的色彩无疑是民族的，值得我们分析借鉴。

巴塞罗那的城市色彩从整体上可分为三个区域：老城区具有颇多

哥特式建筑，并由于岁月的沉积呈现石材本色，显得肃静凝重；扩建区由于受到世博会、奥运会的影响，颇具时代感，材料多变，色彩轻快，与老城的色彩构成鲜明对比；城中村地区则色彩较统一，普遍呈现出红、橙等暖色调。

巴塞罗那的城市色彩主要由自然色彩和人工色彩两部分组成。自然色彩主要包括地形、植物和水系等；人工色彩主要包括建筑、道路广场、城市小品等。其中，自然要素组成了城市环境中不可或缺的自然环境，使巴塞罗那的色彩具有地域特征。而人工环境是巴塞罗那人为创造适宜居住的生存环境而努力改造自然的结果，是城市实现各种功能所必需的物质基础设施，是城市文明的承载物，在一定程度上折射出这个民族的特点(尹思谨，2004)。

2 巴塞罗那的自然色彩

城市处于自然环境之中，城市色彩要与自然环境色彩相协调，对于人类来说，自然的原生色是最容易被人所接受，也是最美的。巴塞罗那在存有自然色的情况下突出自然色，特别是树木、草地、海洋、岩石的自然色，使其构成城市底色，使文化色服从自然色，这是使巴塞罗那城市色彩和谐的原因之一。

在巴塞罗那，山地地形对城市的整体色彩影响很大，由于坡度影响，使城市的受光面和背光面及不同区域的色彩相差很大。此外，巴塞罗那的植物色彩丰富，有很多秋色叶树种，四季变化显著。红色、橙黄色以及粉红色的植物为城市增添了一道亮丽的风景。巴塞罗那还有一条总长 4.5 公里，独一无二的海岸线，在海边强烈阳光的照射下，蔚蓝的海水和白色的轮船构成强烈对比(图 10.1)。

图 10.1 对比鲜明的海岸

3 巴塞罗那的人工色彩

图 10.2 巴塞罗那的传统建筑色彩

3.1 建筑

巴塞罗那的建筑色彩大致分为传统建筑色彩、现代建筑色彩和城中村建筑色彩三种类型。

巴塞罗那的传统建筑分布广泛、遗存丰厚，主要分布在哥特区。年代沉淀影响了一些建筑物，使这里有着近乎处处统一的中等暖调，不同建筑的墙面并置在一起，色调相近但明度不同，产生出在空间上融合的视觉效果。这些传统建筑多呈现石材本色，色调凝重，形式简洁、稳定，给人一种安静和永久的感觉(图 10.2)。

图 10.3 居住区内建筑色彩的对比

扩建区和老城区在色彩上反差很大，新建筑也比老建筑要活泼很多，材料的运用使得城市色彩逐步多元化(图 10.3)。在巴塞罗那新城区的建设中，建筑的外立面有着丰富多彩的建筑材质，如陶瓷、彩色玻璃、马赛克、涂料、锻铁、装饰混凝土等，色彩亮丽，充满时代感。例如，小区中的一座建筑立面采用白、绿、黄等色彩的对比，给人轻快的感觉。巴塞罗那的新地标——阿格巴大厦(Torre Agbar)(图 10.4)第一外层覆盖着土、蓝、绿、灰色调的铝片，而第二外层则是由 59 619 片透明及半透明的玻璃所包围，最大限度地增强了内部空间的透明性，把城市景观导入建筑内部的视野之中。这种建筑形式和强烈的个性色彩组合，使色彩用最直接的表现方式展现在我们面前，让人们强烈地感受到视觉冲击和心灵震撼。

图 10.4 阿格巴大厦

巴塞罗那的城中村地区多为被巴塞罗那兼并的一些小城市，这里的建筑主要呈现出红、橙等暖色调，这和它们采用的建造方式有关：多为各式各样的红砖建造或涂上红色的油漆。此外，紫红、赭土、银灰等中性色也丰富了它们的立面。

此外，巴塞罗那建筑外立面最与众不同的地方在于大量的街头涂鸦，几乎随处可见。巴塞罗那人用色大胆，常用强饱和色彩，如红、黄、绿等颜色粉刷他们的房子和店面，而不顾及邻近建筑物的色彩，从而形成了一种活跃的对比(图 10.5、图 10.6)。

图 10.5 暖色调的城中村建筑

图 10.6 色彩鲜艳的街头涂鸦

3.2 道路、广场

道路作为配套基础设施，其色彩应是城市色彩的铺垫色，始终是配角，不应喧宾夺主。巴塞罗那的道路铺装，多采用简洁的灰色，给人统一、安静的感觉。但在一些道路节点，如道路交叉口，地面铺装就会采用色彩艳丽的条块构图，在增强城市标识性和吸引力的同时也为城市增添了一些亮点。

3.3 城市小品

巴塞罗那的城市小品形式多样，色彩丰富。其中城市雕塑分为两种：一种是用铜、铝、水泥等现代材料制造，呈现出明显的金属光泽；另一种是用彩色瓷砖建造，色彩艳丽，富有艺术感和时代感；儿童娱乐设施色彩饱和而艳丽，非常吸引儿童；坐椅材料多变，木质的、水泥质的、铝质的，呈现出不同的色彩；街灯样式不同，色彩各异，这也使它们在具有照明功能的同时成为城市的装饰品；在城市标志系统中，警示牌、导游图采用明亮的绿色，电车的站牌采用翠绿和灰绿色，指路牌采用深蓝色，并通过辅色调、环境色产生对比，在增强地段个性的同时给人统一的感觉；特别值得一提的是巴塞罗那的交通工具，它们都具有鲜艳的颜色，非常醒目(图 10.7 至图 10.12)。

图 10.7　铝制雕塑

图 10.8　北站公园内的彩色瓷砖雕塑

图 10.9　色彩鲜艳的儿童娱乐设施

图 10.10　具有金属光泽的街灯

图 10.11　公园导游图采用明亮的绿色

图 10.12　黄色的救火车

4　影响巴塞罗那城市色彩的因素

4.1　自然因素

4.1.1　地理环境与气候条件

巴塞罗那位于西班牙东北部地中海沿岸，依山傍海，属典型的地中海式气候，夏季炎热干旱，平均气温 24 ℃，冬季温和多雨，平均气温为 11 ℃，四季温差较小，年降水量 1 000 mm，全年日照量 2 500 小时以上，从而形成了透明度高的城市基调色（谢曙光，何侃，2004）。

4.1.2　光线

在地球表面的每一处地方，太阳光线投向地球的角度不同，在表面产生的光线反射量也不同。巴塞罗那地处地中海边，日照充足，这使它反射了灿烂的光，在海边呈现出非常强烈的色彩对比，给人明亮、愉悦的感觉。巴塞罗那海边地区的用色也与地理环境相协调，如住在海边的居民们往往喜欢在建筑物表面使用明亮、饱和的色彩。

4.2 人文因素

4.2.1 历史文脉

历史影响了城市，形成了风格独特的城市色彩，这些色彩也是当时文化主流及经济水平的反映。

(1) 早期发展。公元前1世纪，罗马帝国开始在巴塞罗那建城，这是最古老的城区；4—5世纪，新的市郊在旧城的东部和西部发展起来；13—14世纪，兰布拉(La Rambla)大街慢慢发展成城市的主要大街，把城市分割成两部分。受不同时期历史因素和年代沉淀的影响，巴塞罗那的建筑呈现出不同时期的特点。

(2) 现代发展。按照1860年出台的“塞尔达计划”，巴塞罗那进行了大规模扩建；1888年和1929年，巴塞罗那举行了世界博览会；1992年，巴塞罗那主办了第25届奥运会(Now Books，2005)。现代的发展使巴塞罗那发生了显著的变化，新城区的建设使巴塞罗那增加了具有时代感的色彩，多变的材料运用也使城市的色彩更加丰富。

4.2.2 民族性

不同的地域环境，决定了不同的人种与生活习俗，同时也形成了不同的文化传统，这些因素都导致了不同的色彩表现(顾贤光，2006)。西班牙人的性格热情奔放，因此在城市中经常见到饱和而热烈的色彩。此外，西班牙人喜欢使用马赛克这种具有鲜亮色彩的材料，并把这种材料广泛运用在他们的居住的街道上、商店里及广场中。

图10.13 色彩变化的圣家族教堂

4.3 其他客观因素

4.3.1 时间

随着时间的变化，城市在一天中呈现出不同的色彩。如圣家族教堂，在白天呈现出石头的本色，而在傍晚夕阳的照射下，呈现出橙红色和紫红色，非常美丽。此外，一些自然要素如天空、大气透明度、植物、水的色彩也会随着时间的改变有所变化(图10.13、图10.14)。

4.3.2 材料的运用

建筑材料是城市色彩的重要载体。在巴塞罗那的老城区，普遍呈现出石头的颜色。在新城区，随着社会发展和科技进步，新材料、新技术不断开发，为城市色彩的表现提供了更多机会，在对传统的城市色彩有所冲击的同时，也影响着城市色彩的进一步形成，使巴塞罗那新城区的色彩丰富多样。

图10.14 新材料的运用

4.3.3 功能需要

不同的功能需要使巴塞罗那不同区域的色彩差别很大。以公共空间为例，儿童活动空间具有色彩饱和度高的儿童活动设施，而老年人活动空间则有用色彩柔和的自然材料制作的木椅、石凳。此外，巴塞罗那的坐椅、标志系统、指示牌等城市小品的颜色由于功能的需要也格外醒目。

5 结语

基于以上原因，才使得巴塞罗那的城市色彩在强调个性的同时又很好地与环境融为一体，巴塞罗那的城市色彩非常丰富，却丝毫不显得杂乱无章，在这里新旧建筑的和谐共处与国家尊重自然、尊重历史文脉的传统是分不开的。这也启示我们，城市色彩的规划应具有地域性特征，既要有利于城市历史文化和独特城市面貌的保护，也要有利于城市现代化建设和时代特色的发展需求，这样才能创造出和谐的城市色彩。

参考书目

[1] 陈剑，王姣姣，史保钢. 谈历史文化名城的城市色彩规划[J]. 太原：山西建筑，2007(8).

[2] 肖启明. 西班牙[M]. 南宁：广西师范大学出版社，2007.

[3] 尹思谨. 城市色彩景观规划设计[M]. 南京：东南大学出版社，2004.

[4] 谢曙光，何侃. 巴塞罗那——地中海的凝聚之地[M]. 北京：社会科学文献出版社，2004.

[5] Now Books. 巴塞罗那及其周边：加泰罗尼亚 40 个最美丽的地方[M]. 广州：暨南大学出版社，2006.

[6] 顾贤光. 影响和制约城市色彩形成的因素[J]. 太原：山西建筑，2006(11).

*未特别注明的照片或图片均为作者拍摄或绘制。

专题 11　巴塞罗那公共艺术的特征
The characteristics of public art in Barcelona

王欣/Wang Xin

摘要:艺术表达个性,艺术延续历史,艺术激发参与,当代公共艺术已经进入公共生活环境,融入人们的日常生活。本文从巴塞罗那的公共艺术出发,分析那些让我们感动的特征,并探索其对中国当前城市建设的启示、意义。

关键词:公共艺术;特征;巴塞罗那

Abstract: Art expresses the personality, continues the history, and stimulates participation. Currently public art is increasingly becoming part of our daily life. This article is based on the public art in Barcelona, analyzes those characteristics that touch us. It is hoped to provide reference to the development and construction of Chinese cities.

Key words: Public art　characteristic　Barcelona

1　引言

近年来,伴随着我国经济的发展和城市的建设,公共艺术大力兴起,取得了长足的进步。然而这些公共艺术大多并没有达到其预期的效果,而成为城市多余的摆设。巴塞罗那的公共艺术通过其自身的特征,在默默体现其公共性的同时,感动着哪怕仅仅是穿行而过的人们。

公共艺术是一个众说纷纭的概念,不同的学者从不同的角度出发,给了它太多的内涵和外延,使得其长期处在一种动态的、持续发展的状态之中。在这里笔者认同公共艺术最普遍的意义,在本文中公共艺术指的是位于公共空间为公众服务的艺术(翁剑青,2002)。本文试图从巴塞罗那街头的公共艺术出发,探索那些独特的设计特征,并探讨其对当前中国城市建设的启示、意义。

2　巴塞罗那公共艺术的特征

2.1　尊重记忆

巴塞罗那有着 2 000 多年的悠久历史,历经了多个时代的变迁。在巴塞罗那,哥特式的建筑群,方格网状的居住区,以及散落在城市里不同时代的建筑和艺术作品，向人们展示了多元的城市文化。巴塞罗那能够拥有多元的城市文化，很大程度上在于城市对历史和记忆的尊重，而巴塞罗那的公共艺术也极力体现这一点。

位于巴塞罗那工业公园中的灯塔便有着这样的特征。灯塔失去原有的功能之后，被当作公共艺术品保留下来，成为工业公园的标志，唤起参观者对场地的记忆(图 11.1)。

这样的作品在巴塞罗那比比皆是，clot 公园的柱廊也是一例。废弃的住宅建筑被拆除后，其间的柱廊保留下来，作为历史的象征(图 11.2)。

当然，只有旧时代留下来的东西是不够的。在城市另一侧的 cloll 公园，当代创作的艺术作品在尊重场地的前提下完成记忆的衔接。一个混凝土制作的巨大“抓手”被粗大的钢管硬生生地固定在两座山之间，悬挂在一个平静的浅水面之上。这件公共艺术品仿佛使参观者联想起当年热闹的开采场面(图 11.3)。

图 11.1　工业公园的灯塔

图 11.2　clot 公园的柱廊

2.2　展现时空

巴塞罗那是典型的地中海气候，阳光灿烂，光影变化丰富。许多公共艺术品巧妙地结合这个特点，引发人们对所处空间和时间的思考。

巴塞罗那海边的 auditors 公园，有十二个圆形标志牌嵌在地面上，形成一个神奇“日晷”。当你按照标识牌的说明，站在当天日期的指定位置后，你的影子便成了指针，指示着当前的时间。就这样，作品在我们站上去的瞬间，让光影与你与时间产生联系(图 11.4)。

北站公园，沿着“漩涡”排列的树阵，参观者从地表逐渐下沉，感觉空间的错落(图 11.5)。

图 11.3　cloll 公园的抓手

2.3　激发参与

行走在巴塞罗那，总会有热情的街头艺人邀请你加入他们，这里的公共艺术也是。靠近奥林匹克港的海边，错落地摆放着一些椅子，它们齐刷刷地朝向一个方向，仿佛进行着某种神圣的典礼。当你选择其中一张坐下，你便也成为这组艺术品的一部分(图 11.6)。

图 11.4　auditors 公园“日晷”
(李迪华摄)

图 11.5　北站公园的“漩涡”树阵
(李迪华摄)

图 11.6　海边的椅子阵

米罗公园，入口处的铁栏杆被作成了儿童群雕形式的门栏。简单的门旋转90度后，不但成为漂亮的雕塑，更有指导进入的功能。走近，参观者才恍然大悟，原来自己也是这群雕中的一员(图11.7)。

图11.7　米罗公园的投影门栏

2.4　心怀大地

巴塞罗那海港区一个新建的公园里，有着多组古怪的雕塑，钢筋挣扎着从土地上长出，蜿蜒成了藤蔓，却只是为了支撑那一盆生长的野草。整个艺术品使用了大量的钢筋和营造出了复杂的造型，却把视觉的重心落在了碎花瓷砖花盆中的野草(图11.8)。作品极大地引发了观者对生命、对环境的思考。

图11.8　钢铁藤蔓与花盆

巴塞罗那街头，看似杂乱的茅草也以其最本质的形态特征，吸引着人们的目光，充当着公共艺术品的角色(图11.9)。

图11.9　茅草

2.5　承载生活

公共艺术融入公共设施，或是公共设施成为公共艺术品，不是艺术向世俗的妥协，而是艺术新领域的开拓。

巴塞罗那街头，错落地布置着很多色彩钢制方块，这些方块看似随意地布置在庭院里，像孩童散落在地上的积木。它们丰富了庭院空间的同时，承担着坐椅的功能，为行人提供休憩场所，既是艺术品，又是基础设施(图11.10)。

图11.10　七彩方块坐椅

在巴塞罗那街头，许多公共设施都融入了艺术的元素，比如路灯。灯不仅仅是照明的设施，也成为一种空间设计的元素。几盏灯“靠”在一起，形成了独特的“领域”；单一的灯则独立出现在铺装路面中间，打破了单调(图11.11)。

图11.11　成为公共艺术品的灯

3　对当前中国城市的启示

3.1　公共艺术作为大地的艺术

公共艺术本身是一种文化和艺术活动，它的存在与发展在当前也要面对人居环境生态和可持续发展的要求。其实艺术表现和生态要求并不矛盾，大地及其景观本身就是公共艺术的生存和现实表现的基座，是滋养和接纳公共艺术的母亲，也是与之厮守和互为陪衬的伴侣。

转换思维，将公共艺术作为大地的艺术，珍惜合理使用土地，唤起人们对土地的关注，树立社会文化活动中的生态环境保护意识，是解决公共艺术发展和人居环境生态要求之间矛盾的办法。

3.2　公共艺术作为生活的艺术

法国公共艺术领域学者卡特琳·格鲁谈到：“艺术可以在更大的

程度上使其成为普通大众的生活舞台，超越一般的利害关系而使人们属于整个世界及他们的城市。”在笔者看来，公共艺术作为生活的艺术，承担平常人的生活，并调动公众认识和感知自身所生活的环境，激发公众参与公共空间的营造，其公共性才能彰显。

当代的公共艺术应该作为生活的艺术，与大众社会相对应，放弃作为权力政治的宣传代言，关注从精英文化向大众文化的转换，承担着大众的生活，巧妙地“渗透”在日常生活和公共生活的各种地方，延续着平凡但真实的历史，促进大众参与，满足大众对精神文化和艺术欣赏的广泛需求。

参考书目

[1] 翁剑青. 城市公共艺术——一种与公众社会互动的艺术及其文化的阐释[M]. 南京：东南大学出版社，2004.

[2] 翁剑青. 公共艺术的观念与取向[M]. 北京：北京大学出版社，2002.

[3] 卡特琳·格鲁著. 姚孟吟译. 艺术介入空间[M]. 桂林：广西大学出版社，2005.

[4] 俞孔坚. 生存的艺术[M]. 北京：中国建筑工业出版社，2006.

[5] 樋口正一郎著. 苍峰译. 巴塞罗那的环境艺术[M]. 大连：大连理工大学出版社，2002.

*未特别注明的照片或图片均为作者拍摄或绘制。

专题 12　细节流露的无限热情
——巴塞罗那住宅阳台设计解读
The Design Elements of Balcony in Barcelona

杜菲/Du Fei

摘要:巴塞罗那炽烈的地中海文化使得这个城市的建筑异常多姿多彩。本文以西班牙住宅设计发展为时代背景,以街道立面最为丰富的焦点——阳台作为研究主体,从建筑风格、平面形态、立面形态、材质肌理以及生活元素融入五个部分剖析巴塞罗那住宅阳台的设计元素。从而深入解读这个美丽的城市让人炫目的多彩立面,从中体会巴塞罗那人通过城市设计细节显现出的无限美妙的生活热情。

关键词:住宅阳台;细节设计;巴塞罗那;生活热情

Abstract: Blazing Mediterranean culture in Barcelona makes the buildings colorful. In this paper, take the development of Spanish residential design as the background, focus on the remarkable core of street elevation——the balcony as a research subject. The analysis of Barcelona Balcony design elements will be outspread from five-part, Architecture style, plan patterns, elevation patterns, texture and material and so on. It's expected to reveal that dazzling colorful facade, in Barcelona, exhibits the details of the infinite passion of wonderful life.

Key words: Balcony　Detail design　Barcelona　Passion for life

1　引言:现代西班牙住宅设计发展简述

20 世纪 50 年代,弗朗哥将军的独裁政治使得西班牙仍然是一个在经济、社会、文化、技术方面相当保守和落后的国家。而内战之后市场逐步稳固,百废待兴(卡洛斯·雷娜,2006)。20 世纪 70 年代是西班牙住宅建筑的转折点,随着西班牙在意识形态上的逐步解放,建筑师开始吸收当时国际著名建筑设计学理论,并应用到了自己的设计当中。到了 20 世纪 80 年代,西班牙建筑师主导的多样化建筑风潮在西班牙各地盛行。

在这样的时代背景和设计风潮下，西班牙住宅既体现了现代主义建筑最核心的精神，同时又保持着本国鲜明的文化特质，以加泰罗尼亚民族为主体的巴塞罗那更是交融着历史与现代地中海民族特有的风情。用无拘无束的热情展示着这个城市的历史、民族、信仰和无与伦比的魅力。

而作为一栋栋住宅与地中海阳光世界获得沟通的阳台，则是窥探巴塞罗那别具风情城市性格的窗口。整体上看，巴塞罗那阳台丰富多样的风格一方面真实记录了这个时代变更的历史细节，另一方面呈现了平民生活中那一份永远不随时代而异同的执著的生活热情。

2　巴塞罗那住宅阳台设计解读

以下分别从设计风格、平立面形态、材质肌理和色彩装饰四个方面深入挖掘最基础的元素，以期解读热情无限的巴塞罗那阳台洋溢的魅力。

2.1　设计风格

2.1.1　古罗马风格

西班牙在作为罗马帝国的“西班牙省”而存在的殖民地时期完全吸收了罗马文化，包括政治、法律、家庭、宗教和习俗，罗马的语言也在半岛上开始使用(张德政，1984)。至今巴塞罗那城中还留存着古罗马残缺的城墙以及当年大户宅邸的遗迹，而从古罗马、伊斯兰时代一直传承延续的 Patio(中庭模式)(胡慧琴，2008)似乎可以看做现代巴塞罗那街区 Block 的雏形。

在巴塞罗那现代街区的住宅立面上，已经很难寻觅古罗马时代的遗踪，偶尔看到爱奥尼的壁柱作为阳台的承重兼装饰构件，传说着这个地中海边城市久远的历史。而这些柱式也很明显已经没有古罗马的尺度和严谨雄美的风范。虽然建筑本身的建造年代无可考据，但一定不会太久(图 12.1、图 12.2)。

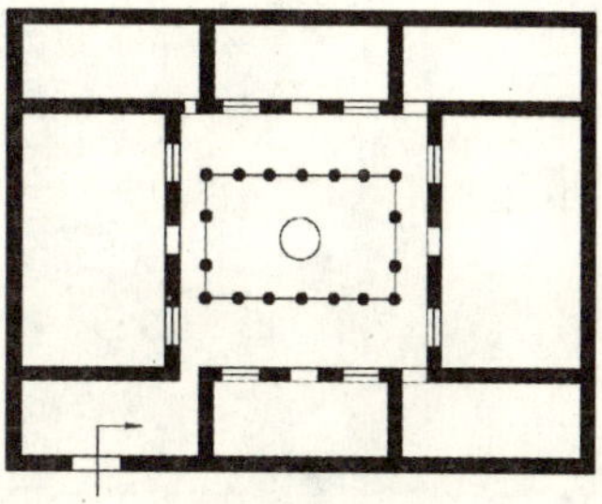

图 12.1　Patio(中庭模式)①

图 12.2　阳台上的爱奥尼柱式

2.1.2　穆斯林风格

虽然在 5 世纪哥特族侵入日渐衰颓的罗马帝国，但哥特人的占领给西班牙带来灾难的同时，并没有对西班牙文明的发展做出多大的贡献。直到 8 世纪阿拉伯人的穆斯林战士横跨直布罗陀海峡，席卷整个半岛，自此西班牙改称做“安达卢斯国”。我国古代称之为“绿衣大食”(张德政，1984)。西班牙在这个时期吸收了灿烂的阿拉伯文化，在阿卜杜拉三世的统治下，西班牙迎来了文化上的空前繁荣。城市建设和

① 资料来源：胡慧琴. 世界住居与居住文化[M]. 北京：中国建筑工业出版社，2008：111

商品经济得到了长足的发展，西班牙的发展甚至推动了整个欧洲的发展。阿拉伯人带来了医学、数学和天文学方面最先进的知识，并且在西班牙的音乐、美术、文学、建筑等方面留下了深刻的文化印记。阿尔罕布拉宫便是阿拉伯艺术登峰造极之作。

在巴塞罗那，街头不乏带有精致伊斯兰风格的异国风情住宅。从细致精美的拱门到民族气息浓郁的装饰元素都与周围的地中海文化韵味显现出迥然不同的意趣。伊斯兰风格的券洞和立柱使得阳台显得轻巧而精致，各种民族风格贴面装饰使立面尺度变得宜人柔和。立面底层形成的内廊也大大丰富了街道的层次，形成魅力十足的灰空间(图 12.3、图 12.4)。

图 12.3　伊斯兰元素的阳台

图 12.4　折衷主义元素的建筑

2.1.3　古典主义或折中主义风格

地处欧洲南端的西班牙，在文艺复兴以前，相对其他欧洲国家，距离欧洲主流艺术流派较远。14 至 15 世纪，文艺复兴运动影响整个西方世界，与此同时在哥伦布发现西印度群岛后，航海的发展也使西班牙逐步成为海上强国，经济、航海和军事的发展带给西班牙又一次繁荣。

起源于法国的古典主义风潮以及后来的折衷主义风格建筑在巴塞罗那的街头也并不鲜见。古希腊的三角、古典主义烦琐的线脚，还有一些随意的细节都透漏出这一时期住宅阳台风格的驳杂。

2.1.4　巴洛克洛可可风格

巴洛克和洛可可风格在文艺复兴后期也像文艺复兴风格一样蔓延至整个欧洲，西班牙也不例外。比起街区上其他形式的建筑阳台，此种形式显然是美观大过实用。很明显的特征就是这样的阳台很少有人使用过的痕迹，没有花草，没有装饰物，没有主人热情展示美好生活的美妙传达。只是让人想到这扇窗或门背后该是怎样一个家族，有着怎样曲折跌宕的家族史和其中只有自己才能体会的酸甜苦辣。所以从某种意义上说，这种建筑和这种住宅的阳台所传达出的感情在建筑建成那一刻起就凝固了，成为静态的历史(图 12.5)。

图 12.5　巴洛克式住宅

2.1.5　现代主义风格

现代主义建筑在西班牙起步较晚，但进步飞速。1950 年后，在政治和意识形态领域的宽松环境下，使得建筑师们迅速开始了解世界的建筑风格，并且针对本国实际，不断地探讨并进行建筑实践，很快在住宅建筑领域崭露头角。为巴塞罗那城市面貌的改善加注了新的力量，呈现出乐观明朗的前景。

注重实用功能的现代主义理念使得这个时期的阳台呈现出前所未有的简洁之美。贯通的走廊作为阳台融合了邻里的生活，由专注纯粹古典美学到对空间交流重视的转变，也是现代主义又一深层的伟大变革，这在外向的阳台上得到了完美体现(图 12.6)。

图 12.6　现代主义住宅建筑

2.2 平立面形态

多样性是巴塞罗那阳台与众不同,并且使得街区面貌精彩纷呈的一个重要原因,一个阳台最基本的构成——平面和立面形态,无疑是多样性最基本的原因。

2.2.1 平面形态分类与特征

阳台的平台面形态按照其几何特性,可分为:基本几何形和其他异形平面。而基本几何形又可以分类为纯粹的和经过拆分或者组合的基本几何形。表12.1的详细分类及一系列图片反映了在这一细节上构成巴塞罗那住宅阳台美丽的奥秘。

表12.1 巴塞罗那阳台平面形态分类

分类	分型	形状	细节	备注
基本几何形	不拆分	长方形		图12.7
		三角形		图12.8
		梯形	下底边向外	图12.9
			上底边向外	图12.10
			腰向外	图12.11
		弧形	外凸	图12.12
			内凹	图12.13
		多边形	三边	图12.14
			五边	图12.15
		椭圆形		图12.16
	拆分	梯形	三角形+梯形	图12.17
		多边形	多边形+长方形	图12.18
	组合	三角形		图12.19
		长方形		图12.20
其他	波浪线			图12.21
	长方形+尖角	双尖角		图12.22
		一侧尖角		图12.23
	曲线+尖角			图12.24
	角度变化的三角形组合			图12.25
	立体三角形			图12.26

图 12.7　长方形

图 12.8　三角形

图 12.9　梯形(下底边向外)

图 12.10　梯形(上底边向外)

图 12.11　梯形(腰向外)

图 12.12　弧形(外凸)

图 12.13　弧形(内凹)

图 12.14　多边形(三边)

图 12.15　多边形(五边)

图 12.16　椭圆形

图 12.17　三角形＋梯形

图 12.18　多边形＋长方形

图 12.19　三角形

图 12.20　长方形

图 12.21　波浪线

图 12.22　双尖角

图 12.23　一侧尖角

图 12.24　曲线＋尖角

图 12.25　角度变化的三角形组合

图 12.26　立体三角形

由以上的分析和图片可以看出，丰富的平面形态作为阳台立面的基础元素带来了非常强烈的立体感，塑造出丰富的立面光影效果。但其实仅仅是几何形的简单运用、适当变化组合，使得街区立面不再那么单调、刻板和了无生机，时时让人耳目一新。比之我国住宅建筑立面效果的单一和规则，着实是多姿多彩的(图 12.27)。

图 12.27　丰富的立面效果

2.2.2　立面形态分类与特征

在巴塞罗那的街头，住宅建筑阳台的平面形态千变万化，阳台的立面形态也不是千篇一律的，别出心裁的塑造和精彩的点缀总是使得整个建筑趣味横生。

从具体的理念形态分类上来说，无非是两部分构件：栏板和对外的空间。栏板可以有很多形态，可以分为实心和空心两类，实心又包括水泥砖和玻璃构筑的两小类，而空心则是指各种样式的栏杆，而对外的空间随栏板的具体形态而成(表 12.2)。

表 12.2　巴塞罗那阳台立面形态分类

栏板分类	细节	有遮阳设施	无遮阳设施
实心栏板	水泥栏板		图 12.28
	红砖栏板	图 12.27	
	玻璃栏板	图 12.29	
	组合形式		图 12.30
空心栏板	栏杆		图 12.31

图 12.28　水泥栏板

图 12.29　玻璃栏板

图 12.30　组合形式

图 12.31　栏杆

2.3　材质肌理

2.3.1　基本材质元素

从材质和肌理方面看看巴塞罗那阳台的设计感是怎样独特。首先基本的材质元素包括以下这些：水泥、红砖、铁艺栏杆、木头和玻璃等，也包括植物。但是这些看似简单而且平淡无奇的材料，在经过建筑师精心的组合和塑造后，会带来非常奇妙的效果。

2.3.2　肌理对比

材质肌理对比碰撞出的建筑美学大多时候是不言而喻的，因为材质本身散发出的意味就具有强大的吸引力。组合在一起，或粗糙与细腻、或对比与协调、或粗犷与柔美、或肌理的差别与韵律等，都会带给人美的享受(图 12.32 至图 12.40)。

图 12.32　白铁栏杆和红砖的对比

图 12.33　红砖和植物的肌理对比

图 12.34　砖和抹灰墙的对比

图 12.35　木板和抹灰墙的对比

图 12.36　塑钢和抹灰墙的对比

图 12.37　红砖和铁的肌理对比

图 12.38　玻璃和水泥的肌理对比

图 12.39　玻璃和红砖的肌理对比

图 12.40　木头和红砖的对比

2.4 色彩装饰

单纯从建筑构件上来分析巴塞罗那阳台的立面形态，远远不能说明其多样丰富的特征。以下就从色彩、植栽以及丰富的立面组合上来更加全面地了解一下趣味十足的立面细节。

2.4.1 纯净明亮而丰富的色彩

巴塞罗那的气候非常宜人，地中海清澈透明的阳光时刻让人沉醉在明亮干净、热情爽朗的微风之中。基于这样的气候条件，在西班牙独特而精彩的艺术氛围里，建筑或沉静鬼魅或激情奔放，总是别具风格。

巴塞罗那城市阳台的色彩特征明显，或纯度非常高(图 12.41)，热烈得彻底；或基本使用原色(图 12.42)，自然得真实；或使用纯冷色(图 12.43)，冷静得高贵。即使在海边渔民聚居区里(图 12.44)，人们的生活依然光彩照人，而不是想象中破败的景象。而又有一些住宅的色彩都不属于以上之列，像动物界的保护色一样，是非常具有迷惑性和视觉趣味的(图 12.45)，遮阳设施和建筑的整体色彩浑

图 12.41 纯色

图 12.42 原色

图 12.43 冷色

图 12.44 渔民的色彩

图 12.45 有趣味性的色彩

然一体，同色系的渐变赋予这栋对巴塞罗那来说再普通不过的住宅别样的美丽。

2.4.2 姿态万千的绿色植栽

地中海气候温暖湿润，植物对巴塞罗那人的生活是不可或缺的装饰元素和生活伙伴，再简单的住宅都有蔓延攀爬的绿色生命，表现了人们对美好生活的向往和热情的倾诉（图 12.46）。

图 12.46 绿色植栽

2.4.3 精彩绝伦的装饰

巴塞罗那人不仅喜欢享受户外生活，并且对于自己的家，也是毫不犹豫地将生活的热情展示给街道、街坊和一切在这个城市与其擦肩而过的陌生人。彩色的瓷片和圆盘是巴塞罗那非常有特色的装饰物，大街小巷随处可见，其巧妙的组合与精心的搭配带给路人视觉的美感。甚至在没有窗户的山墙面上直接绘画出丰富的阳台生活场景，凡此种种，都带给城市街道生活或真实美好或妙趣横生的斑斓色彩（图 12.47 至图 12.49）。

图 12.47 彩色圆盘

图 12.48 拼贴彩色瓷砖

图 12.49 画上去的阳台和街面

图 12.50　窗

3　结语

不同历史时期住宅风格的交融共存、平面立面形态的简单组合与效果的丰富多变、材质肌理拼接对比显示出的精致韵味，纯净丰富的色彩装饰，这些街巷中小小阳台透露的无数细节，感动着每一个到访的人。这些无数的细节体现了巴塞罗那的建筑无限执著的热情，就像炽烈的阳光眷恋着地中海。巴塞罗那人血液中流淌的火热，是这个城市最无与伦比的魅力所在(图 12.50)。

参考书目

[1]　卡洛斯·雷娜. 拉梅拉的西班牙住宅设计[J]. 城市建筑，2006，(01)：36－41.

[2]　张德政. 西班牙简史[M]. 北京：商务印书馆，1984.

[3]　胡慧琴. 世界住居与居住文化[M]. 北京：中国建筑工业出版社，2008.

*未特别注明的照片或图片均为作者拍摄或绘制。

专题13　光影中的巴塞罗那

Barcelona walks in shadow

王双/Wang Shuang

摘要:光影作为一种重要的设计语言越来越为建筑师、景观设计师等所重视。在西班牙海滨城市巴塞罗那,这种设计语言更是被融入到城市设计的方方面面。变化的自然光影讲述着不同空间中人的活动,使人们在巴塞罗那仿佛置身于一场关于自然、场所、活动的神奇之旅。

关键词:光影设计;巴塞罗那;建筑;景观;活动

Abstract: As an important design language, shadow is used more and more frequently by architects and landscapers. In Barcelona, a seashore city in Spain, shadow lies in everywhere and is designed harmoniously. Expatiated on the space and human activity by expounding on the character and changing of natural shadow, Barcelona makes people feel like be in a magic tour of nature, space and activity.

Key words: shadow design　Barcelona　architecture　landscape　activity

1　引言

作为"上帝宠爱的城市",巴塞罗那在阳光下过着鲜活的世俗生活。在这里,地中海光影无处不在,创造性的光影设计更是为这座城市增添了活力与魅力。这份缘自光影的感动让人印象深刻,无论是撒在圣家族教堂上的落日余晖,还是迈耶现代艺术博物馆白墙上变化的光影,亦或是其他……

2　巴塞罗那光影设计特点

光影作为一种设计语言,通常以建筑或景观为载体呈现其独特魅力。其标志性特点是富于变化:随地理位置变化、随海拔变化、随昼夜变化、随四季变化、随天气变化、随设计形式变化,随人与动物的活动变化等。

在巴塞罗那,光影设计的功用、特性可以归结为"功能性"与"情感性”两方面。“功能性”是指光影作为建筑、景观的设计要素，服务于人基本需求的满足，如采光、穿行、锻炼、社会交往等；“情感性”是指光影设计满足人的情感性、偶发性需求：休息、亲子、约会、避雨等。巴塞罗那的光影设计中往往融合了“功能性”与“情感性”，并以前者为基础，后者为亮点，将两种功用发挥得恰到好处。

巴塞罗那光影设计的优点是充分利用光影效果来创造多样的情景氛围，促进人的交流、思考。略有不足的是在一些景观、建筑设计中，为了突出人的“情感性”需求而弱化了光影功能性设计中采光、照明的基本要素，这种设计不利于预防城市犯罪、确保市民安全。

3 巴塞罗那建筑光影设计

图 13.1 巴塞罗那机场(El Prat De Llobregat)通过光影设计来创造变幻的空间感受

3.1 塑造建筑空间

巴塞罗那的老城区街道尺度较窄，在更新的过程中，一些在原址上新建的建筑在临街面退让出一部分空间，在退让而形成的虚空间中种植耐阴植物。这种做法通过虚空间的阴影与实空间自然光照的对比，削弱街道的狭窄感，增加行人穿行的乐趣。

巴塞罗那机场的出入境大厅本来只是一个普通的通透空间，但在临窗面设置了一面白色半透明隔断。隔断在朝阳中显现出柔和的金黄色，而路过的机场穿行者都成为隔断上的表演者，在晨光的照耀下于金黄色隔断上打出一个个影子。这一幅动态的、朦胧的画面与旁边真实的蓝天与行人形成了对比(图 13.1)。

3.2 烘托设计主题

在巴塞罗那，一天中不同时间的光影效果截然不同，这有助于通过光影设计来烘托特殊的设计主题。因此，光影设计在巴塞罗那宗教性建筑中应用广泛、作用重要，有代表性的是巴塞罗那的标志性建筑：圣家族教堂(Temple de la Sagrada Familia，1884—)。

图 13.2 圣家族教堂内部通过光影效果表达高迪的设计灵感

高迪的圣家堂设计灵感来自漫步树林中的感受，这一灵感通过光影设计得以实现。圣家族教堂内部空间奇幻、瑰丽，柱子有如修长的树干，天花板像是毗连成片的树丛，阳光透过玻璃打进大厅，使得整座教堂大厅仿佛就是一个阳光斑驳撒下的树林，其间树木高耸、昆虫走兽四处爬行。

圣家族教堂的不同建筑立面有不同的宗教设计主题，高迪在设计过程中充分考虑到当地的光影变化(图 13.2)。每天清晨，东侧的诞生门总能沐浴在明亮辉煌的阳光里，而随着时间的变化，阳光逐渐爬上教堂塔顶，每日午后，又准时将光线打到西侧的受难门上。东西两个立面，晨曦的光影标志诞生，夕阳的光影暗示受难，每天重复着灿烂与黯淡的轮回，在阳光的变化中演绎着基督的诞生与受难。光赋予建筑空间以神奇变幻，而建筑空间通过教堂这种信仰严肃的载体得以更好实现(图 13.3)。

图 13.3 圣家族教堂晨光中的东侧诞生门与夕阳中的西侧受难门通过光影设计呼应宗教设计主题

3.3 过渡建筑内外空间

巴塞罗那的光影设计不仅注重利用自然光线，更注重自然采光与人工照明的结合所形成的和谐的光影感受。这一特点在巴塞罗那现代艺术博物馆表现的比较明显。

巴塞罗那现代艺术博物馆内部有三层高的玻璃幕墙和斜坡道，可用作交通和举行社交展示的场所(图 13.4)。紧邻坡道的一面使用了大量透明玻璃，经过玻璃幕墙、天窗与建筑内部空间的过滤，地中海耀眼的阳光变得柔和了许多。坡道对面的展览区使用玻璃砖铺地并打出柔和的暖黄色灯光与自然光影和谐过渡。由于自然光影与人工光影完美融合，弱化了室内外的空间界限，既可观看建筑外面的天使广场，也可以欣赏自然光在建筑室内白色空间内的自由变幻(谢国钟，2007)。

图 13.4 巴塞罗那现代艺术博物馆内部自然光影与人工光影的衔接、过渡

3.4 自然光影与人工光影的融合

阿格巴大厦是格劳瑞亚广场新斜向轴线入口的标志性建筑。她像是一个破土而出的流动形体——犹如恒压作用下的喷泉。该建筑的表面及建筑的内部均用多彩的色彩层次来展示自己——不确定、光亮又具有微差。让人联想起水的意向：光滑而连续，同时又生动而透明。材料和光线的不确定性使得阿格巴大厦在巴塞罗那天际线中若隐若现，如昼夜之间的海市蜃楼一般。

阿格巴大厦建筑外表面的设计风格贯穿在整套设计效果中，其中包括建筑外环境设计以及建筑内部空间光影设计。大厦一层大厅的光影设计与外部表面设计结合在一起，以一个个立体方块为单位，在黑色底色上散嵌上透明、红色玻璃方砖，通过光影增加神秘感（图 13.5）。

图 13.5　阿格巴大厦建筑外表色彩与内部光影效果的呼应

图 13.6　Parc De L'espanya Industrial 的地中海柏阵水中光影效果（李迪华摄）

图 13.7　Parc de la trinitat 的小叶杨阵列光影效果（李迪华摄）

4　巴塞罗那景观光影设计

巴塞罗那的景观设计充分利用当地充足的光照资源，将植物、动物、人、当地材料、地形、雕塑等各种元素综合起来营造景观光影效果（图 13.6、图 13.7）。

4.1　当地植物与光影设计

巴塞罗那城市使用了大量具有地中海特色的植物作为光影设计元素。这些植物有的树形高耸独特：如丝杉，又叫地中海柏木，往往种植在大道两旁形成林荫夹道或作为建筑、喷泉的背景，还可作为传统村落墓园的标志。有的植物冠大荫浓，如伞松，冠圆如伞，与地中海柏木形成纵横及体形上的对比，往往做其背景用（王春沐，2008）。有的瘦削直立，如小叶杨，呈线形栽植在阳光下，树影修长，丰富景观空间层次。

这些植物都具有易识别的树形，与自身的影子融为一起，于各种建筑旁、草坡上、甬道边伴随阳光自由变幻。人的光影感受也不再仅局限于视觉刺激，而是跟随这些植物在时间流逝中享受视觉、听觉、触觉、嗅觉等各种感官盛宴。

4.2 雕塑与光影设计

在巴塞罗那，城市中的雕塑永远都是营造光影效果的重要元素。一方面，雕塑是巴塞罗那城市景观的重要设计元素；另一方面，光影可以丰富雕塑的视觉效果。在这里，随处可见富有光影设计创意的城市雕塑。

在 Carrer de Dublin 一处社区中心广场，雕塑更多的具有光影道具的意味：抽象的扇面状造型，隔光与透光间隔的扇面图形，使得这一雕塑的观赏价值更多地体现在它的光影变化上。又如在 Passeig de Fabra 一处城市街角，水池旁几块斜插的钢板就可以形成很好的雕塑景观。阳光下，钢板的投影于水池中逐渐变化，同时，鸽子在钢板顶部休憩，更加增添了城市雕塑的动感与活力(图 13.8)。

图 13.8　城市街边雕塑水中光影

4.3 地形与光影设计

巴塞罗那有丰富的地形，这为创造出丰富的光影效果提供了有利条件。

这种光影设计结合地形的最好例子就是巴塞罗那植物园。整个植物园依照地形轮廓设计了一套三角形网格体系，似一张渔网完全依附于原地形上，并产生出一些饶有趣味的小空间。在这些小空间的设计手法上，仍然延续了三角形的设计语言，在地形高程变化明显之处用渔网线缓和空间界限，同时利用其光影效果营造变化的休息空间。

植物园入口处景观是另一处光影设计亮点。入口位于山坡上，周边是随地势起伏的树桩围栏，正面是园内山丘，设计者依据地形采用低矮、紧凑的入口来增加景深、汇聚焦点。低矮的入口设计为几块扭曲的铁板，让人在黑暗的压抑中逐渐平静，同时光线从铁板间三角形的透光区洒落下来，又让人产生好奇。光影的变化，使人心灵平静后带着好奇的心情进入植物园(图 13.9)。

图 13.9　植物园中光影设计结合地形

4.4 主题公园与光影设计

在巴塞罗那新城，一些城市公园以光影设计作为主题，例如位于 District of Marti 的 Parc Del Centre Del Poblenou 公园。这里紧邻城市干道，通过通透的圆形墙洞序列增加公园内外空间的联系，墙洞投下的光影以及墙上支出的拱形钢构藤架和上面稀疏缠绕的植物使枯燥、无趣的公园边缘区变成了变化、有趣的步行空间，使人乐于徜徉其间(图 13.10)。

同时，公园里的路灯设计也与园墙秉承同一风格的设计语言，即拱形钢构藤架兼路灯及其投在地上的光影。走在其中会有一种恰到好处的空间感：空间的划分不远不近，空间的界限不强不弱——因为这里充满了变化：一年四季植物疏朗的变化、一天四时地上光影的变化，这种变化让人在舒适的前提下有更多的选择(图 13.11)。

图 13.10　植物园入口处的光影设计

图 13.11　Parc Del Centre Del Poblenou 公园边墙光影设计效果、景观照明结合光影设计效果(李怡然摄)

图 13.12　Parc Centran De Nou Barris 公园(Districte deNou Barris)中晒太阳的人(李迪华摄)

图 13.13　Parc De La Creueta Del Coll 公园中老年人在运动

图 13.14　Placa de Soller 公园中年轻人在运动(李迪华摄)

5　光影设计与人的活动

5.1　晒太阳

在巴塞罗那,晒太阳永远是城市中最重要的活动之一。在这里,人们的交流活动很多是通过晒太阳来完成的。阳光下,老年夫妇可以回忆往昔,青年人可以谈情说爱,父母可以照顾子女,年轻人可以遛狗。一方面当地人乐于沐浴在阳光下享受生活;另一方面光影变幻也为晒太阳活动增添了更多的情趣。

巴塞罗那的城市设计充分考虑了不同人群在晒太阳时对光线的需求、对空间围合度的需求、对植物景观的需求、对坐椅舒适度的需求。因为,人永远是光影设计服务的主体,也是光影效果的构成要素,各种设计细节都是为了让人在阳光下进行更为舒适的活动。海边晒太阳需要可以横躺的坐椅,公园静谧处需要有靠背的坐椅,坐椅的朝向要符合阳光主要来向(图 13.12)。

5.2　运动

巴塞罗那作为著名的足球城市,运动是这座城市永恒的话题。在这里,随处可见带有运动设施的街头绿地和城市公园。提供活动的项目包括:足球、篮球、乒乓球、手掷铁球等。

在 Parc De La Creueta Del Coll 公园中,有一处供老年人手掷铁球的活动区域。考虑到老年人视力欠佳,需要充足的自然采光,因此这处活动区被依山建在公园的最高处,在这里视野开敞、光线充足,非常适合老年人活动(图 13.13)。

又如 Placa de Soller 公园中与郁闭休息区形成强烈对比的开敞活动区:为了怕树影影响人们的运动视线,篮球运动区内只在观看坐席旁种植了几棵高大细长的椰树,同时为了增加光影趣味,篮球筐架上也设计有镂空图文。这些细致、周到的光影设计充分考虑到人的运动需求,增强了运动的舒适性(图 13.14)。

6　结语

相比于国内城市建筑、景观设计中的主观设计思潮，巴塞罗那的光影设计体现了一种尊重：对自然条件的尊重，对人需求的尊重以及对城市历史的尊重。

在这里，光影作为一种重要设计语言深深嵌入设计师的思想，融入城市的方方面面。每一处设计都会考虑设计场所的自然条件：是海边的阳光普照地还是阴暗的老城楼宇间？每一处设计都会考虑人的需求：是要空旷开敞的阳光活动区还是光影稀疏的私密交流区？每一处设计都会考虑对城市历史的尊重：周边是古迹遗存区还是现代建筑群？新的设计会对周边建筑光影产生怎样的影响？

在中国快速城市化进程中，规划失效、见缝插针的楼盘开发模式，标新立异、无视环境的建设风格，肆意破坏着城市光影设计的秩序性。因此，巴塞罗那光影设计所体现出来的尊重理念对我国城市建设具有重要借鉴、指导意义。期待在不久的将来，国人能越发警醒于光影在我们城市生活中的重要性，国内城市设计案例中能涌现出一批可持续的、创造性的光影设计作品。

参考书目

[1] 谢国钟. 嬉游城市光影间[M]. 北京：生活·读书·新知三联书店. 2007.

[2] 王春沐. 论植物景观设计的发展趋势. 城市规划与设计[J]. 2008:33-35.

[3] G. Z. 布朗，马克·德凯. 太阳辐射·风·自然光[M]. 北京：中国建筑工业出版社. 2008.

[4] Now Books 著，卢晓为等译. 巴塞罗那及其周边：加泰罗尼亚地区 40 个最美丽的地方[M]. 广州：暨南大学出版社. 2006.

[5] 马卫东，白德龙. 西班牙建筑[M]. 北京：中国电力出版社. 2008.

*未特别注明的照片或图片均为作者拍摄或绘制。

专题 14　巴塞罗那铺装景观探讨

李青/Li Qing

摘要：本文通过总结巴塞罗那普遍使用的铺装材料，归纳出巴塞罗那户外公共空间在铺装材料的选择和应用上的特点，并进一步阐述该城市铺装所表现出来的承载功能、引导功能、空间功能和生态功能，以及铺装的质感、色彩、图案与艺术表达的关系，提出广泛使用土石铺装对国内的铺装景观的建设有借鉴意义。

关键词：巴塞罗那；铺装景观；功能；艺术表达

Abstract: This article sums up Barcelona commonly used pavement materials, analyses the bottom of the public space, summarize the characteristics of the selection and application of the pavement materials, Lists the load function, guide function, spatial function and ecological function, as well as the relationship between pavement texture, color, pattern and the artistic expression, finally advices that to make wider use of soft pavement on the domestic landscape has referential significance.

Key words: barcelona　pavement landscape　function　artistic expression

1　引言

材料是造型过程中的物质媒介，观念艺术的产生使材料从物质性上升到一个非物质性的高度，材料的使用已经成为了作者观念的体现（肖丹，2007）。景观材料作为户外空间的物质基础，是表达景观设计理念的客观载体（王立科，2007）。铺装作为一种重要的景观材料，是大量公共活动的底界面。一般来说，铺装可分为室内铺装和外环境铺装两类，其中外环境铺装主要包括道路、广场和公园铺装。在街路面积可能超过城市规划面积 30％的现代化城市，铺装景观将在城市外部环境空间中占据越来越重要的地位（陈丙秋，2003）。铺装景观是城市景观一个重要的组成部分，特别是在城市平面结构上起着决定性作用，是体现城市风貌，反映城市特色的重要载体。

国外基于对城市铺装景观的研究和实践已经形成了一个基本完整的体系，该体系将城市铺装与景观主体的选择、总体风格的确立、城市道路的设计、城市节点的设计、城市照明的设计等等城市景观建设问题联系起来(张肖宁，金广君，2000)。近几十年来，国内城市景观建设取得了巨大的成就，但是由于全球化浪潮的冲击和城市建设的趋同化，使城市景观的地域性特色丧失十分明显，铺装景观走向程式化和单一化(黄鹄，2008)。他山之石，可以攻玉。巴塞罗那素有“伊比利亚半岛的明珠”之称，是闻名遐迩的旅游城市，其铺装景观的建设综合考虑了城市的底界面与交通需求、公共活动支持以及环境艺术表达的关系，对中国城市铺装景观的建设具有一定的借鉴意义。

2 巴塞罗那铺装的种类及应用

巴塞罗那位于西班牙东北部，濒临地中海，是典型的地中海气候，春秋湿润，冬暖夏凉。1992 奥运会前后，这个具有 2 500 多年历史的滨海城市以此为契机，进行大规模的城市更新和公共空间的建设，在奥运史上留下了精彩的一页。古老的哥特城区与规整的塞达方格网并存，使巴塞罗那的城市面貌显得异常丰富，充分体现了巴塞罗那人对多样性与复杂性的包容与理解。巴塞罗那的铺装景观坚持了市民对城市的发展理念——支持它的多样性，发展它的差民性，展现它的独特性(李翅，2004)。

2.1 铺装材料的种类

巴塞罗那户外公共空间所使用的铺装材料主要有石材、砖材、木材、陶瓷、土石、混凝土和高分子材料，其中石材、砖材、木材和陶瓷主要以块状面料的形式出现，其余 4 种则主要以整体面料的形式出现(表 14.1)。

表 14.1 巴塞罗那户外公共空间普遍使用的铺装材料

出现形式	材料	主要出现场地(使用范围)
块状面料	石材	街道、广场、公园
	砖材	街道、公园
	木材	公园
	陶瓷	街道、广场、公园
整体面料	土石	公园
	草地	公园
	混凝土	街道、广场、公园
	高分子材料	公园

图 14.1　软地面

根据这些铺装材料的理化特性和铺设方式，参考《园林景观构造及细部设计》，可以将巴塞罗那的地面分为软地面、柔性地面、硬地面、笼式地面和木质地面。软性地面包括草地、砂、粗砾、砾石地面等等，易受损，需经常维护；柔性地面用砂、石填料作基层，比混凝土基层柔软，但是耐久性差，需及时维修护理；硬地面采用混凝土或重夯压实的材料作路面基层，耐磨耐压；笼式地面，俗称嵌草铺装，利用混凝土笼式砌块来增强草坪；木质地面，多烘干未上漆，取木材原色，用于木栈道（图 14.1 至图 14.5，表 14.2）。

图 14.2　柔性地面

表 14.2　铺地的分类及其所使用的材料

分类	使用材料
软地面	草地，砂、粗砾和砾石，高分子材料
柔性地面	卵石，方石，黏土砖
硬地面	混凝土，陶瓷，水磨石、花岗石、大理石等石材
笼式地面	混凝土笼式砌块
木质地面	木材

图 14.3　硬地面

2.2　户外公共空间对铺装的应用及其特点

巴塞罗那地面交通系统趋于步行化，各段人行道和林荫大道的铺装在整体形态上表现出一致性，局部显出差异性和多样性。整体以灰、黑色为基调，材料均给人以质朴、简洁的感觉，如新城区，人行道一般铺以灰色、尺寸约为 10 cm×10 cm 的广场砖或图案各异、尺寸约为 20 cm×20 cm 的预制混凝土铺面。而在老城区，则多采用石材铺面，尺寸有30 cm×20 cm、40 cm×40 cm 等；在局部，特别是各景观节点，其铺装常用鲜明的颜色、特殊的图案或材质来突出强调。如圣克鲁保罗医院和圣家族教堂之间的林荫大道，采用了未打磨抛光的大理石作为铺装，粗糙的纹理给隆重豪华的路面增添了一份历史的沧桑感（图 14.6至图 14.8）。

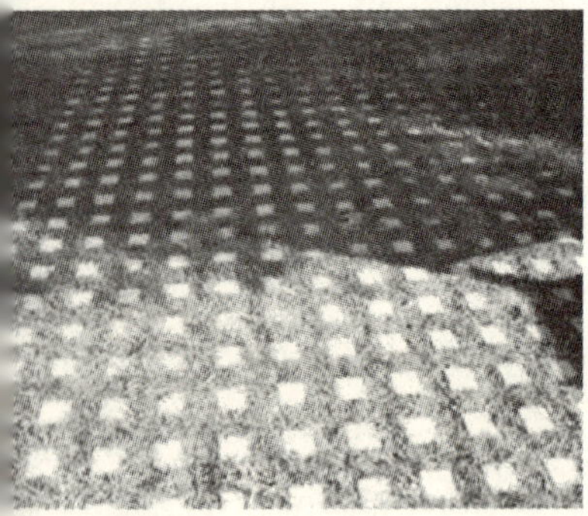

图 14.4　笼式地面

巴塞罗那的广场多以石材、混凝土和陶瓷类广场砖为主。这些广场深受滑板、轮滑爱好者的欢迎，如巴塞罗那当代艺术博物馆前的广场，到了晚上就是滑板青年的天堂。另外，广场铺装的图案往往具有一定的含义，如加泰罗尼亚广场的主体以红色、黑色和白色花岗石组成一个八芒星图案，在西方文化里，八芒星具有奋斗、勇往直前的意思（图 14.9 至图 14.11）。

图 14.5　木质地面

图 14.6　人行道灰色广场砖

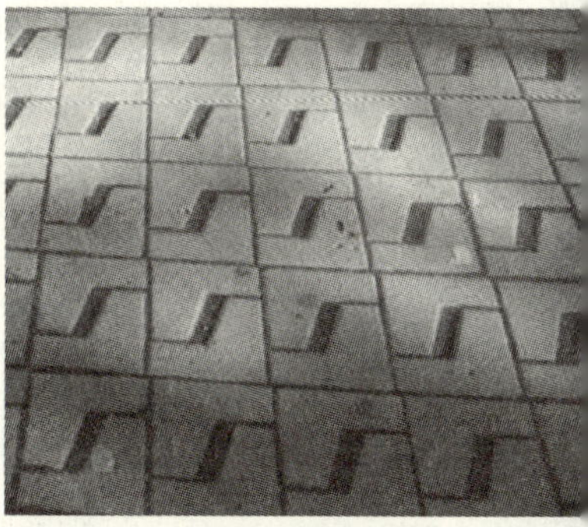

图 14.7　人行道混凝土铺面

同样作为城市景观的节点，与广场相比，公园承担了更多的公共活动，这决定了公园的下底面必然比广场更为丰富多样。而巴塞罗那公园的下底面最为突出的特点是——大量使用土石铺面，特别是砂地面。大如著名的奎尔公园，小至一些社区公园都铺设了大面积的砂地面。另外还有一些专类公园，如小型儿童公园、遛狗场等基本都以砂、粗砾或砾石作为下底面（图 14.12 至图 14.14）。

图 14.8　老城区石材铺面

图 14.9　未打磨大理石铺地

图 14.10　迈耶艺术馆前广场

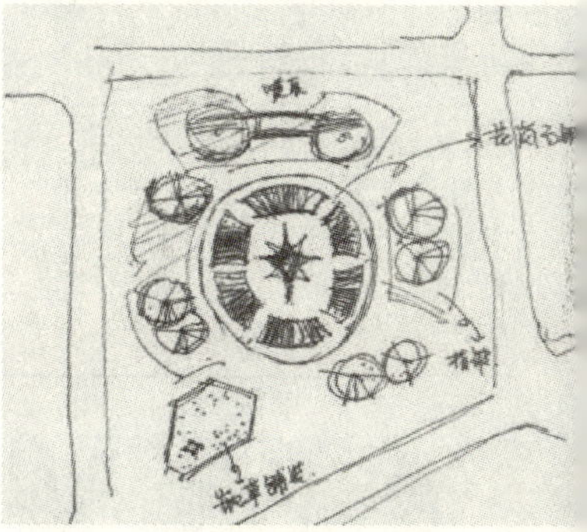

图 14.11　加泰罗尼亚广场平面草图

图 14.12　加泰罗尼亚广场

图 14.13　奎尔公园砂地面

图 14.14　遛狗场砂地面

3 铺装的基本功能

3.1 户外活动承载功能

受地中海文化的影响，巴塞罗那市民非常热衷于户外活动，户外空间是市民生活必不可少的部分。从街头到广场，再到公园，均可以看见市民们在户外悠闲地享受地中海阳光的场景。公共空间下底面是承载这些户外活动的空间载体，所以人们的活动决定了下底面铺装的选择，而下底铺装的性质又引导着人们的户外活动的发生。其中儿童和老年人是需要关注和保护的对象，他们活动的下底面基本都是质软、具有弹性的砂地面或塑胶地面（表 14.3、图 14.15 至图 14.17）。

表 14.3 巴塞罗那市民主要的户外活动及其下底面

大类	小类	活动内容	所使用的铺装
年龄限制	幼儿	玩沙、滑梯、秋千等器械	砂地面，塑胶地面（图 14.15）
	青少年	自行车、轮滑、滑板等极限运动	混凝土和石材地面
		球类（主要有篮球、足球、乒乓球）	混凝土和石材地面，草地
	老年人	滚球[①]游戏	砂地面（图 14.16）
		长时间静坐	均可
无年龄限制	—	慢跑、散步、休息、聊天	均可，视交通需求而定
		遛狗	粗砾、砾石地面，草地
		烧烤	粗砾，混凝土和石材地面
		艺术表演	混凝土和石材铺地

图 14.15 幼儿活动区

图 14.16 老年人活动场地

图 14.17 巴塞罗那皇宫前的步行道

① 一种盛行于巴塞罗那老年人的游戏：游戏者手握小铁球站在一定距离外向一个特定铁球投掷，每人 2～3 次机会，以投掷球最接近特定铁球者为胜。

3.2 视线与交通引导功能

铺装的交通引导功能主要是通过线型设计来实现。一般来说，人在行走时，视线轴往往下偏 10°左右，只能看见建筑底层、路面和街路空间本身正在发生的事情（赖维铁，1988），所以通过对地面铺装颜色、形式的设计，强化视觉效果，从而引导或阻止人们前行。如前往巴塞罗那皇宫的步行道，主要的路面铺装是混凝土，以 40 cm 宽的立方块石铺面（块石尺寸为 10 cm×10 cm）分隔，由于透视作用，平行于路轴的块石铺面被加强，而垂直于路轴的块石铺面被减弱，表现出强烈的引导作用。

图 14.18　公共空间分隔

3.3 空间分隔与变化功能

铺装通过材料或样式的变化体现空间界限，达到分隔的效果（图 14.18 至图 14.20）。旧港区和码头区是巴塞罗那最拥挤和热闹的地方之一，聚集了大量的游客、市民和街头艺术家，这里简单而灵活地利用铺装的变化来进行空间的划分，比如加泰罗尼亚历史博物馆旁边的公共空间，根据铺装的不同主要分为三个空间：休憩小广场——10 cm×10 cm 的石块，街头艺术表演区——混凝土，通行区——40 cm×40 cm 的石板。

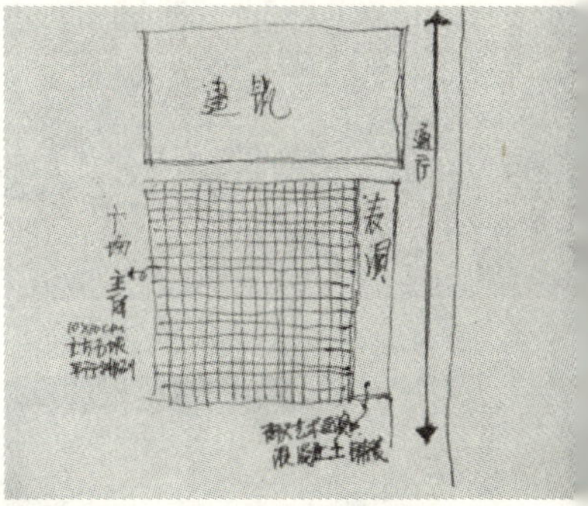

图 14.19　空间分隔示意图

另外，铺装的变化也可以增加空间的变化，增强场地的趣味性。如海上兰布拉大桥以北的一个下陷式小型公园，设计师用两种方式来处理人行道与公园主场地的高度——台阶和坡面，并且两者间没有明确的界限，只是铺以不同的铺装材料。台阶铺设的是光滑的灰色石材，耐磨耐压；坡面则采用粗糙的红色砖材，质地较柔软，摩擦力大，易于攀爬。

图 14.20　place del General Moragues 公园

3.4 生态功能

巴塞罗那大面积地使用土石铺装，使雨水可以直接渗入土壤，补充地下水，保护地下水资源，缓解不透水硬地面对城市水资源的负面影响。其次，土石铺装的多孔构造，使大气与下层土壤相连通，太阳照射时，地下水分蒸发吸热，使地表温度降低，从而在一定程度上调节地面温度，缓解城市热岛效应。另外，由土石铺装良好的渗水性及保湿性，也能起到减轻城市排水系统压力的作用，缓解城市雨涝灾害。

4 铺装与艺术表达

4.1 铺装的质感与空间意境

石材一直是欧洲城市主要的铺装材料，坚硬而凹凸不平的立方块石地面是欧洲古城代表性的景观之一。如巴塞罗那老城市区里的巷道，经历了千百年的南来北往，呈现出略微的起伏，与周围的古建筑一同述说着历史的厚重和沧桑；再如北站公园，它西侧是塑起的三面体矮山，其中二面覆以深浅不一的蓝色瓷片，一面是郁葱的植被，东面则是起伏的草地，如波浪般层层展开。在这里，天空、海洋、大地的交融表现在蓝色瓷片、草地和砂地的相间相合之间，呈现出巴塞罗那北临高山，南面大海的意境。

巴塞罗那普遍使用“重现”的方式使各节点相互呼应，以此实现整体上的统一。如哥伦布纪念碑下的广场所使用的铺装材料是质地坚硬而有镂空的溶洞石，这与泰罗尼亚广场上大型石雕塑的材料是一样的，加泰罗尼亚广场和哥伦布纪念碑是兰布拉大街的两端，这种微妙的呼应使得整个景观更具有趣味性（图 14.21 至图 14.32）。

图 14.21　老城区石块铺地

图 14.22　北站公园陶瓷铺装

4.2　铺装的色彩与环境基调

在巴塞罗那，铺装很少成为主景，一般只作为背景，对主景起衬托作用。如在被称为“巴塞罗那的头”的雕塑下选用了暗红色的混凝土铺装，这种红色明度不高，鲜艳却不抢眼，既能与周围灰色的道路铺装相协调，又能引起人的注意，从而突出了作为主景的雕塑。再如滨海小型社区公园 Jardins de manuel Sacristan，中心是沙地、草地等软地面，四周则铺设了大面积高亮的橙红色广场砖，与周围建筑墙面的色彩一致，使整个空间的色彩都显得鲜艳明亮。

色彩的冷暖调给人以不同的感觉：暖色调热烈喜庆，冷色调优雅宁静。如在奎尔公园的儿童游戏场，就使用色彩鲜艳的铺装，营造出活泼、愉快的气氛。另外，在巴塞罗那还常利用色彩的变化来打破空间的单调与沉闷，尤其是在道路空间，利用铺装色调的变化来增加线性空间的节奏感。

图 14.23　哥伦布广场铺装

图 14.24　加泰罗尼亚石雕塑

图 14.25　铺装衬托作用

图 14.26　社区公园(Jardins de manuel Sacristan)

4.3 铺装的图案与设计主题

铺装的图案是设计者表达其设计意图，体现场地风俗和人文内涵的重要方式。如著名的高迪大街——格拉西亚大街上充满了对这位天才建筑师的致敬，这里的步行道上铺装的图案就是来自高迪的经典设计；再如滨海公园里鱼鳞状的混凝土铺装，表达了“海”和“渔村”的主题，是该地区地域性文化的具象表现；还有巴塞罗那最具代表性的城市地标——兰布拉步行大道上的铺装，使用了波浪形广场砖，由于视错觉，特别是晚上在晕开的街灯里，整个路面仿佛波涛起伏的海面。

图 14.27　奎尔公园儿童游乐场

图 14.28　人行道的铺装变化

图 14.29　格拉西亚大街人行道铺装

图 14.30　滨海公园鱼鳞状铺装

虽然地面铺装作为背景，不能喧宾夺主，但是铺装图案和形式也是一种设计语言。如巴塞罗那的植物园，整个设计都使用了三角形的语汇，这种设计风格也延续到了地面，其地面铺装是大块的不规则四边形混凝土砌块，在整体设计上保持了统一。

图 14.31　Rambla 大街铺装

5　结论与讨论

5.1　对中国的启示

巴塞罗那人对艺术独到的见解，对多元文化的包容充分反映在其城市建设上。整个城市的铺装景观在材料的选择上种类繁多，在应用上更是灵活多变，但其根本目的是满足当地人生活行为的需要，充分表现出景观设计师对人的尊重，对场地的尊重，对地域文化的尊重，这样的经验值得学习。

更值得我们思考与学习的是巴塞罗那对土石铺装的应用。土石铺装作为一种软性铺装，是儿童活动、老年人活动下垫面的上佳选择；作为一种渗透性良好的铺装，易于雨水下渗，有利于地下水回补和缓解城市雨涝灾害，对水资源匮乏的城市有极为积极的影响。

图 14.32　植物园铺装

5.2 讨论

由于在巴塞罗那停留的时间有限，未能定量地对整个城市的铺装景观进行全面而详细的考察，另外，因为铺装磨损严重，对当地石材和相关工艺缺乏了解等原因，未能精确地判断铺装所使用的材料，这些都是本次研究存在的不足，需要更进一步的研究。

参考书目

[1] 陈丙秋. 2003. 城市铺装景观概述. 规划师. 19(09):55-59.

[2] 黄鹄，2008. 浅析现代城市铺装景观存在的几个问题. 福建建筑. (116):72-73.

[3] 赖维铁. 1988. 交通心理学. 武汉:华中理工大学出版社.

[4] 李翅，2004. 巴塞罗那的城市文化与城市空间发展策略初探. 国外规划设计. 19(04):67-71.

[5] 王立科. 2007. 地方材料与现代园林. 园林规划与设计. 29(121):21-23.

[6] 肖丹. 2007. 试论当代雕塑发展中材料观的转变. 艺术教育. (05):104.

[7] 张肖宁，金广君. 2000. 铺装景观. 北京:中国建筑工业出版社. 8-13.

*未特别注明的照片或图片均为作者拍摄或绘制。

专题 15　巴塞罗那——对立的统一

Research on Barcelona's Syntheses of Antitheses

许婵/Xu Chan

摘要：以西班牙巴塞罗那市为例分析了存在于城市中的“自然与人工、个性与共性、传承与创新”等三对主要矛盾和谐统一的现象，并从文化传统和公共政策两个方面对其原因进行了分析，总结得出正确的城市价值观与科学的政策导向的结合，是城市调和内在众多复杂矛盾，塑造和谐统一的城市风貌，最终迈向诗意栖居的有效途径。

关键词：对立；统一；巴塞罗那

Abstract: Based on the investigation of three important couples of antitheses within the city of Barcelona as well as the analysis of the reasons behind their syntheses from the perspective of cultural tradition and public policies, this paper concludes that the combination of appropriate city values and scientific policies is an effective approach in conciliating the complicated contradiction within most cities, which will be able to lead to the united and harmonious city image and poetic habitation of citizens.

Key words: Antitheses　Syntheses　Barcelona

1　引言

城市是多重矛盾的综合体，尤其在城市化进程日益加快的今天，城市内部的矛盾变得更加错综复杂。人们探究历史城市的兴衰发展，想要为当代人的诗意栖居寻求一套合理法则，就不可避免地要面对各种矛盾。城市依赖于自然条件而产生，对自然要素与人工要素的合理规划和精心设计才有可能维持城市功能与形态的完整性；城市的魅力产生于极富个性的艺术追求，同时也表现为整体的统一之美；城市是历史文化积淀的产物，没有文化的传承与创新，城市作为人类文明载体与结晶的作用将不复存在。自然与人工、个性与共性、传承与创新这三对矛盾在城市内部如何对立与统一，在很大程度上决定了城市当前的面貌和今后的发展。

2 巴塞罗那对立统一的三对矛盾

巴塞罗那被塞万提斯骄傲地称为“世界上最最美丽的城市”，拥有“阳光之城”、“伊比利亚的珍珠”等诸多美誉。它是西班牙加泰罗尼亚自治区的首府，也是其第一大工商城市和港口，市区面积 91 km^2，人口约 160 万。这是一座充满矛盾却依然和谐的城市，因兼容并蓄而丰富多彩。它闻名于世不仅因为独特的地域文化和悠久的历史，而且更重要的是它在近代城市建设中所取得的光辉成就（张杰，袁路平，2004）。它将自然与人工、个性与共性、传承与创新畅快地交融统一，给每一个到过这座城市的人都留下难以磨灭的美好印象（图 15.1）。

图 15.1　文森斯之家棕榈叶造型的铁栅栏与菊花图案的瓷砖

2.1　自然与人工

近代历史中的巴塞罗那从本质上来说是一座工业城市。西班牙的第一个蒸汽动力工厂设立于此，第一条铁路建立于此。1848 年，西班牙主要的纺织业中心形成于此，它同时还是西班牙最活跃的港口，人口众多的工人阶层的聚居地。在这样的背景下，巴塞罗那才被称作“西班牙的工厂”、“气罐之城”和“火之玫瑰”（McNeill，2003）。它当时呈现的是毫无自然气息的工业景观主导的城市面貌。然而，巴塞罗那却因拥有高迪这样的能够将自然与人工结合得天衣无缝的天才而变得幸运。通过高迪，我们可以感受自然与人工是如何在被誉为“高迪之城”的巴塞罗那内部和谐统一起来的。

高迪崇尚大自然，自然是他灵感的源泉。他从不挖空心思去“发明”什么特别的形式，他“迷恋动植物以及山脉的造型，观察入微”（徐芬兰，2003）。从文森斯之家（Casa Vicens）的陶瓷上黄色小菊花主题的装饰图案和棕叶造型的铁栅栏，到圣家赎罪大教堂内部仿照森林建造的高大柱子及其逼真的树节；从奎尔公园门口形似海螺外壳的锥形屋顶和野生蘑菇状的烟囱，到贯穿他众多作品的，受“生命之树”—柏树的果实启发而建造的十字架[①]，高迪一直效仿大自然，像自然那样去建筑。

高迪的作品成功地融入了这座城市，因为他作品中的自然，是加泰罗尼亚的自然。高迪把地域文化中对自然的理解深埋在他的作品中。巴塞罗那的地标圣家赎罪大教堂每个尖塔顶的装饰上都用了非常具有加泰罗尼亚地区民间艺术特色的红、黄、白三色；在大教堂东立面立柱上耸立的是最常见的地中海植物——仙人掌的雕塑；在新哥特式教堂后殿的墙上，高迪广泛采用了各式各样的具有地中海特点的腹足动物，两栖动物，爬行动物作为怪兽状滴水嘴[②]。在彻底实现了其“创作就是回归自然”精神的奎尔公园中，他把一种叫做 Trencadis[③]的加泰罗尼亚传统装饰技术贯穿于整个公园，如盘踞在主入口阶梯上的蜥蜴（图 15.2 左上）、百柱厅天花板的穹顶（图 15.2 右中）及其顶上大露台的蛇形椅（图 15.2 右下）的装饰都采用了这种彩色马赛克，高迪想要用这种极端化的人工手段来表现自然界丰富多彩的本质。并且他还将自然材料和人工手段结合起来去表现文化，如在百柱厅的屋檐上加上他所摒弃的直线（图 15.2 右上），因为它们呈现出的形象是加泰罗尼亚的区旗，还用碎石堆砌成女像柱（图 15.2 左下）。

高迪的作品成为巴塞罗那的永恒，所彰显的自然与人工的和谐也成为这座城市的丰碑。他把人工与自然完美结合的百余颗种子撒在巴塞罗那的各个角落，从而为这座城市注入了一种自然与人工和谐统一的精神传统。今天的巴塞罗那，仍然在不同的方面，由不同的人继续书写着关于人工与自然和谐统一的历史。

---

① 原文为：In many of Gaudi's works we find the characteristic four-armed cross，possibly inspired by the fruit of the cypress，the tree of life.（圣家赎罪大教堂中的高迪自然主义展览）.

② 原文为：On the wall of the apse，neo－Gothic in style，Gaudi adopted as decorative elements on the gargoyles as a wide variety of gastropods，amphibians and reptiles，characteristic of the Mediterranean region.（圣家赎罪大教堂中的高迪自然主义展览）。

③ 加泰罗尼亚语，破碎之意。

图 15.2　高迪在奎尔公园中用人工表现自然与文化的细节

2.2　个性与共性

巴塞罗那被称为艺术之都，不仅因为诞生了多位大师，如高迪、米罗、塔比埃斯等，更重要的原因在于城市内部容纳了大量的艺术作品，无论是出自本地艺术家之手，还是来自世界各地的艺术家。这些艺术作品，不仅包括纪念碑、雕塑，也包括桥梁、车站、环境家具等城市基础设施。它们和建筑一起构成了城市环境中最直观的部分，它们所表达的内容及其塑造者的声誉足以改善城市形象，突出城市特色，更难能可贵的是这些艺术品实现了社区尺度上的个性与城市尺度上的共性的统一(图 15.3 至图 15.8)。

“城市是组成它的社区或是可识别斑块的总和，这种理解是巴塞罗那建设中的基本准则之一。”[①]城市社区的个性与其周围更广泛的物质和社会环境紧密联系。虽然它的范围相对于整体城市来说过于狭小，其个性的影响力也有限，但是当把城市看做是一系列独立的社区系统所形成的有机整体时，便可创造和维持真正的城市个性。连接这一整体内部社区系统之间的纽带之一便是它们公共空间艺术品设计语言中的共性。

---

① Oriol Bohigas, *Ten points for an urban methodology*. “…this understanding of the city as the sum of its neighborhoods or identifiable fragments has also been one of the basic criteria in the construction of Barcelona…”

图 15.3　同中有异的树状造型雕塑分别出现在社区公园(上)，交通环岛(中)，和滨海新区(下)。

图 15.5 颜色、材质、造型求同存异的椅子分别出现在植物园(右上),Poble Espanyol de Barcelona(左中),海边(左下),Parc Diagonal de Mar(右下)等地。

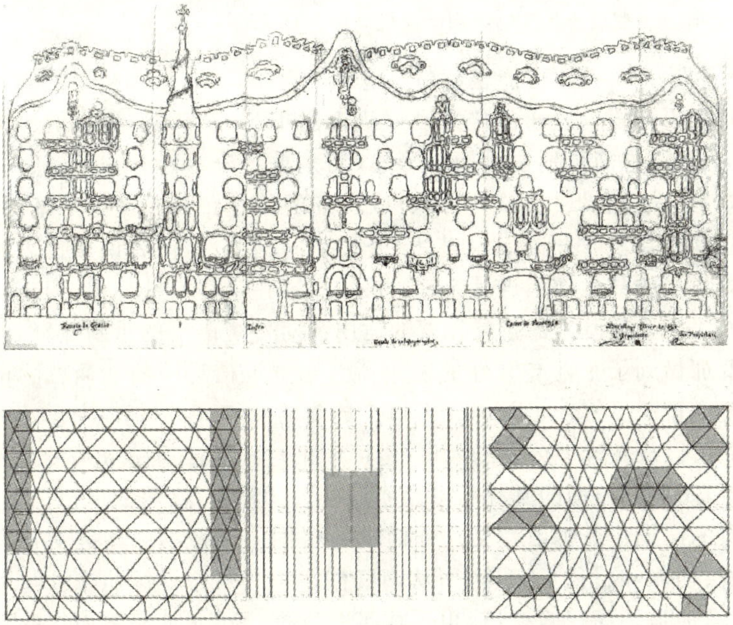

图 15.6 MEDIA - TIC(下)和米拉公寓(La Pedrera)(上)立面比较(资料来源:PresentacionMEDIA - TIC_web_EN)

图 15.4 椭圆截面的圆柱分别作为社区公园与外部的隔断(上),城市绿地与街道的分隔(中),以及广场内部的分隔(下)。

图 15.7　MEDIA - TIC(右)和米拉公寓(La Pedrera)(左)整体造型比较
(资料来源:PresentacionMEDIA - TIC_web_EN)

图 15.8　摆放于街头的太阳能及机械能生态圣诞树及细部

而这种共性不可能轻而易举地创造出来,需要使用市民能够理解的共同设计语言。通过传统设计语汇的堆积和叠加而形成的语义和句法,并不是简单地复制历史形态,而是重新诠释隐含在街道、广场、花园、纪念物和城市街区里的可以识别的传统。在此理解的基础上,建立起巴塞罗那城市公共艺术、公共空间的共性,或者说是代表城市整体气质的共性便不再是无解的难题。或许显得有些简单,但正是对艺术法则里最基本的重复元素的运用和对传统语汇的重新诠释,使巴塞罗那做到了个性与共性的统一。巴塞罗那植物园的地面植物槽摇身一变就成了 Caxia Forum 入口广场前的地灯;一排行走人群的雕塑作品可以放在米罗公园的入口,也可用来衬托城市道路分隔带公园中的雕塑;椭圆截面的圆柱可以是木质的公园栅栏,水泥的街道分隔柱,塑料的广场垃圾桶。就是这样简单地将同一种造型母题表达在不同场所、功能和材质的载体上,从而既创造出了城市社区的个性与可识别性,加强了居民自豪感,也形成了建立在城市实体元素内在联系之上的整体特性,达到了个性与共性的统一,并促进了城市美感的文化认同。

2.3 传承与创新

城市的发展没有终结状态,它在时间和空间上不断持续。当代城市规划与设计人员如何在传承城市历史,延续城市记忆的基础上也为后世留下属于自己的历史痕迹呢? 这涉及不同尺度上传承与创新的统一问题,巴塞罗那在这方面的做法颇有借鉴意义。

像许多历史城市一样,巴塞罗那的老城更新也面临着传承与创新的尖锐矛盾。旧的形式与新的功能如何协调一致,巴塞罗那选择了在保持原有街区肌理和尺度的基础上,不改变建筑本身的风格形式,对建筑物的功能进行转换,以适应时代的要求,同时对周边的基础设施和环境进行改造和美化(李翅,2004)。采用这样的方式,巴塞罗那把它的历史很好地保留了下来,如在中心老城区(Ciutat Vella),罗马时期规划的十字中心的中央广场,也就是市政厅和自治区政府大楼之间的加乌马广场所在地,今天仍然是巴塞罗那政治活动的中心。

建筑是城市的主体,也是构成和影响城市面貌最主要的因素。建筑在历史延续和新建过程中表达城市文化,并形成城市美学意识形态上的延续(聂承锋,叶蔚冬,赵学彬,2004)。在建筑尺度上,传承与创新结合的完美典型当数西班牙当代著名新锐建筑师恩里克·鲁伊斯·杰利(Enric Ruiz Geli)设计的位于 Poblenou - 22@创新区的Media -TIC大厦。Media - TIC 大厦是一栋 9 层高,建筑面积超过2.3万平方米的全钢结构框架式建筑,这栋楼的幕墙采用透光度达 95%的四氟乙烯(ETFE)混合物料,既可阻隔 85%紫外线,同时又使大厦尽收阳光,预计因此可削减至少 20%的用电量。事实上,它的整体造型和立面设计沿袭了赫赫有名的米拉公寓的特点。"MEDIA - TIC的立面不再象征工业化,序列化的建筑,相反它演化并代表了数字化的,信息化的建筑。它是一座拥有非常复杂的立面的当代建筑,我们把它创造成巴塞罗那 Poblenou - 22@创新区的"数字米拉公寓"。[①]

在小品尺度上的创新,巴塞罗那也没有落伍。在提倡生态文明的今天,更彰显出这个城市与时俱进的魅力。我们到访巴塞罗那时正值圣诞假期,作为装点城市的主要元素之一,6 棵借助太阳能或机械能发电的生态圣诞树隆重登场,耸立在全市最重要的、人流最多的位置,如西班牙广场、凯旋门大道等处。

---

① 原文为:The façade of the MEDIA - TIC does not represent industrial, series construction, instead it evolves and represents digital construction, the construction of information. It is a contemporary building that allows for the construction of a very complex façade. We are creating"The Digital Pedrera" at 22@Barcelona. (PresentacionMEDIA - TIC_web_EN).

摆放于凯旋门大道的圣诞树乍一看和普通圣诞树没有区别，近看才发现其中的玄妙。这些树的叶子由一个个小的太阳能电池板组成，在白天反射太阳光，形成炫目的效果，并将太阳能转换成电能储存起来，到晚上便可以供给与之相连的小灯泡，从而转换成连串的彩灯，呈现出五彩缤纷的效果。安放在老城区 Santa Caterina 农贸市场前的生态圣诞树，高 11 m，由市民蹬踏圣诞树前安置的自行车来发电。它由三个人骑三辆自行车的机械能转换而来，骑得越久，转换的电能越多，能点亮的圣诞树灯圈的数量也越多。相关人员解释说，这个用自行车发电的系统能鼓励人们参与，以后还会继续采用。"现在，你们知道，当你们走过树旁，蹬一小会脚踏车，你便可为圣诞的光亮贡献一份力量。"①这样的圣诞树，在烘托节日气氛的同时，也宣传了生态环保的理念，委实是值得同样灯火辉煌过圣诞的国人学习的榜样。

3 巴塞罗那对立统一的动力机制

巴塞罗那对立统一的城市面貌并不是一蹴而就的。普遍认为，巴塞罗那从开始申办奥运会的 1981 年起，通过熟练的政商运作和极富创意的规划，借机在十年间投入了足够的金钱和努力，通常情况下要实现这样的收获需要更长的时间(Buchanan，1992)。而实际上，奥林匹克改造的基础来自巴塞罗那二战后最动荡的 20 世纪 70 年代的积累。关于巴塞罗那城市面貌在这期间多样的形成机制，Nico Calavita 和 Amador Ferrer 有独到的总结："20 世纪 70 年代，一方面是独特的文化、历史和政治环境催生了集体城市社会运动，另一方面，个别杰出的规划人员的锐意进取协同促就了 80 年代的巴塞罗那的建造基础。"②

鉴于此，笔者选取文化传统和公共政策两个关键侧面，分别通过整体梳理和实例分析的方式就其对立统一的动力机制进行分析。

3.1 文化传统

2000 多年来，巴塞罗那作为连接不同文化的通道和包容各种文化的家园，受着伊比利亚、罗马、穆斯林、犹太和基督文化的影响，从而形成了起源于古罗马时代，辉煌于中世纪，压抑于西班牙独裁的特有的加泰罗尼亚民族文化(Joan Clos i matheu)。这种复杂性使得巴塞罗

---

① http://el Periodico. cat/Barcelona.

② 原文为：We argue that，during the 1970s，unique cultural，historical and political circumstances gave rise to collective urban social movements on one hand and exceptional individual progressive planners on the other，synergistically creating the conditions on which the Barcelona of the 1980s could be built.

那对待自然的态度与西方典型的征服自然论有所区别；还因它一度是地中海最大的港口城市，航运中心的地位使得其经济迅速发展，各地水手、国际通商的往来，也带来众多文化，从而也使得对新鲜、独特事物的接纳与吸收成为巴塞罗那的传统。

巴塞罗那曾追随罗马、效仿巴黎，有过“西部巴黎”和“西地中海之都”的美誉；它曾面临人口膨胀的危机，政权与宗教的变迁，也毫无例外地受到近代工业革命对城市传统的冲击。巴塞罗那将种种冲击都无一例外地吸收、消解从而转化为和谐积极的能量。巴塞罗那的这种智慧在它近代的几次城市变革中都有完美的体现（张之扬，2007）。1929 年世界博览会和 1992 年奥运会是巴塞罗那城市发展的两个高潮阶段。新鲜事物的汇聚，不同思想的碰撞，共同参与的感受与环境信息的交流激发了巴塞罗那人对多样性与复杂性更深刻的理解。

巴塞罗那包容的城市价值观造就了今天多元的城市文化和统一的城市面貌，市民对城市的发展理念是：支持它的多样性，发展它的差异性，展示它的独特性。这并非简单地复制，而是强化它的物质可识别性，使其成为具有 R＋3D（research，development，education，diffusion）结构的新城市发展模式（李翅，2004）。

在这种城市发展理念下，市民推动力成为巴塞罗那城市发展的主动力之一。他们保护人类文化历史中宝贵的遗产，创造适合于各个时代的城市（正一郎，2002）。巴塞罗那的民众为捍卫自己的城市不在人工驱动力的影响下走向极端做出了卓越的贡献。从 2000 年开始就有关于 Poblenou－22@项目[①]的激烈争论。这个项目将允许大大超出市域规划标准的高强度的商业和住宅开发，因而遭到当地居民的强烈反对。2002 年，市参议会不得不做出让步，降低了开发强度和原计划的塔楼区的高度。[②] 城市关怀人，因此人热爱城市，每个人都把城市作为一个展示自己个性的平台，无论是在窗台上摆上各式各样的花草，插上风车，海星，还是有不同的围栏，建筑立面和门把手，都在告诉游客们，巴塞罗那的每个人，每户人家都是城市整体艺术或是整座艺术城

---

① 占地 200 公顷的 Poblenou－22@位于市中心地带波布雷诺区。19 世纪以来，巴塞罗那市的纺织业和机械制造业渐渐在这里集聚，终成西班牙工业重镇。到 20 世纪下半叶，老工业基地已经风光远去。为了拓展城市发展空间，2000 年，巴塞罗那市政府正式启动 Poblenou－22@项目。该项目计划将这里改造成为一个高质量的创新经济区，目标直指“欧洲发展创新和知识经济的主要平台”。该项目是巴塞罗那市参展中国 2010 年上海世博会“城市最佳实践区”的两个项目之一。

② 原文为：Since 2000 there has been sharp controversy about the plans for the 22@ Quarter in Poblenou. This scheme, which intensified development for both business and housing use well above Metropolitan Plan norms, was opposed vigorously by residents in the area, and in 2002 the council backed down to some extent, reducing intensity and the height of proposed tower blocks. (Tim Marshall, *Transforming Barcelona*).

市的创造者。甚至连游客也可以在这里留下自己的痕迹,变成市民中的一员,去创造城市整体和谐下的个体独特,从而把巴塞罗那变成一个所有人都拥有的城市。

3.2 公共政策

毫无疑问,对城市面貌影响最大的公共政策是城市的总体规划,当然也应该包括专业人士作为一个特殊群体的重大影响,以及针对具体工程项目的具体细节政策,以下分别从这三个尺度上分析巴塞罗那的公共政策对其城市面貌的影响。

3.2.1 Exiample

始建于20世纪中叶的Exiample扩展区以其清晰完整的街道空间体系和独具特色的多层高密度的街坊形态不仅给每一位到访者留下了深刻的印象,而且与历史悠久的古城共同营造着巴塞罗那今天充满文化气息与生机的城市环境(张杰,袁路平,2004)。规划师赛尔达(Ildefons · Cerda)使之成为欧洲最行之有效和最富理想性的城区扩展计划之一。“方案呈现出低层、低密度、小网格的城市空间布局……而在此后的城市发展中,塞尔达方案的力量持续作用于城市道路网布局和地块划分方式”(王中,2006)。Eixample扩展区为巴塞罗那世纪之交的现代主义建筑师的卓越天赋提供了充分施展的平台,却没有以牺牲城市空间品质或和谐的城市面貌为代价,反而实现了城市中自然与人工的完美统一。

3.2.2 横向机制

一般来说,在城区建设项目的实施中,基于“纵向机制”的地方主义会让开发者极大阻碍项目的进程。巴塞罗那于1986—1992年的城市大规模改造期间,提出了“横向机制”:即由艺术家、建筑师、工程师和市政人员等直接组成小组,直接进入所选区域的城市艺术设计。这一机制突破了传统城市规划设计→景观设计→雕塑创作的“纵向机制”的建设模式(正一郎,2002)。

建筑师、工程师、艺术家和行政管理者站在平等的立场上考虑问题、交换意见,从中选出最合适的设计方案。建筑师中,有许多人拥有自己的私人事务所,同时又是行政管理人员,这种半民半官的人成为连接自由思想与变化行政法规的纽带。各类专家在各自专长的领域内把握整个项目,共同工作。每个项目都有总体负责人,他们作为各个部分的协调人推进整个项目的实施(正一郎,2002)。我们看到在各项目中摆脱“纵向机制”的巨大成果,最终实现了城市艺术气质个性与共性的统一。

3.2.3 有源革新

巴塞罗那的城市更新政策,对其实现传承与创新的统一起到了至关重要的作用。比如其一贯执行并将继续坚持的“有源革新”政策(Innovation with Roots),要求城市改造必须与记忆相结合,创造必须与继承相结合,进步必须与公平相结合。具体包括:建立有引擎作用和辐射作用的文化工程;捍卫和加强公共空间;探寻历史基底和新形式活动之间的联系;优先考虑复原,而不是拆除;将土地利用与其可达性联系起来;限制交通等。这些政策对于巴塞罗那历史的留存起到了至关重要的作用,正是因为这些政策的实施,不论在市区何处你都会感受到温馨雅静的氛围,看不到冲入云天的高楼大厦和层层叠叠的立交桥,即使在充满现代化气息的奥运村也是如此。显然,巴塞罗那人并不认为有高楼大厦和立交桥才能称得上“现代化”,而古老文明的历史才是城市的灵魂和无价之宝(黄学锋,2002)。

4 结论与讨论

巴塞罗那对立统一的城市面貌带给我们很多启示。它告诉我们,为了向更好的城市面貌迈进,在面对城市内部的诸多矛盾时,我们必须要形成正确的城市价值观,并结合政策的核心作用努力寻找到形成和谐统一的城市面貌的途径。

4.1 正确的城市价值观

城市的价值观直接决定了城市主体对城市各方面发展的态度,决定了政府对塑造城市未来面貌所采取的措施。如何看待自然与人工、个性与共性、传承与创新这三对重要而突出的城市矛盾,是每个城市都应该斟酌的。巴塞罗那所形成的包容的城市价值观,将上述几对矛盾统一起来,并使其共同成为城市发展的良好价值基础。

自然与人工在城市中的对立是相对的,自然可以通过人工来表现,就如同高迪贯穿他所有作品的对于自然孜孜不倦的学习与模仿,既能实现科学性,又创造了独一无二的艺术价值;人工的创造也可以通过很好地利用自然,从而与自然融为一体,无论是以适度改造以获得与自然的兼容性,还是突出人工从而形成对比来实现其融合与统一。

个性与共性也不是绝对矛盾的,小尺度上的个性如果具有内部联系的逻辑关系,便可实现大尺度上的共性。如社区尺度上公共艺术品在个性不被抹杀的情况下,也很好地串联成了城市的共性。关键在于如何使用好具有文化内涵的共同设计语言,并将其与基本的艺术法则相结合来统一城市的文化认同,创造城市空间的共性。

传承并不等于为了延续传统而一成不变。具有创新性的传承能够实现历史与革新的统一,从而让现实成为历史的一部分,给未来留下可以继承的财富与创新的空间。如前文提到的巴塞罗那在城市、建筑和小品尺度上的传承与创新，城市传承与创新的统一要在各个层面得以实现，才具有规模效应和整体价值。

4.2 政策的中心作用

当然，仅有正确的城市价值观是远远不够的，好比一艘巨轮，仅有船身而没有船头不行，能够充当这个船头的非政策莫属。政策在城市空间塑造和城市整体面貌形成中的核心作用不容小觑。但政策需要随形势而动，不是妄图驾驭于形势之上。城市规划政策尤为如此，城市规划作为公共空间等资源的配置手段，在很大程度上是公共政策的制定与实施。这意味着我们不能成为旧的城市规划的奴隶。事实证明，任何一成不变的规划或其他政策，很快就会过时。规划不应仅仅描绘城市未来的图景，而更应注重城市建设的过程；规划不应仅仅考虑物质空间的变化，而更应注重管理性与政策性的指导，为经济和社会变革做出明确的选择；规划不应仅仅是精英的决策，而应充分考虑市民的意见，积极推动规划的可参与性。简而言之，规划要以实现可持续性、高效性、公平性为其主要目标。

拥有正确的城市价值观作基础，明确、高效、可行而又具有预见性和科学性的政策作指导和动力，城市才有可能调和包括自然与人工、个性与共性、传承与创新在内的众多复杂矛盾，实现和谐统一的城市面貌，最终迈向诗意栖居的理想城市。

参考书目

[1] 张杰，袁路平. 巴塞罗那扩展区多层高密度街坊的发展与启示[J]. 国外城市规划，2004，(04).

[2] 徐芬兰. 高迪的房子[M]. 石家庄：河北教育出版社，2003.

[3] 胡文芳. 人工与自然的科学结合——体验巴塞罗那植物园[J]. 中国园林，2005，(03).

[4] 李翅. 巴塞罗那的城市文化与城市空间发展策略初探[J]. 国外城市规划，2004，(04).

[5] 聂承锋，叶蔚冬，赵学彬. 城市美学本质[J]. 中外建筑，2004，(01).

[6] Buchanan，P. (1992)"*Barcelona，A City Regenerated*"，The Architectural Review，August. Moix，L. (1994) La Ciudad de Los Arquitectos，Barcelona：Cronicas，Anagrams.

[7] Joan Clos i matheu，*Barcelona，Your City in Europe*.

[8] 张之扬. 巴塞罗那：没有宣言的完美城市[J]. 安家，2007，(11).

[9] 李翅. 巴塞罗那，城市文化的包容与理解[J]. 国外城市规划，2004，(04).

[10] 樋口正一郎. 巴塞罗那的环境艺术[M]. 大连：大连理工大学出版社，2002.

[11] 王中. 走进巴塞罗那——漫谈当代公共艺术视野中的城市形态[J]艺术.

生活，2006，(03).

[12] Hughes，R. (1993) Barcelona，New York：Vintage.

[13] Oriol Nello，Urban dynamics，*Public Policies and Governance in the Metropolitan Region of Barcelona*.

[14] 黄学锋. 魅力四射的巴塞罗那[J]. 华人时刊，2002，(05).

*未特别注明的照片或图片均为作者拍摄或绘制。

本文在写作过程中得到了北京大学景观设计研究院李迪华老师、路露老师，清华大学建筑学院景观学系赵智聪同学，北京大学景观设计研究院张莹同学，加泰罗尼亚理工大学建筑学院吴焕同学的帮助，特此致谢。

专题 16 巴塞罗那公园入口空间设计研究

Entrance Spaces Design of parks In Barcelona

王萌萌/Wang Mengmeng

摘要:公园入口指以公园主入口为核心的内外周边区域,是公园主入口对内外的功能辐射范围;它是联系公园与城市的通道,是城市进入公园的缓冲地带。本文以巴塞罗那城区 29 座公园,其中 14 座城市公园、8 座邻里公园、7 座小型公园为研究对象,通过对这些公园入口空间特性的统计和分析,总结其设计规律和优点,从而对我国当代公园入口设计提供启示与参考。

关键词:巴塞罗那;入口空间;小型公园;邻里公园;城市公园

Abstract: Barcelona parks entrances on the spatial characteristics of the statistics and analysis, in order to know Barcelona, represented by the entrance of the Western public garden design space point of view, and tap one of the advantages of the laws and in order to park entrance on the contemporary design of our country make the necessary tips and reference. The main research subjects are 29 Barcelona City Park, one of 14 city parks, 6 community parks, six neighborhood parks.

Key words: Barcelona　entrance space　small park　neighborhood park　city park

1 引言

凡是出入某一个被限定有"外部"或"内部"的领域,都涉及穿越一个界面或空间的行为。人们把这个界面或空间加以区别,分出"此处"和"彼处",这样的界面或空间我们称之为"入口空间",入口即分隔内部空间和外部空间的部分,具有通道的界限。公园入口指以公园主入口为核心的内外周边区域,是公园主入口对内外的功能辐射范围;它是联系公园与城市的通道,是城市进入公园的缓冲地带。

目前对公园入口的研究多从造型体量、标志意象等视觉美感角度或某种单一功能如交通功能角度出发,而较少从使用者需求的角度考虑公园入口空间设计。本文则尝试从这一角度，以巴塞罗那城区 29 座公园[①]，其中 14 座城市公园、8 座邻里公园、7 座小型公园为研究对象，通过对其入口空间的观察，结合 google earth 等软件分析巴塞罗那公园入口空间的特征（图 16.1 至图 16.7）。

图 16.1 placa del nord 入口空间

图 16.2 jardins de moragas 入口空间

图 16.3 pl. dejosepm. 入口空间

图 16.4 米罗公园入口空间

2 入口空间的表现形式

2.1 外部空间（外向区域）及其表现形式

入口的外部空间是进入公园前的必经之路，面对公园外部复杂的公共环境和无法附加明确前缀的各类人群。

根据不同使用者的需要，入口空间也变换针对不同使用者的角色和功能：引导“想进入公园者”的行进路线，为其留下对该公园的第一印象；为“犹豫进入公园者”提供下定决心的依据；对于那些“只想小憩的行人”，提供可以落座之处，享受其他位置无法享受到的“该公园之入口环境”；而更为匆忙的行人也可不受阻碍地通行。入口的外部空间是否设置得富有吸引力或者平淡低调，则应根据周边环境、该公园的性质和公园使用者的需要综合考虑决定。一个强加该处的显眼的入口外部空间并不一定能很好地为各类使用者提供服务。

巴塞罗那公园的入口外部空间大致可分为 4 种表现形式。较为常见的是步行道直接与入口相连接，充当入口外部空间的功能，常见于各类开放式公园或小型公园入口；较为特殊的一类是建筑间隙，通常使得公园入口变得低调且隐蔽，多存在于邻里公园或小型公园入口；此外入口外部空间被设计成为具有坐椅等休憩功能的小广场，在邻里公园入口常见；仅为吸引行人注意力的观赏性小广场也常用来作为入口的外部空间，其功能主要是吸引除当地人以外的游人进入公园，少数大型公园就运用了这种形式。

表 16.1 不同类型公园入口外部空间形式统计

空间形式 / 公园类型	步行道	建筑间隙	观赏性广场	实用性广场
小型公园（个）	3	3	0	1
邻里公园（个）	4	0	2	2
城市公园（个）	6	0	2	6

① 巴塞罗那因其数量众多、特色鲜明的公园而著名。全市共有 68 座市立公园，其中 12 座历史主题公园、5 座植物主题公园，45 座市区公园和 6 座森林公园。这些公园大小不一，总占地面积约为 549.7 公顷，几乎占据了城市面积的 1/10，而且还以每年 10 公顷的速度增长。平均每个居民占有 18.1 平方米的公园面积。

由表16.1可见，对本文选取了巴塞罗那29座公园进行统计分析，以“建筑间隙”形式存在的入口外部空间只在小型公园出现，且该类公园不使用观赏性广场作为入口外部空间，结合观察也发现这类较隐蔽的入口空间足以满足小型公园主要使用者的需求。步行道的形式广泛应用于各类公园，原因在于多数公园处于道路旁侧，使用者顺步行道进入，公园与步行道过渡自然。相对较为大型的公园则更为注重入口的观赏功能及休憩功能。

图16.5　工业公园的台阶式入口

2.2　入口(分界线)及其表现形式

入口本身是入口空间存在的前提，是外空间与内空间的分界。满足人们进入公园的便利性对于入口本身尤为重要。当具有进入公园意愿的人通过外部空间到达入口，友好地迎接界面对于人们具有准确而自然的引导；相对并不友好的迎接界面则暗含一定程度的禁止意味。

图16.6　pegaso公园的坡道式入口

根据所调查的巴塞罗那公园，总结有四种形式的入口：台阶、坡道、“门”(实)、“门”(虚)。台阶式入口通常存在于开放式的公园，根据公园的地形特征有上行和下行之分，巴塞罗那公园入口的上行式台阶使用较少，通常只在某些次入口因地形的微高差而设置级数较少的上行式台阶；而下沉式公园则多采用较为宽长的下行式台阶，既满足通行要求，也提供休憩场所，在某些大型城市公园还可以产生壮观的视觉效果。坡道式入口替代了上行台阶式入口的功能，照顾行动不便或希望骑自行车进入的使用者的需求，常用于内外高差较大的公园入口。以上两类入口形式可能同时存在于一个入口空间，或是一座公园的不同入口，相互配合以完善入口的便利性。

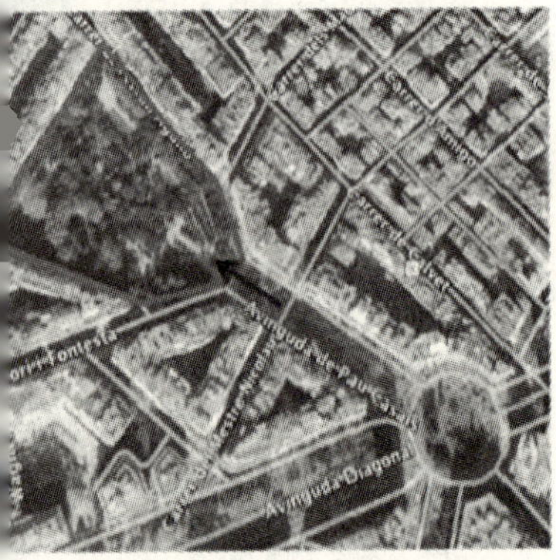

图16.7　林荫道对TuroParc入口的引导

巴塞罗那真正具有“门”的公园并不多，可开闭的门(实)的存在表示公园管理相对严格，要求一定的安全性，尽量避免闭园之后可能发生的非法进入或破坏，但与外部环境间的清晰界线，使公园内外的融合度有所削弱，是一种不完全友好的界面；安装有门的入口相对而言成本较高，入口数目相应减少，也不利于满足使用者对便利性的要求。在一些设施、装饰较多的城市公园以及环境，以居住区为主且要求安全保障的邻里公园，较为常见门的设置。还有一类是“象征性的门”(虚)，只用标识或空间象征性地分隔空间，供人识别公园内外，例如parc de barcelonata与滨海大道间的出入口只是排列一行相互距离约2 m，高约20 cm的铁桩，行人可以从大道与公园交界的任意位置自由出入，这一开放性的“门”使地中海的美景尽收眼底，步行在海边的人也可欣赏公园内的景色，内外互为呼应，彼此都成为对方景观的一部分。

3 入口空间的自身特性

3.1 入口空间的空间组织性

公园入口空间可以参照建筑设计由外向内通过基面变化、顶面变化、立面配置，界面的虚拟等手法创造动态的空间序列、人所期望和向往的空间环境与心理预期。

公园入口内外空间的界线并不如建筑明显，有利于将公园内外整体化地构建，例如米罗公园，由一雕塑广场形成的入口空间使行人不知不觉中已进入公园空间，从“外界”的公路、人行道到雕塑广场，再到公园内部是一个循序渐进，丝毫不感突兀的过程。

相对于建筑受材料等限制的表现形态，公园空间形态的变化可以是极其丰富和多样的，入口空间与公园空间在立面上呼应的效果更大于平面上的呼应效果。通过使用植物材料可以产生入口空间透明度的变化，例如 TuroParc、jardins de moragas；通过控制地形的变化可以产生跌宕起伏的空间序列，增加空间趣味性和吸引力，例如“不具名的下沉花园”。

3.2 入口空间的环境适应性

入口的数目和位置必须与周边环境和居民的需求相适应，即公园周边的环境决定了入口的数目和位置。根据统计，如图 16.8 至图 16.10 所示，巴塞罗那公园从平均个数上来看，基本按照公园由小到大的顺序增加，但是从不同类型公园单位面积的入口数即入口密度上来看，邻里公园的入口密度大于社区公园大于城市公园。

由此可见，巴塞罗那在设计公园时，更多地考虑到最常使用的人群的便捷性。邻里公园的使用率相对最高，故提高入口数目，为周边居民提供最大程度的便捷性；社区公园的入口密度虽然较低，但是其常常具有开放性入口，此类入口边界宽阔，范围广大，其效果不能仅以数量判别，而具有开放性入口的社区公园比例最高。这是由于社区公园面向更大范围的社区居民，从邻里公园的“独有性”转向“普遍性”。最高“普遍性”体现在城市公园的入口数目上，城市公园入口密度的大大降低的原因之一，是其设计所考虑的使用者更为普遍，入口的设置应更为公平，使每个使用者都较为平等地享有便利，而在某些主要居住区旁侧设置的入口通常会较为简陋和隐蔽，例如 1.72 公顷的 Parc Güell 仅有四处出入口，其中邻近住宅区的一处为一条崎岖山路；另一原因则是某些城市公园离住宅区较远，无论是城区居民还是游客均需驱车才至，3～5 处具有停车区的入口即可满足需要，设置过多的入口不仅造成浪费还会带来管理上的不便。

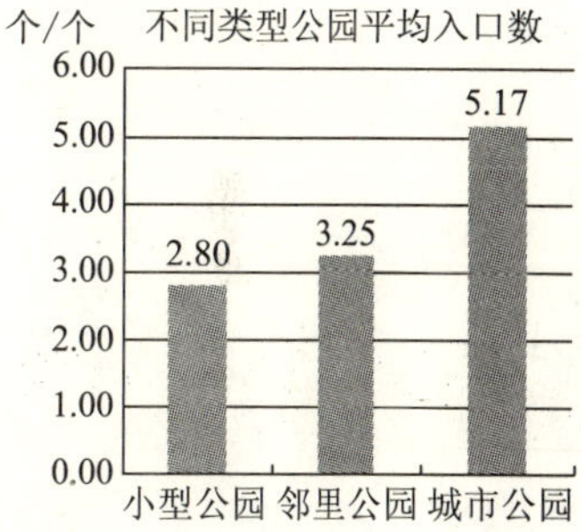

图 16.8　不同类型公园平均入口数

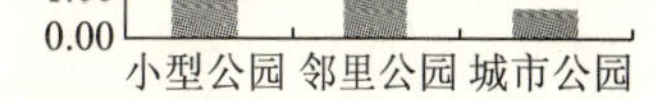

图 16.9　不同类型公园单位面积入口数

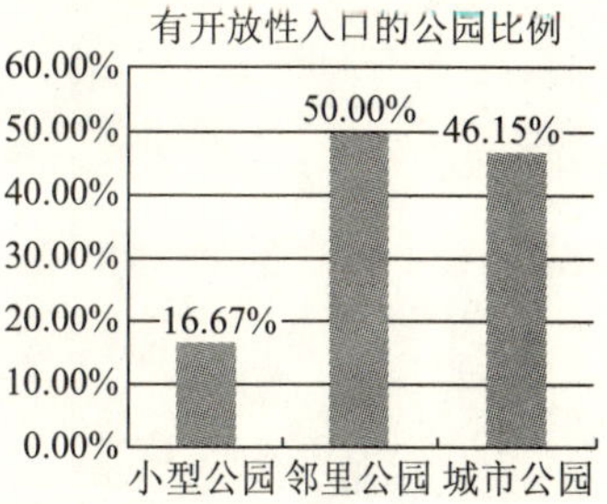

图 16.10　有开放性入口的公园比例

城市公园至少有一个或一边的入口面向城市交通干道，在交通干道旁侧设置入口能实现城市公园为广大游人建设的目的，而城市公园与大面积居住区相邻部分，也会设置入口。例如 parc de i′espanya industrial，其大片开敞的入口区面向交通干道和交通枢纽——火车站，在相对另一侧，是比较收敛的周边居民入口区。社区公园的开放性入口往往位于普通街道的旁侧，较为狭窄的入口则面向住宅区，例如 parc del clot。最后邻里公园的入口位置则由周边住宅楼的出入口位置决定，可能设置在两幢居民楼之间或正对住宅楼出入口。

4　入口空间的功能分析

4.1　入口空间的引导功能

公园入口不仅是视觉上的引导，更是一种空间运动的动态过程。游人经过入口的外部空间、入口本身到入口的内部空间，至进入园区的过程，往往由空间本身的引导来完成，即空间本身提醒行人注意公园的存在，指引方位；迎接行人进入公园空间；引导行人深入园区内部。

公园入口的外部空间向路人提示公园的出现，制造吸引力，与使用者的兴趣和需求产生共鸣。这种吸引可以是刻意创造的，“强迫式”地将无意的人群引向公园；也可以不带有任何“强迫性”，使人们随意来去，满足人们没有任何心理负担的休闲要求。前者例如位于Sarria－SantGervasi 区的 TuroParc，其入口的外部空间包含主入口所正对的 Pau Casals 林荫大道，沿着它行走至尽端的人们，必然会看到由铁栏杆和树丛所构成的公园大门，这种引导带有明显的指向性；而后者例如位于 Glories Catalanes 的 Parc del Clot，其入口的外部空间是一处开敞的三角地，其边界直接与街道和公园边界相连，除某特定位置提示性的公园平面图标识板，没有指示信息，此外部空间还为不想进入公园的人们提供暂时的休憩场所。

公园入口本身可以通过瓶颈效应的影响，使人流收束性地进入，再“开放”到另一个较大的内部空间，有具象的“门”的公园入口往往表现了此种特性，例如 TuroParc，其主入口是通向园内三个不同方向的门，人流从入口前的大道而来，在窄小入口通过，再分流到园区内；也可以呈开敞式，意味着无限制地迎接任何人进入，如此人流的进入通常没有大开大合的变化，不会造成拥堵，但也不会产生“心理诱引”的效果；此外如果公园本身为下沉式，开敞的台阶式入口也具有“诱导”效果，例如 Parc del Clot，其入口属于公园边界的一部分，直接面向街道，欢迎任何一位愿意进入该公园空间的人，入口的宽阔台阶提示行人该公园的存在性和趣味性。

公园入口的内部空间引导性与公园自身的吸引力密不可分。入口内部采用“曲径通幽”的设计会使人产生“探险”的感受，达到引导的目的，同样例如 TuroParc 的主入口内部，在不同方向留出通道，其余部分使用茂密的树木和灌丛遮蔽，当人们穿越其中几条道路发现有趣的景色时，还会联想其他的道路的尽端会有什么内容，以供下次到来的时候尝试；半遮蔽的手法可以引发人的好奇心，从未被遮蔽的部分捕捉自己的兴趣点，进而深入公园内部，例如加泰罗尼亚国家美术馆南侧一处不具名的下沉花园，入口内部空间与花园主体呈上下两层，当人们进入该空间而被其设计风格所吸引时，就会继续向下游赏；而一览无余的内部空间可以使人们直截了当地选择自己想到达的空间，也使人们快速判断对于此公园的喜好，决定去留，米罗公园入口完全开敞，地形较高，踏入公园无形地界的人们可以看到公园的各类设施和空间，决定去往哪个方向。

无论哪种类型的公园，无论其服务于何种人群，其入口空间都要表现一定的引导进入性，这是入口的本质特征之一。在入口空间的各个部分中塑造适合场地的引导性特征有利于提高公园的被关注度和使用率（图 16.11 至图 16.15）。

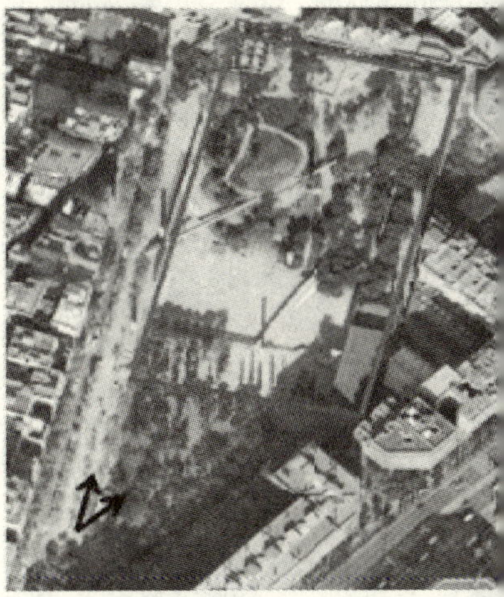

图 16.11　Parc del Clot 入口外部空间

图 16.12　Parc del Clot 开放式入口

图 16.13　jardinssebastiabach 入口

4.2　入口空间的识别功能

入口空间的可识别性与其引导性不同，引导性是入口自身的特性，而可识别性是基于使用者对该入口空间的判别，包括使用者有多少可能性发现该入口？什么类型的使用者更容易发现该入口？使用者能在多大程度上辨别该入口？所以，判定某入口空间可识别性的程度，应从入口对于使用者的隐蔽程度、面向人群的类型以及入口的辨识设计综合考虑。

入口外部空间的显隐性对于使用者识别该入口以及该公园有重要作用。但由于不同类型的公园服务的人群类型也有所不同，区分公园主要服务对象可以成为设计入口可识别性程度的手段之一：主要服务于邻里社区的邻里公园往往采用隐性的入口外部空间，设置相对外界较为隐蔽且便于周边居民进出的入口空间，例如临巷道建筑底部、建筑间的夹缝，邻里公园 jardinssebastiabach，是由建筑围合而成的绿地空间，其入口外部空间是建筑架空形成的狭长通道，非当地居民往往难以发现该公园的存在。一方面保证使用，另一方面减少外界对该邻里空间的复杂干扰，创造安全、安静的空间。

服务于一定范围社区的社区公园，面积通常大于邻里公园，需要带有一定的外向型特点，以使使用人数符合该公园的规模，该类公园的主入口面向人流较大的街道应用开敞且友好的设计，也常常使用“门”提示入口的存在，其次入口同样设置在隐蔽且便于周边居民的位置。

图 16.14　parc de les tresxemeneies

图 16.15　pl. desoller\parcpegaso

不仅服务于巴塞罗那居民还包括外来游客的城市公园往往直接将“大门”设置在交通干道旁侧或游客必经地，例如入口空间与地铁出口相结合的奔马公园，以及邻近巴塞罗那北站的 Parc de l'Estació del Nord，以使不熟悉巴塞罗那的外来游客容易辨识该入口，进入公园空间。

不能认为入口空间的可识别性最高即是最好，过度暴露的入口空间也可能为主要使用者带来安全隐患，所以最适宜的可识别性才是应达到的目标。

4.3　入口空间的交通功能

入口空间的交通便利性往往针对驾驶车辆的游人而言，邻里公园的服务半径约为 800 m，在步行可达范围内，通常不存在交通矛盾，一个街区的范围大约 100 m，街道宽度约 5～7 m，一般为单行道，车辆单向通行，停车区域少。正是基于这样的城市结构，巴塞罗那街区中心式的邻里公园得以出现，既满足人们的游憩需要，又减少交通流量，入口空间也占用了相对较小的面积。社区公园服务半径约为 1 600 m，不仅提供行人以便利，也要为车辆提供相应的通道，使在步行范围之外的人群也享有便捷休闲的机会。四面环路是巴塞罗那社区公园较为典型的特征，主入口位于交通流量较大的马路，或呈开敞设计，次入口通常位于行人较多的街道。而城市公园的入口面向城市交通干道，甚至交通设施出入口，例如 Parc Diagonal Mar，其东南、西北向主要入口均朝向巴塞罗那最重要的交通干道——diagonal 以及滨海大道，这两条道路是巴塞罗那的标志性道路，前者决定了城市的发展方向，后者展示着地中海风情。在交通便利性上表现得最为突出的是奔马公园，从图中就可以清晰地看到，它位于多条高速公路的枢纽位置，还是某条地铁线的终点站。

巴塞罗那公园入口空间的便捷性是由其可识别性、交通便捷性与易引导性三者组成的。一个成功的入口空间要保证其意向使用者易识别、具有最便捷的交通途径、满足使用者对其数量和位置的要求。通过观察可以看到，巴塞罗那的邻里公园和社区公园里充满着各种各样的人群活动，人在入口内外的活动可以证明该入口空间的成功与否。

5　总结

巴塞罗那入口空间并非简单的“门”或“开放式”的内外划分界线，而是具有自身特点和空间内容的容纳区域。其自身特性以其各种表现形式来体现，从而实现了入口空间应具备的各类功能。适宜地体现入口空间的引导性、组织丰富的空间序列、保证对使用者的便捷性是巴塞罗那公园入口空间所展现的三大准则，体现在各个公园的入口空间中。在入口空间的设计中，应首先分析该公园的空间特征，明确进入公园内部的空间序列;同时,分析入口外部环境特点,确定应使用的入口空间位置、数目和形式;再通过调整入口空间各部分的分配策略,实现并完善入口空间的引导、识别以及交通功能。在设计入口空间时,外部环境和内部环境是分析的重点,应注意所属的公园空间类型和使用者的类型,巴塞罗那的公园入口空间即在不同类型的公园中表现出独特性。但只有变化的环境,没有不变的设计。在坚持以上准则的基础上创造的入口空间具备了成功的基础。

参考书目

[1] http://zh.wikipedia.org/w/index.php?title=%E5%B7%B4%E5%A1%9E%E7%BD%97%E9%82%A3&variant=zh-cn

[2] 张晓三,何韶瑶,基于交通先导的大型城市公园入口空间形态研究[J],华中建筑,2008,26(10),194-198.

[3] 李靖原,浅析现代建筑入口的设计思想[J],广东科技,2007,(173):13-14.

[4] 蔡佰禄,台湾地区公园系统之研究,1983.

*未特别注明的照片或图片均为作者拍摄或绘制。

专题 17　三角形语言在巴塞罗那城市设计中的运用
The Use of Triangular Design Language in Barcelona Urban Design

何旭/He Xu

摘要:本文作者在巴塞罗那考察期间发现其城市设计中三角形设计语言的频繁精彩运用使其空间表达体现出高度的一致性、独特性与创新性。文章介绍了三角形设计语言在巴塞罗那广场、绿地、街头空间、挑出式空间及各种细部表现中的运用案例,总结了三角形设计语言在巴塞罗那城市设计中的运用逻辑及典型特点,探讨了巴塞罗那三角形设计语言的运用方式与原因。

关键词:巴塞罗那;三角形设计语言;城市设计

Abstract: This essay finds that the use of triangular design language in Barcelona bring high degree of coherence, uniqueness and innovation in spatial expression. Make the introduction of the use of triangular design language in Barcelona square, green space, transportation space, oversailing performance space and a variety of detail design in several use cases. Summarizing the use of logic and typical characters of triangular design language, discussing the reason of the use of triangular design language in Barcelona.

Key words: Barcelona　Triangular design language　Urban design

1　引言

安妮·W. 斯帕恩在《The languge of Landscape》一书中提到网格为组合设计要素的框架,设计中最常见的是方格网(Anne Whiston Spirn,2002)。而在巴塞罗那,三角形设计语言在城市设计中屡见不鲜,并能够与其他设计要素融会贯通。在设计的形式语言中,三角形设计语言的纯粹运用可以说是一种突破性的创新,体现了强烈的风格感和设计感,表现出巴塞罗那景观设计独到的设计风格和胆识。

2 三角形设计语言运用案例

2.1 三角形语言在广场设计中的运用

(1) George Orwell 广场

George Orwell 广场位于巴塞罗那古城内，周边被居住建筑围合而形成三角形广场。这个大约 50 米的三角形空间被 5、6 层高的建筑围合，缺乏阳光，树木难以生长（樋口正一郎，2002），设计者将一座有趣的雕塑置于其中，并与周边小餐饮店结合设置桌椅供人用餐休息，使得这个小广场人气很旺（图 17.1 至图 17.4）。

设计者结合原有客观条件形成的建筑围合的三角形空间，直接将广场设计为三层台阶抬高的边长 40 m 的等边三角形广场。同时细部也运用了三角形设计符号，例如铺装和树池。设计语言单纯独特，整个设计融为一体。

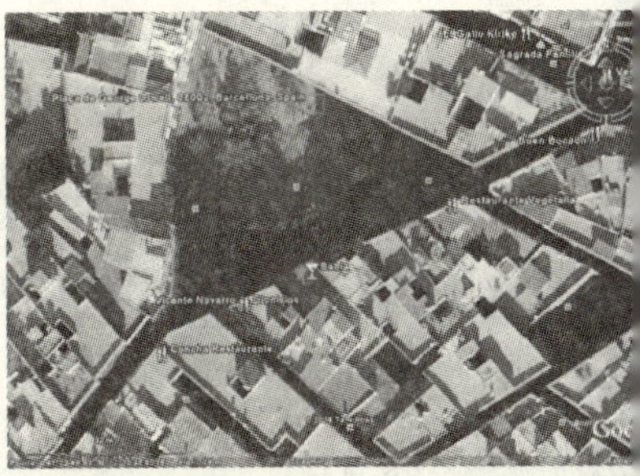

图 17.1 鸟瞰 George Orwell 广场（资料来源：Google）

图 17.2 George Orwell 广场活动

图 17.3 George Orwell 广场三角铺装与树池

(2) Fossar de les Moreres 广场

Fossar de les Moreres 广场位于巴塞罗那古城内的圣母玛的亚大教堂东南侧，是一块多边形的下沉广场，处于大约 36 m×26 m 的长方形建筑围合的空地中，由 4 个三角形、1 个四边形拼接而成，广场中心处为一个火炬雕塑。多边形每条边与广场的下沉中心都安放有排水口。广场利用三角形塑造下沉的坡面，多个三角形顶端汇集到广场的中心点，结合排水与雕塑小品，完成广场的设计。

三角形的集合拼接与下沉的坡面设计使得广场简洁有趣，加之广场中心的火炬雕塑，使得人们喜爱聚集在这个教堂门前的下沉广场交谈、休息，尤其是广场的下沉中心处（图 17.5）。

2.2 三角形语言在公园绿地设计中的运用

(1) Central De Nou Barris 公园

Central De Nou Barris 公园位于巴塞罗那北部一个居住区内。该

图 17.4 George Orwell 广场雕塑与三角铺装

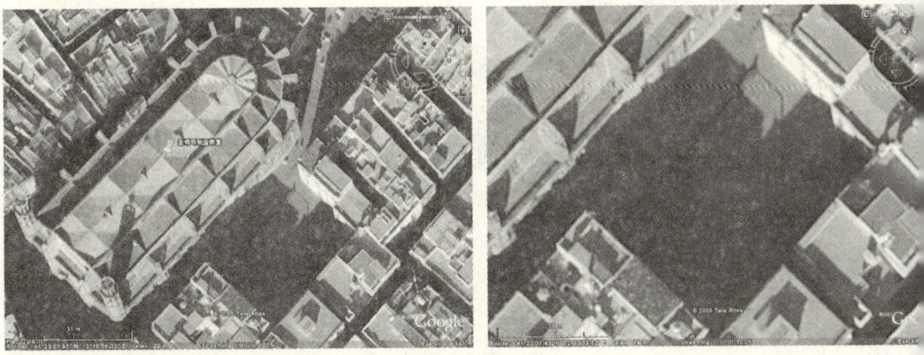

图 17.5 Fossar de les Moreres 广场鸟瞰（资料来源：Google）

公园获得了2007年法兰克福国际城市景观奖，被评委高度称赞为“与周边地区环境完美融合，创造新特色把这一空间转化为焦点和吸引人的地方”。它是巴塞罗那第二大公园，面积为17.7公顷，设计者是Andres Arriola与Carmen Fiol(图17.6至图17.9)。

图17.6 Fossar de les Moreres广场(一)

图17.7 Fossar de les Moreres广场(二)(王钰溶摄)

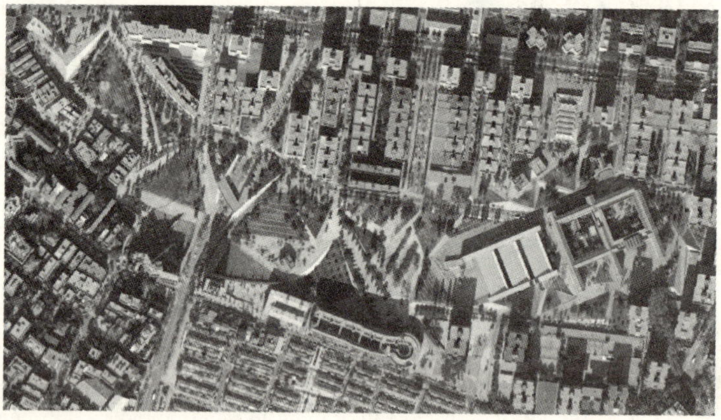

图17.8 Central De Nou Barris公园鸟瞰
(资料来源:Google earth)

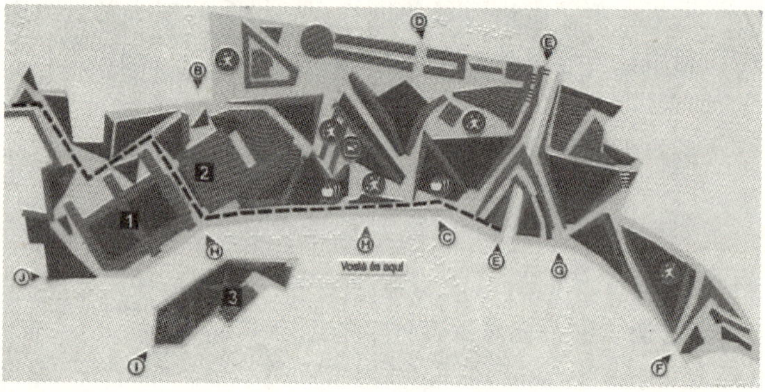

图17.9 Central De Nou Barris公园平面(牛津摄)

该公园将三角形的设计语言使用得尤为纯粹，从平面上可以看到公园的整体布局主要是由多个三角形绿地构成，大部分三角形绿地都是坡地，借助挡土墙抬高形成绿坡，因此在视觉上可看到多个面、立体的三角形运用。公园同时在细部配合使用三角形设计元素，它的水池、汀步、铺装、树池、灯饰皆服从三角形语言的设计逻辑。

(2) Moll d'Espanya港口公园

Moll d'Espanya港口公园位于巴塞罗那南部海岸线中部，这里每年吸引1 600多万人来此游玩，是巴塞罗那的旅游热点地区。它是由早年荒废的人工港口更新而成的多功能城市公共空间，具有交通、休闲、文化等诸多功能(图17.10至图17.23)。

图 17.10　多面三角形绿坡(牛津摄)

图 17.11　三角形水池(牛津摄)

图 17.12　三角形铺装与绿地分割(牛津摄)

图 17.13　三角形树池与灯饰(李迪华摄)

图 17.14　三角形汀步与灯饰(李迪华摄)

Moll d'Espanya 港口公园在平面上,由两个边长约 100 米的等边平行四边形构成,每个平行四边形又切割成三个三角形块。在立面上,也采用了多面三角形的坡型,将缓坡的一侧做草坪,在绿坡面设置排水沟来组织多面三角坡的排水。这样一方面将绿地与车行道在空间上起到很好的分隔作用,有效地阻隔车行道的干扰,另一方面抬高的草坡适于做舞台,使绿地的功能更加丰富多样。同时这种北低南高的多面三角形坡地为南面的海洋馆提供了很好的引入功能。

图 17.15　三角形绿坡与灯饰(牛津摄)

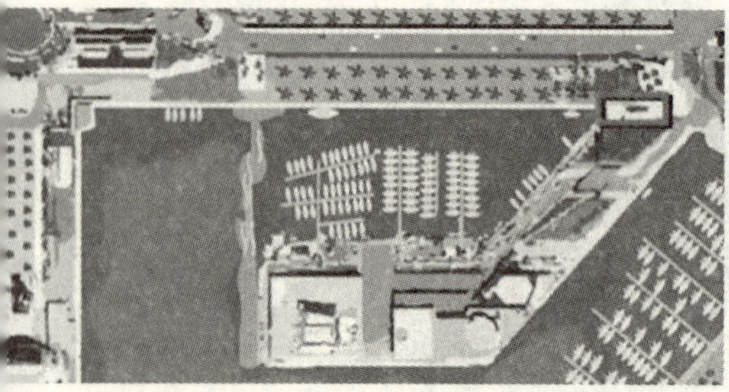

图 17.16　Moll d'Espanya 港口①

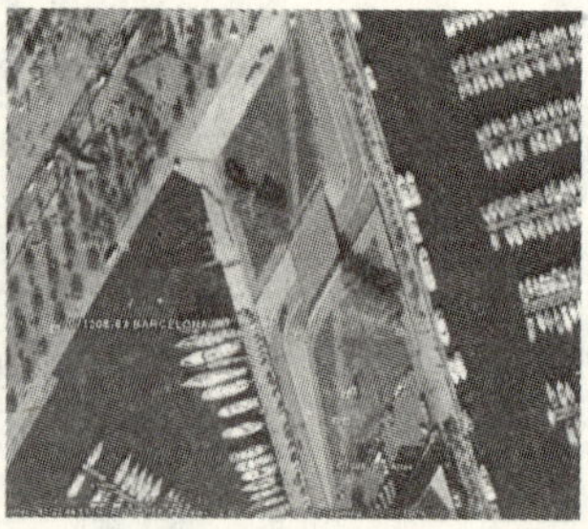

图 17.17　Moll d'Espanya 港口绿地鸟瞰②

图 17.18　多面三角形绿坡

图 17.19　绿坡排水

图 17.20　三角形绿地分割

图 17.21　三角形绿地分割与三角锥灯饰(李迪华摄)

图 17.22　漫步的行人与奔跑的孩子(李迪华摄)

图 17.23　女孩与狗在绿坡上玩耍

整个绿地的设计在平面和立面两方面运用三角形设计语言,平面上主要体现在整块平行四边形绿地的三角形分割,立面主要体现在多面三角形绿坡与三角锥灯饰。三角形设计语言的运用在视觉上线条简洁明朗,同时在使用功能上,人的活动丰富多样。这里聚集了漫步的行人,奔跑的儿童,嬉戏的女孩,玩耍的小狗……,映衬着巴塞罗那地中海的蓝天格外美丽。

2.3　三角形语言在其他城市基础设施设计中的运用

1859 年塞尔达规划的提出形成了现在巴塞罗那城市中心的方格网布局(戴林琳,2008)。作为方格网单元的方形围合建筑在每个角被街道切割,形成的等边直角三角形空间成为交通与建筑之间的过渡空间。这些三角空间多用作停车场、绿地或者绿地结合地下停车场入口等。这种三角形空间的利用是适合巴塞罗那方格网格局的选择,用绿地填充这种三角形切割空间,在有效利用空间的同时为城市增添了绿色。

除此之外,还有一些处于主要交通十字路口的交通岛采用了三角形的空间形式,有的还配合三角形的灯饰,既满足功能,又能作为艺术品欣赏。这些三角形的空间形式都是因适合巴塞罗那的城市格局而形成,同时加入了设计者的创造力。

① 资料来源:http://www. portvellbcn. com/en/.

② 资料来源:Google earth.

图 17.24　巴塞罗那方格网布局
（底图来自 google earth）

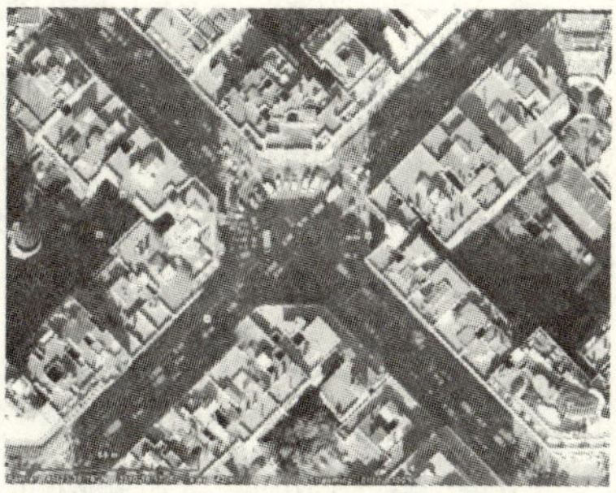

图 17.25　适合方格网的三角形交通过渡空间
（底图来自 google earth）

图 17.26　三角形绿地与地下停车场结合

3　三角形设计语言运用方式与原因探讨

（1）平面分割，简洁经济

用三角形分割平面空间的方法广泛应用于巴塞罗那的绿地，广场以及其他城市基础设施设计中。其基本应用方式有两种，一种为空间本身就为三角形，如上文介绍到的 George Orwell 广场，Fossar de les Moreres 广场，街头三角绿地等；另一种为用三角形在平面布局上分割空间，如 Central De Nou Barris 城市公园与 Moll d'Espanya 港口公园。

巴塞罗那出现众多三角形空间与巴塞罗那城市规划的平面布局关系密切。1859 年塞尔达规划形成的巴塞罗那城市中心现有的方格网布局，加之以 Glories Catalanes 环岛为中心与方格网斜交的 Meridiana 大街与 Diagonal 大街的对方格网布局的分割，使得城市的平面布局中必然出现三角形的空间。

图 17.27　三角形交通岛

图 17.28　三角形交通岛与三角形灯饰（李迪华摄）

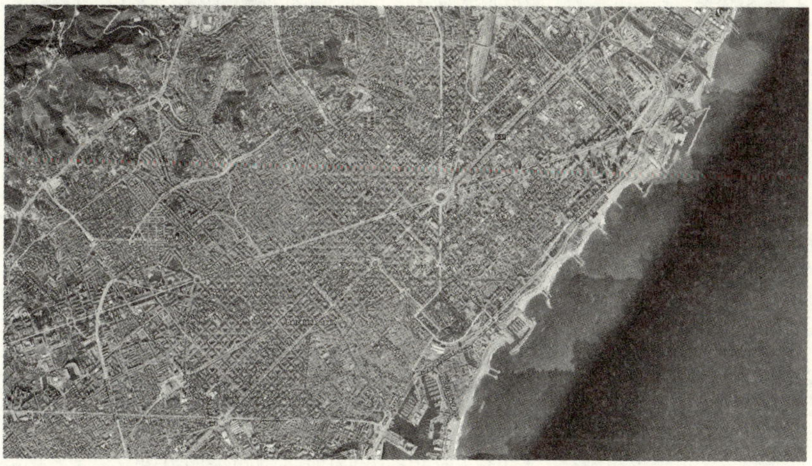

图 17.29　巴塞罗那城市规划平面布局
（底图来自 google earth）

运用三角形在平面上分割空间则与得益于三角形的本身形态上的经济简洁有关。如 Central De Nou Barris 公园是位于居住区中的长条形狭长的地块，平面布局采用三角形分割，分割使得公园空间不显局促，呈现灵活与简洁。另外许多挑出空间也多采用两面夹角围合成三角形空间，同时抬升三角空间为眺台。如 Diagonal Mar 公园的入口处营造了一个三角眺台，来配合入口一侧的微地形设计，使这个入口空间变化多样，丰富有趣。这种三角形的空间围合方式有其简洁实用的特点，挑出部分只需要两个面来围合，就完成了需要的空间效果，挑出的三角空间多作为休息、眺望之用，也有作为游戏场地等用途。

图 17.30　Diagonal Mar 公园入口三角眺台

图 17.31　三角眺台(李迪华摄)

图 17.32　Trinitat 公园三角眺台

图 17.33　三角游戏空间

图 17.34　三角形铺装(李迪华摄)

图 17.35　三角形树池(王钰溶摄)

图 17.36　三角形阳台 1

(2) 立面协调,空间丰富

多面三角形坡型设计在巴塞罗那的公共空间中也得到频繁运用。如 Fossar de les Moreres 下沉广场的三角坡面分割,Central De Nou Barris 公园与 Moll d'Espanya 港口公园均出现了三角形绿坡。一方面立面上的三角坡与平面的三角形布局相协调,另一方面由于地形上的变化,也丰富了空间的功能。广场与绿地由于形成坡面,更利于场地排水;同时地形起到了分隔空间的作用,有效地阻隔场地外的干扰;地形使得人的空间体验更加丰富,增加了趣味性。

(3) 细部装饰,趣味和谐

三角形语言在细部上也运用频繁,使得空间整体上协调一致,形成了设计语言从整体到细部的统一。如 Central De Nou Barris 公园与 George Orwell 广场的三角形铺装,Virrei Amat 绿地的三角形树池,多处可见的三角形灯饰,还有城市中的建筑立面也多有三角形语言的应用。甚至在一些坐椅的安置方式上都遵循三角形的布局原则,这种设计方式在使人们更适于交流的同时,还让空间变得活泼、有趣,在空椅无人时也如公共艺术品般耐人寻味。

图 17.37 三角形阳台(李迪华摄)

图 17.38 三角形摆放坐椅(王钰溶摄)

图 17.39 三角形摆放坐椅(李迪华摄)

图 17.40 三角形摆放坐椅(李迪华摄)

参考书目

[1] Anne Whiston Spirn. The language of landscape[M]. Yale University,2000.

[2] 樋口正一郎著. 苍峰译. 巴塞罗那的环境艺术[M]. 大连:大连理工大学出版社,2002.

[3] 戴林琳,盖世杰. 塞尔达规划的街区模式及其空间发育进程初探[J]. 华中建筑,2008(8):208.

[4] http://w3.bcn.es 巴塞罗那市议会网站新闻.

[5] http://www.portvellbcn.com/en/ 巴塞罗那港口绿地网站.

*未特别注明的照片或图片均为作者拍摄或绘制。

专题18　巴塞罗那景观地形的设计语言

The Design Language of Terrain in Barcelona Landscape Architecture

唐慧超/Tang Hui-chao

摘要：地形作为景观设计的一个重要元素，在巴塞罗那的景观设计中有着广泛的运用。本文以巴塞罗那景观考察所见为基础，将其景观地形的设计语言在平面上归纳为弧线、直线、螺旋线和三角形，将其空间语言归纳为坡地、平地、台地、下沉广场、台阶、土丘、挡墙，并从秩序、时态、修辞等角度分析了其设计语法。

关键词：景观设计；地形；设计语言；巴塞罗那

Abstract: As an important element of landscape architecture, terrain is widely used in landscape design of Barcelona. Through study and investigation, the design language of terrain in Barcelona landscape architecture was concluded as plane glossary including arc, beeline, helix and triangle, and space glossary including slope, flat, terrace, sunk square, step, hillock, retaining wall. The design grammer was analyzed from the aspect of order, tense, rhetoric and so on.

Key words: Landscape Architecture　Terrain　Design Language　Barcelona

1　引言

地形是室外环境的基础，是景观中所有要素和空间的联系。地形作为景观设计的一个重要元素，在巴塞罗那的景观设计中有着丰富的表达。

1.1　"地形"的概念界定

（1）自然地理学范畴的"地形"

地貌或称地形，指地球表面由内外动力相互作用塑造而成的多种多样的外貌或形态。地形可以通过各种方式加以归类，例如形态、规模、坡度、地质构造等。从地形的规模大小来说，可以将地形分为三大类：大地形、小地形、微地形。其中，"大地形"是指高山、高原、盆地、草原、平地等大规模的地形变化;“小地形”是指土丘、台地、斜坡、平地或因台阶、坡道引起的地形变化的地形;“微地形”起伏最小,包含沙丘、草地上的微弱起伏。

(2) 景观设计学范畴的“地形”

本文讨论的地形主要是指对景观布局和用地组织影响较大的“小地形”和“微地形”。

1.2 “设计语言”的概念界定

本文从“词汇”和“语法”两个方面来理解景观设计中的“设计语言”。

(1) 词汇

如同语言学中“词汇”的含义一样,地形也是景观设计的基本要素之一,所以本文的词汇主要指平面构图的词汇,如直线、弧线、三角形等,和空间构造的词汇,包括平地、坡地、台地等。

(2) 语法

语法是指景观元素按照某种方式组合的表达,设计方法的高度概括和抽象。本文的设计语法主要包括三个方面。

秩序:指秩序的表达方式,包括重复、格网、模数等。

时态:对文化景观和历史片段的再现,对文脉的传承。

修辞:通过艺术化的方式来表达更深刻的含义,如隐喻等。

2 巴塞罗那景观设计中的“设计词汇”

2.1 平面构图的词汇

(1) 弧线

弧线被应用时往往不断重复,以保持整体的统一(图 18.1 至图 18.3)。其应用多来源于场地本身的特征,如道路、水岸、波浪等。如奔马公园位于城市的环形立交桥旁,而 PARC DELS AUDITORIS 紧邻巴塞罗那的海滨。

图 18.1 奔马公园

图 18.2 PARC DELS AUDITORIS

图 18.3 Jardins de Sant Pau del Camp

图 18.4　屠宰场公园

图 18.5　工业园

图 18.6　北站公园

图 18.7　PARC CENTRAL DE NOU BARRIS

（2）直线

直线的应用往往使空间显得清晰、简洁，是应用较多的平面词汇。

（3）螺旋线

螺旋线的应用往往带有某种隐喻或象征，并产生丰富的空间体验。巴塞罗那的北站公园是为了 1992 年奥运会对原有的北火车站改建而成的一个新的城市公园，由建筑师和雕塑家合作创作，设计师们通过大地艺术景观"旋转的树林"等塑造，为城市营造了富有艺术气息的公共空间。

（4）三角形

三角形作为一类设计词汇被广泛应用，从小尺度的微地形的塑造，到通过综合考虑各个设计要素进行大型格网的建构，从而指导较大尺度的规划设计。

图 18.8　巴塞罗那植物园的三角形格网

2.2　空间构造的词汇

（1）坡地

坡地常见于开放空间中，尤以街边绿地为多。起伏变化的地形丰富了人们的视觉与空间体验，也为植物的生长创造了小气候条件。

（2）平地

平地多应用于人流较为集中的大型开放空间中，如大型的公共广场，尤其是博物馆等大型公共建筑的门前。

图 18.9　街边绿地

图 18.10　Parc Del Poblenou

图 18.11　MCBA 巴塞罗那当代艺术博物馆门前

(3) 台地

台地的应用主要有两种方式。一是户外交流空间,如小型户外剧场,二是出于植物生长的需要而特别塑造多层台地的地形,便于土壤排水利于相关植物的生长。

(4) 下沉广场

下沉广场的设置主要是出于功能的需要,多为下沉的大型运动场,进行球类活动,不仅方便在四周设置台阶式的看台,也保证人们运动与其他活动不互相干扰。

(5) 台阶

台阶的不同应用主要体现在级数以及宽度差异上。首先,多级台阶限定并强调空间,级数较少的台阶则暗示空间的过渡;其次,台阶宽度对人们的步行状态有较大影响,较宽的台阶促使人们步行变缓或停留,而较窄的台阶则促使人们步行加快或离开。

(6) 土丘

土丘多为规则式,主要应用于有大量人流的空间中,人流交汇集中的区域,如大型商场前的广场,重要交通枢纽附近的人行空间,起到分散人流的作用,并且增加了空间的趣味性。就土丘的具体设计而言,其尺度多以人和空间的尺度为依据,而材料多与周边环境保持一致。

图 18.12 巴塞罗那植物园

图 18.13 巴塞罗那植物园

图 18.14 Parc Del Clot 下沉运动场

图 18.15 巴塞罗那大教堂的国王广场

图 18.16 米罗公园入口处的台阶

图 18.17 滨海区商场与海底世界间的公共空间

图 18.18 高架桥下的公共空间人的活动

(7) 挡墙

挡墙作为一种特殊的地形，除了防止水土流失，对于限定空间也有重要作用，其形式与材料的运用多具有地域特色。

图 18.19　采石场附近的墓园

图 18.20　巴塞罗那植物园

3　巴塞罗那景观设计中的“语法”

3.1　秩序

(1) 重复——Diaognal Street(对角线大街)街边绿地

该街边绿地将坡地、台阶以三角形的形式并置重复，形成了停车场、篮球场、儿童活动场等公共空间，巧妙地处理了原本局限的地形，并极大地满足了道路两侧居民日常的活动需要。

(2) 格网——巴塞罗那植物园

巴塞罗那植物园的景观结构是从地形中产生的，设计师依照地形设计了一套三角形网格体系。该体系随地形坡度伸展或收缩，地形平缓处网格开敞，地形陡处网格收缩。通过对网络的进一步划分，建立起主要、次要及养护用的道路体系，同时行成不同的植被展示区域(胡文芳，2005)。

图 18.21　Diaognal 街边绿地鸟瞰图

图 18.22　停车场

图 18.23　篮球场

图 18.24　儿童活动场

图 18.25　巴塞罗那植物园鸟瞰

图 18.26　采石场附近的挡墙

3.2 时态

巴塞罗那景观设计中常见于用材料表现“时态”，即通过特殊材料的使用表达景观的时间含义。

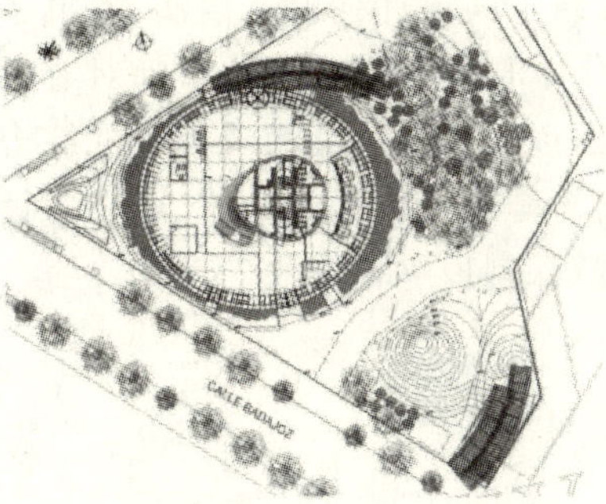

图 18.27　Agbar Tower 一层平面图

图 18.28　Agbar Tower 航拍图

图 18.29　Agbar Tower 外环境地形

图 18.30　Agbar Tower 外环境地形

图 18.31　Agbar Tower

挡墙是地中海地区的常见景观，石材取自当地，而该绿地又位于采石场附近，表达对历史的呼应。

阿格巴摩天楼(Agbar Tower)是巴塞罗那水务公司的总部，设计师 Jean Nouvel 采用了圆锥形、弹壳式的外形，圣家族教堂、蒙萨拉特山的奇石，水和巴塞罗那的城市意象都成为他设计的源泉。外环境的地形像是起伏的水面，又像是蒙萨拉特山起伏的坡地，使摩天楼与外界有了过渡和融合。这种方式不是对传统文化的克隆也不是一种割裂，而是一种延续(程翌，2005)。

3.3 修辞

北站公园的创作主题为“绿与水”，并用一组大的雕塑来表现。设计由建筑师和雕塑家合作完成，雕塑家负责外形，建筑师负责工程本身，公园整体本身就是一件艺术品。在公园西侧，被设计成山形的层次不同的亮蓝色瓷砖，在东面如波浪被展开。这种意境绝妙地表现了巴塞罗那四周群山环绕，地中海文化和欧洲文化交融。

图 18.32　北站公园

4 结语

本文借鉴语言学的概念和研究方法，援用词汇和语法的定性描述分析了巴塞罗那景观的地形设计，总结了其设计词汇及语法，发掘了其设计的多样性与创新性。其地形设计的多样性在于设计师对有限空间中各类条件因地制宜的精准把握，以及对不同使用者需求的综合考虑，而其创新性不仅在于跨越专业学科藩篱的无间合作，更在于设计师们对于巴塞罗那地理、历史文化的深刻理解和传承。

参考书目

[1] 胡文芳. 人工与自然的科学结合——体验巴塞罗那植物园[J]. 中国园林，2005(3):12-13.

[2] 蒙小英. 北欧现代主义园林设计语言研究_1920_1970.[D]. 北京林业大学，2006.

[3] 程翌. 加寨隆尼亚传统文化的遥远回音—解读巴塞罗那阿格巴摩天楼[J]. 时代建筑，2005(4):85-86.

[4] 樋口正一郎. 巴塞罗那的环境艺术[M]. 大连:大连理工大学出版社:2002.

[5] 卜著华，孙科峰. 景观的语言[J]. 中国园林，2003(11):54-57.

*未特别注明的照片或图片均为作者拍摄或绘制。

柏林、布拉格、美国篇

写在前面：

与真理为友

2009年秋天对北京大学景观设计学专业研究生们来说是不平凡的。“世界建筑、城市与景观”课程第一次被分成三个小组执行不同的内容，两个组分别赴德国汉堡参加莱布尼兹-汉诺威大学组织的欧洲五国暑期设计研讨课程，以及去美国新奥尔良参加弗吉尼亚大学组织的设计研讨课程；一个组赴德国柏林和捷克布拉格游学访问。

两个月里，一半时间与学生奔波在路上：感受欧美景观设计教育，与大师的作品对话，与欧美大学的学生交流，体验欧美城市生活。

柏林城市将平常和艺术完美地组合在一起。和巴黎相比，柏林可谓其貌不扬，但平易近人，无论走到哪里都有家的感觉。初来乍到，很难接受柏林“艺术之都”的称谓，细细品读之后会发现，柏林的艺术融入平常的城市景观和市民生活中，艺术与生活的完美结合，艺术与生态的完美结合，才是柏林城市的独特魅力。

柏林城市对于艺术的诠释，让我兴奋不已！这个发现在离开柏林前一天带领部分学生参观德骚和魏玛的包豪斯设计学院得到证实。包豪斯设计学院将艺术和手工艺与工业社会需求结合在一起，开拓了现代设计教育，让艺术秉承传统内涵，通过与现代技术、材料结合，服务大众生活，艺术和艺术教育成为全社会生活的一部分。

带着对柏林和包豪斯的思考，访学的最后两天，徜徉在布拉格大街小巷，继续理解欧洲城市。离开布拉格前整整半天时间里，独自徘徊在盖里(Frank Gehry)的舞动的房子(Dancing House)周围，久久不肯离去，似乎想得到点什么！

猛然悟到，评价一个建筑太难了！那些外表或平常，或独立，或独特，或怪异的建筑背后往往包含了建筑师对空间、时间、人与社会、最新的技术与材料成就等全部关联的元素的理解、应用和表达。我们能够看到的那些备受关注的建筑都是建筑师对其个人理想与社会理想、技术能力关系的理解和个性化的实现！

经历了汉堡郊区、汉诺威、柏林短暂停留之后，第一次感受到自己胸中燃烧着期待的火焰——中国的盖里、安德鲁、福斯特、赫尔佐格和库哈斯何时诞生？又会以何种方式诞生呢？

在异国他乡的日日夜夜参观行程中，我和学生之间讨论最多的话题是园林与景观，中国传统园林与现代景观，西方园林与中国园林。学生们更多的时候对于眼前景观的态度是将信将疑，随时都在有意无意捍卫自己知识体系中既定的结构。

奇迹发生在离开美国芝加哥前的数小时，早上 6 点多起床，乘地铁赶赴城区边缘的林肯公园参观 Alfred Cadwell 睡莲池。仿佛进入隐逸的中国传统园林的洞天别府中，看到的却是密斯·凡·德罗和弗兰克·劳埃德·赖特的设计手法与营造。学生们聚精会神，几乎是三步一回头，完全融会到 Cadwell 的设计中，生怕错过眼前闪过的景观，尽情陶醉在自己的体验中。

当我焦急地告诉他们必须离开赶飞机时，一个同学转过头对我说："李老师，我明白了！"然后，我们一起匆匆离开。回到首都机场，当我们找到各自行李准备分手回家，几个同学一起递给我一个在参观赖特的工作室时购买的记录本，说："李老师，生日快乐！" 我本能地打开记录本的第一页，上面没有祝福我生日快乐的留言，却赫然写着"与柏拉图为友，与亚里士多德为友，更与真理为友……"几句话，应该是学生们通过这个课程，获得的最贴切的自我感悟吧！

整个行程，在结束前最后一分钟，我终于获得一种豁然开朗的感觉，并形成 2009 年"世界建筑、城市与景观"研究生课程成果总结的主题：走在与真理为友的中国景观设计学教育的路上。

李迪华
2009 年 10 月 24 日草于燕园
2010 年 6 月 25 日修改于燕园

一、行程简介

为了让学生更全面地与世界融合，参加 2008 年级的"世界建筑、城市与景观"课程的学生共分为三组，一个组赴德国柏林和捷克布拉格游学访问，一个组赴德国汉堡参加莱布尼兹-汉诺威大学组织的欧洲五国暑期设计研讨课程，与五所欧洲顶尖景观院校、美国弗吉尼亚大学开展交流与合作，期间参观了德国汉诺威、埃森、杜伊斯堡四座城市；另外一组赴美国新奥尔良参加弗吉尼亚大学组织的灾后重建设计研讨课程，途中考察参观了美国首都华盛顿、夏洛茨维尔和芝加哥三座城市。

汉堡组行程(2009 年 8 月 19 日—9 月 1 日):

时间	日程
2009.8.19	★ 抵达汉堡
2009.8.20	★ 在汉堡市内参观,主要参观圣米歇尔教堂、市政厅、阿斯特内湖、智利之家、仓库城、汉堡港等
2009.8.23-28	★ 在汉诺威参观之余,还参观了海恩豪斯花园、海恩豪斯植物园和汉诺威大学
2009.8.29	★ 汉诺威市内"红线游",主要参观了埃基迪恩教堂、新市政厅、集市教堂、老市政厅、马斯湖、宫廷马厩门、莱布尼兹故居等
	★ 观摩 Kronsberg 社区的雨洪管理情况
	★ 参观汉诺威世博会 EXPO2000 会址
2009.8.30	★ 抵达埃森
	★ 参观矿业同盟工业景观和红点设计博物馆
2009.8.31	★ 抵达杜伊斯堡
	★ 参观北杜伊斯堡景观公园
2009.9.1	★ 返回汉堡,参观汉堡市立美术馆,返京

柏林、布拉格组行程(2009 年 9 月 11 日—23 日):

时间		日程
2009.9.11	晚上	★ 到达柏林 Tegel airport 国际机场
2009.9.12	上午	★ 参观无忧宫
	下午	★ 采琪莲霍夫宫,其中包括著名的波茨坦会议原址
2009.9.13	上午	★ 参观萨克森豪集中营
	下午	★ 参观园艺展 Landesgartenschau(Oranienburg)
	晚上	★ 参观波茨坦广场,包括索尼中心及 A+T 公园廊柱区
2009.9.14	上午	★ 主要参观 Tier Garten,沿途参观了密斯·凡·德罗设计的国家新美术馆及汉斯·夏隆设计的柏林音乐厅国家音乐厅
		★ 参观胜利纪念柱及周边纪念物
	中午	★ 参观 1957 国际建筑展

续表

时间		日程
2009.9.14	下午	★ 沿施普雷河参观沿河景观，包括蛇形住宅，Moabit Prison Historical Park，柏林中央火车站，总理府。重点参观了诺曼·福斯特设计的国会大厦
	晚上	★ 参观勃兰登堡门及菩提树大街
2009.9.15	上午	★ 参观夏洛藤堡宫
	下午晚上	★ 参观斯潘道城堡、参观奥林匹克体育场、马赛公寓
2009.9.16	上午	★ 参观柏林植物园
	下午	★ 参观 Britzen Garten、世界文化遗产住宅区
2009.9.17	上午中午	★ 参观中国驻德国大使馆，坐船巡游
	下午	★ 参观马克思恩格斯纪念广场、电视塔、战争纪念馆、柏林历史博物馆、柏林大教堂、德国大教堂、法国大教堂、记忆之地
	晚上	★ 参观博物馆岛，重点为岛上的 The Bode Museum、佩加蒙博物馆及旧国家画廊
2009.9.18	上午	★ 自由安排参观活动
	下午	★ 世界公园
2009.9.19	Free Day	★ 全体同学自行组织路线进行参观。主要参观犹太博物馆、巴黎广场、菩提树大街、马拉松比赛等
2009.9.20	上午	★ 乘火车前往布拉格
	下午	★ 到达布拉格；休息整顿，自行参观
2009.9.21	全天	★ 参观布拉格城堡，沿途参观查理大桥、市民广场等处
2009.9.22	白天	★ 自由组织活动，主要参观跳舞的房子(Dancing House)、布拉格新区等处
	晚上	★ 乘火车前往布达佩斯
2009.9.23	上午	★ 乘飞机返回北京

新奥尔良组行程(2009 年 10 月 11 日—17 日)：

时间	日程
2009.10.11	★ 抵达新奥尔良，参观城市
2009.10.12	★ 杜兰大学(Tulane University)的 Richard Campanella 介绍三角洲城市景观进退两难的困境(delta/urban landscape “Dilemma”)

续表

时间	日程
2009.10.12	★ Dan Etheridge 与 Jonathan Tate 介绍新奥尔良的生态与建筑
	★ Jakob Rosenzweig 介绍新奥尔良历史上的水利发展情况
	★ 参观三角洲湿地地区的 Barataria 国家公园
2009.10.13	★ 参观 UNACE 工程项目，了解新奥尔良的防洪体系
	★ 参观 6 号泵站
	★ 参观 17 街运河及其泵站
	★ 参观城市公园(City Park)及水道
2009.10.14	★ 学生跨国分组
	★ 各小组分别考察场地
	★ 与杜兰大学建筑学院的学生讨论
2009.10.15	★ 各小组分别考察场地
	★ 小组讨论与方案设计
2009.10.16	★ 各小组方案设计
	★ 下午 4 点汇报
2009.10.17	★ 参观城市
	★ 离开新奥尔良

二、学生收获

感谢景观设计学研究院给予我们这次宝贵的学习机会，让我们得以走近欧洲景观，切身体会和学习；感谢柏林理工大学 Kuchler 教授以及王鑫海老师和邰耀辉老师的悉心安排与全程讲解，让我们可以更加深入的了解更多知识。

在柏林和布拉格生活的日子里，每天我们都经历着一份份感动，为人、为景也为事。这两座城市给人的感受是截然不同的，柏林严谨而有序，随处可见的钟表，一丝不苟的建筑细节，系统而完整的城市标识，无不渗透着柏林的精致；布拉格是热闹而包容，蒂恩教堂与市政广场拥挤的人潮，古典的红色屋顶、狭窄街巷与掺杂其中的现代商业标志，无不彰显着布拉格的胸怀。但是无论是哪一个，都同样拥有着温暖的草坪，惬意的阳光，都能用人们最朴实无华的生活以及最发自内心感悟的作品打动着我们。

行走城市之中，我们的笑容在城市里绚烂地绽放，我们的速写本将瞬间的感悟珍藏永久，我们的求知欲一步步地升华，对于自身的期待也一步步地提升。在这里，2008MSLA 的全体同学把这次在德国的所感所想记录下来，展示给大家，并且希望以我们微薄的力量，带给你对这些城市的多一份体会和感悟。

——北京大学景观设计学 2008 级全体同学
2009 年 10 月 16 日于燕园

三、教师团队

按照柏林布拉格、汉诺威、新奥尔良指导老师顺序排序：

李迪华：北京大学景观设计学研究院教师，柏林考察领队，汉诺威、新奥尔良设计研讨指导老师；

Johannes Kuchler：柏林理工大学教授、博士生导师、景观生态学博士，北京大学景观设计学研究院客座教授，考察柏林全程讲解老师；

Alexandar Zutz：柏林理工大学景观历史学方向博士，考察柏林景观历史主要讲解老师；

王鑫海：柏林理工大学景观建筑与环境规划管理研究所博士后，本次考察柏林主要陪同讲解老师；

邵耀辉：南通大学建筑工程学院副教授、主任，德国访问学者，本次考察柏林主要陪同讲解老师；

路露：北京大学景观设计学院教师，柏林和布拉格考察带队指导老师；

张蕾：北京大学景观设计学教师，汉诺威设计研讨课程随队指导老师；

俞孔坚：美国哈佛大学设计学博士，北京大学教授、博士生导师，北京大学景观设计学研究院院长，新奥尔良 workshop 指导老师；

乔青：北京大学景观设计学教师，新奥尔良 Workshop 带队指导老师。

专题 19　城市如何让生活更美好
——以柏林和布拉格城市为例
Better City, Better Life: A Tour of Berlin and Prague

杜宏惠/Du Honghui

摘要:“城市,让生活更美好”,人们建造城市,居住在城市,是为了追求更加美好的生活,城市理应是人们不断追求美好生活的结果。笔者带着这样的信念理解和体会柏林和布拉格这两座城市,期望能从中分析出城市得以“让生活更美好”的基本特征。

关键词:城市;美好生活;柏林;布拉格

Abstract: Just as the theme of Shanghai World Expo *Better City, Better Life*, people living in the city are looking forward a better life. With the belief, I experience the tow city of Berlin and Prague, and hope to know the basic attributes of the city which could make life better.

Key words: City　Better life　Berlin　Prague

1　引言

“城市,让生活更美好”,在异国他乡,不论是在德国首都柏林,还是在包豪斯现在所在地德绍、发源地魏玛,在欧洲最美丽的城市之一布拉格,笔者都被这些城市深深地感动着。感动源于城市的真诚,感动源于城市的细节,感动源于城市中的美好生活。

2　美好生活的城市特性

城市的本质是生活(Lewis Mumford, 1961),城市对于人类的真正功用在于创造生活。

柏林和布拉格,两座截然不同的城市。在二战废墟上重建的柏林显得很平静;在战争中免于被破坏的老城布拉格则热闹非常,正如余秋雨所说:“什么样的城市都见过,却难得像布拉格那样,天天回荡着节日般的气氛,把远近旅人的身心激荡得那么兴奋,又那么舒坦。”这样两座新老之城,都散发着来自生活的怡然的美,这种美带着各自民族个性的同时，反映出许多不约而同的共性，都关注公共生活、关注自然、关注历史的共性。

2.1 关注公共生活

公共生活是人认识社会、认识环境的过程，丰富健康的公共生活是人身心健康发展的必需，尤其在这个日益重视工作而忽视公共生活的时代里。

在柏林和布拉格，这里有安全便捷而舒适的交通环境供人出行；有大大小小的广场、公园供人休息；有大片的草坪和树林供人晒太阳、跑步、追逐嬉戏、骑车……；有多样的购物场所供人们悠闲地购物，热闹的集市、沿街的商铺、此起彼伏的吆喝声和美丽橱窗……这些公共生活场所为人们的公共生活创造了各种可能，公共生活所呈现的美好都架构在完善、体贴的城市建设中。

2.1.1 出行环境

安全、便捷、愉悦的出行是城市美好生活的重要部分，是人们产生愉悦心情的基础。据笔者考察期间的观察，柏林和布拉格这两座城市主要通过以下三个方面的城市建设来创造宜人的出行环境。

（1）公共交通系统

虽然柏林是德国的首都，但这里很少有堵车现象，发达的公共交通系统是原因之一。轨道交通覆盖整个城市，公共汽车、电车等地面交通只是换乘轨道交通的工具。城市中每隔五百米就可以找到一个地铁站或轻轨站，而且都能与公交汽车对接。由于没有堵车现象，再加上交通系统的智能化，乘客出发和到站的时间可以精确到分。减少了候车和换乘时间的乘客有更多的时间来安排自己的生活。没有了堵车、等车的烦恼，出行是一件非常惬意的事情。布拉格的内部交通以电车为主，城市较小，出行比较方便。

（2）自行车道

柏林有专门的自行车道，并与河流、公园等绿地有机结合，在城市中形成完整的系统。自行车道穿过广场、森林、小区，和河流一起前进……人们骑自行车的同时可以欣赏周边的美景，整个过程让人心旷神怡。由于宜人的骑车环境，骑车已成为柏林市民非常热爱的运动，大大减少了私家车的使用。自行车道的建设使行人、自行车、机动车可以各行其道，成为城市交通系统秩序的保障，人们安全出行的保障（图 19.1 至图 19.4）。

（3）步行环境

宜人的步行环境是建立在合理的街道尺度、适宜的街区尺度、良好的自然环境的基础上的。柏林和布拉格很少有宽阔恢宏的大马路，

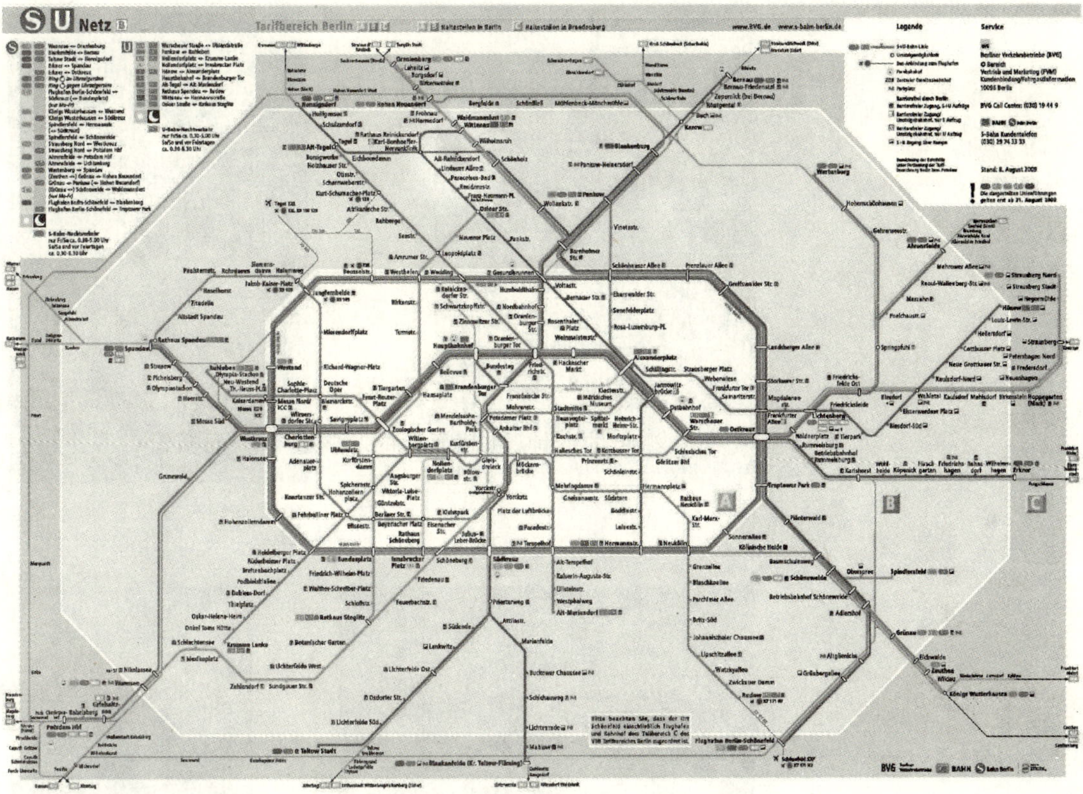

图 19.1　柏林发达的轨道交通系统(当地发放交通系统图)

图 19.2　简洁舒适的公交停靠站(王梓斌摄)

图 19.3　布拉格电车

图 19.4　柏林舒适的自行车道(王梓斌摄)

更很少见到过街天桥和地下通道。同时,城市的街区尺度也控制在300 m以下,大多是100～200 m的街区尺度,行人非常容易穿越。因为这里的社区大都是开放的,步行的人们可以穿越环境优美的居住区、校园。城市的步行系统与绿地系统的有机结合,为城市的人们提供了一个优质的步行环境(图 19.5 至图 19.8)。

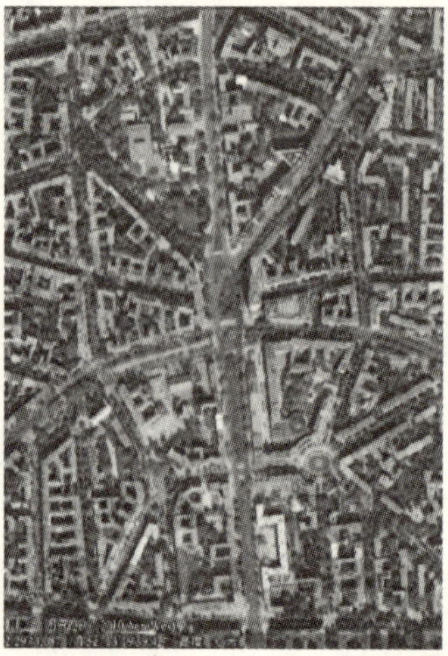

图 19.5 柏林适宜的街区尺度(Goole earth)

图 19.6 布拉格适宜的街区尺度(Goole earth)

图 19.7 柏林穿越提尔加藤公园的非机动车道

图 19.8 柏林斯普雷河岸边的非机动车道

2.1.2 公园绿地

一个城市不仅要有良好的步行环境,还需要有让人身心舒展的户外空间。在柏林和布拉格,公园绿地就分布在城市中的各个角落,随处可见。小到一个个街道旁的休息坐椅,再到几百平米的街头小广场、小绿地,大到一个个城市公园。在这喧嚣的城市里,从不缺乏安静而宜人的休息空间(图 19.9 至图 19.11)。

图 19.9 布拉格的街头小绿地

图 19.10 柏林施普雷河边的休息平台

图 19.11 柏林布里茨公园的休息空间

由于这些遍布城市的公园绿地的存在，这两座城市中的人们似乎没有找不到运动场所的苦恼，因为可以出去走走的地方，就在家门口，步行可达。在绿茵茵的草地上，人们沐浴着阳光，或睡觉、或看书、或聊天、或玩耍；在树林里，人们或跑步、或骑车、或遛狗。在河边，人们晒太阳、戏水。另外随处可见的儿童活动设施，也多分布在公园绿地中(图 19.12 至图 19.17)。

图 19.12　柏林某草坪上奔跑的年轻人

图 19.13　斯普雷河岸边打太极的男孩

图 19.14　布里茨公园里散步的老人(帅莱摄)

图 19.15　布里茨公园里游戏的年轻人

图 19.16　布里茨公园晒太阳的人

图 19.17　提尔加藤公园里的儿童设施

2.1.3　集市商铺

大型的超市为城市中的人们提供了便利的消费场所，但远没有城市中的集市、沿街的商铺所提供给人们的购物乐趣来得那样吸引人。在柏林和布拉格，热闹的集市上手艺人在制作手工品，吆喝声和讨价还价声此起彼伏。窄窄的街道两旁是新颖的商铺，店主精心设计了橱窗和门面，没有雷同。每个橱窗和商店入口都是一件艺术品，在展示店主的生活乐趣。小小的街区，使人们不经意地从一条街到了另一条街。

从某种意义上来说，这些集市商铺已不仅仅起到消费和交易的作用，更多的是交往、休闲、增强社区感等(图 19.18 至图 19.21)。

图 19.18　布拉格旧城广场上的手艺人

2.2　关注自然

城市不仅尊重在城市中生活的人，同时尊重在城市中生活的其他生命。因为在其他条件等同的情况下，最快乐的人还是与自然最亲近、

图 19.19　柏林街头的花店

图 19.20　店铺入口

图 19.21　店铺入口

最和谐的人(John. O. Simonds,1997),柏林人和布拉格人追寻的正是城市与自然和谐相处的快乐生活。柏林有约占市域面积 1/3 的森林、湖泊、河流和公园。布拉格城就坐落于七座山丘上,生活其中的人们静静地依偎在伏尔塔瓦河两畔。这两座城市像是在自然中生长出来的一样,城市中生活的人们与城市中的自然环境和谐的相处、愉快的生活。

图 19.22　柏林斯普雷河中的鸭子

2.2.1　动物

人并不拥有在城市中生活的特权,动物也有生活于此的权力。在柏林和布拉格,笔者看到的就是人与动物共生的画面,人类为自己建造家园的同时也为动物提供了生活的场所。动物和人共享城市中的阳光,城市中随处可见飞翔的鸽子;小松鼠在林间屋后窜动;狐狸也可以成为市民的朋友;藏在树林中的鸟悠闲地为大自然唱着歌,人工搭建的鸟窝显得格外温暖;夏洛腾宫的小麻雀扑啦啦飞到路中间的小水洼里欢快地饮水;伏尔塔瓦河里的天鹅和游船一起前行……城市生活因为这些可爱的动物而变得有更美(图 19.22 至图 19.28)。

图 19.23　布拉格街道上的喝水的鸽子

图 19.24　柏林路边的鸟

(王梓斌摄)

图 19.25　树上的人工鸟窝

图 19.26　波茨坦新园中的鸭子

图 19.27　柏林斯普雷河上的鸭子(王梓斌摄)

图 19.28　布拉格小广场上的鸽子(王梓斌摄)

2.2.2　植物

植物多为本地种或早前的驯化种,大部分植物在场地上直接种植(在柏林移植成年树木的费用很高,政府通过价格调控来保护树木)。在柏林,100 岁以上的树木占到了 20%,每棵树都有编号,不准随意砍伐,即使那是一棵即将死去的树。而对于死去的树,人们留它在森林里慢慢腐烂,并在原有的树桩中间重新植入一棵与原来树种一样的树,让人感觉到对绿色生命的纪念。

人们尊重植物的同时,也使其成为日常生活的一部分。路边,野草野花在砖缝或洼地里悄然生长,高大的树木形成绿茵,一派生机盎然的景象;住区里,居民在房前屋后种上自己喜爱的花草、果树,引得路人忍不住欣赏,全家人在收获的季节开心地分享果实;柏林市中心的 TIERGARTEN 公园是城市中的森林,置身其间让人仿佛远离城市,像植物一样悠闲地享受阳光、空气和水。很难想象 60 年前这里的树木已被几近摧毁,60 年后小树已成大树,战场变为了森林(图 19.29 至图 19.31)。

图 19.29　柏林沿街植物

图 19.30　柏林 TIERGARTEN 公园

图 19.31　掩映在绿色中的柏林城(来自 google earth)

2.2.3　河流

河流在城市中健康地流淌,两岸是茂密的树林。这些树木保护河流健康的同时为人们提供了舒适的休闲空间。柏林的斯普雷河,布拉格的伏尔塔瓦河是人们最喜爱的场所。河流两岸没有太多设计，也没有过多的装饰。河岸的草坪上，小路的坐椅上，台阶上，人们晒着暖暖的太阳；河上架着几十座造型各异的桥，人们在桥上欣赏着河流的美景，与过往的船只友好地搭讪；紧邻河边的幼儿园里小朋友欢快地朝着游轮上的人们招手；河边的咖啡座上，人们开心地谈论着事情，享受着河上吹来的微风……这是一幅连绵不断的与河流共生的城市生活画卷(图 19.32 至图 19.37)。

图 19.32　斯普雷河岸边的休闲平台

图 19.33　斯普雷河岸边聊天的年轻人

图 19.34　斯普雷河岸边观景的家庭

图 19.35　斯普雷河岸边观景的人

图 19.36　斯普雷河岸边晒太阳的人

图 19.37　斯普雷河岸边晒太阳的人

2.3　关注历史

城市是动态发展的，它见证了人们不断追求美好生活的过程。城市历史是人们认知城市，对城市产生认同感的基础。

行走于柏林和布拉格，城市的历史会随时跳到你的眼前，历史感油然而生，它来自那一条条存在已久的街道和街道旁不同时代的建筑，让人想起曾经在这里生活过的一代代人。历史感还来自那些被岁月磨蚀的道路铺装、雨水井盖，来自那些纪念物。

2.3.1　“老物件”

在柏林和布拉格，城市中遗留下来的建筑、道路、街道设施等“老物件”，有使用价值的便继续在城市中继续发挥作用，有纪念价值没有使用价值的会成为城市的纪念品。就像生态系统中没有废物一样，城市中也没有废物，这些历史遗存会沿着自己的生命轨迹继续在城市中发挥作用，和人们现在的生活相互交融，并一起进入到下一个时间里。

在柏林，城市的历史遗存以点状分布在城市中，如百年的国会大厦是德联邦会议所在地、战争中被毁掉的凯撒·威廉教堂成为城市战争的纪念、曾经划分东西柏林的柏林墙被部分的保留下来作为战争的纪念、路边过去给马饮水的装置至今还能使用、不同时代修的交通系统在同时为人们服务，还有各种类型的博物馆来陈列那些历史遗存。而在布拉格，各个时代的城市产物相互交融在一起，随着城市的发展，慢慢地更新。各个时代的建筑排列在一起，像一本写着历史的厚厚的书让人阅读，每一座建筑内都有人生活，这些生活在建筑中的人，使人能知道这座城市的源头在哪里，又是如何延续到今天的（渠岩，2005）（图 19.38 至图 19.42）。

图 19.38　凯撒·威廉教堂

图 19.39　柏林国会大厦

图 19.40　柏林墙

图 19.41　饮马的装置

图 19.42　布拉格不同时代的建筑

2.3.2 “新家什”

建立新的纪念景观，是城市对于历史的另一种表达。对于在城市发展过程中重要的历史事件，除了文字的记载外，用物质实体的形式在城市空间中加以表现，以让城市中生活的人们更容易知道那些历史。

柏林有很多关于二战的纪念景观，它不是历史遗存，是历史事件的纪念。这些纪念景观或朴实的分布于人们日常生活的街道上、庭院里，或是在重要的建筑附近，如国会大厦附近，或是专门建立一个巨大的纪念场所，如记忆之地、犹太人纪念馆等。人们用不同的方式来纪念那些不该忘却的事件。纪念意味着不会忘却，城市通过这些纪念景观的设置教给人们坦诚，教给人们如何正确地对待历史（图 19.43 至图 19.45）。

图 19.43　刺杀希特勒的青年纪念雕塑

图 19.44　记忆之地

图 19.45　国会纵火案纪念雕塑

3　"城市，让生活更美好"

梁思成在《如何才能安居》一文中说到，"市镇计划是民生基本问题之一，其优劣可以影响到一个区域乃至整个市镇居民的健康和社会道德，工作效率"（梁思成，1949）。良好的城市规划与建设可以让我们的城市生活更加美好。

参考书目

[1]　刘易斯·芒福德著．宋俊岭，倪文彦译．城市发展史[M]．北京：中国建筑工业出版社，2005.

[2]　余秋雨．布拉格不后悔[J]．意林，2008(3)：46.

[3]　约翰·西蒙兹著．朱强等译．景观设计学——场地规划与设计手册[M]．北京：中国建筑工业出版社，2009.

[4]　渠岩．精神在别处——布拉格艺术之旅[M]．北京：三联书店出版社，2005.

[5]　梁思成．市镇的体系秩序[J]．大公报，1945(8).

*未特别注明的照片均为作者拍摄

专题20　感受柏林的“双子”性格

Experience Berlin′s twin character

郝清/Hao Qing

摘要:本文从柏林人的性格特征出发,进而对柏林城市中所体现出的精神文化内涵进行分析。

关键字:矛盾;城市;柏林

Abstract: the article is from analyzing Berlin′s character, and then finds the spiritual and cultural content reflected in Berlin.

Key words: Contradiction　City Life　Berlin

1　引言

怎样在短时间内了解一个城市,一个好方法就是让一个当地的朋友带你去观察。因为这些当地人是城市生活中最密切相关的分子,对城市的品质了如指掌,并将他们每天的生活与城市串联起来,随着时间的推移,每一个城市便拥有了它独特的性格,或许存在“千城一面”的说法,但那只是一种表象,认真去观察,你会发现人们已将自己的精神想象、性格特征潜移默化地融入城市的建筑、景观之中。

柏林便是这样一个值得细细体味的城市,深秋季节,在柏林漫步时,会觉得时间过得很慢,你静静地回味着它的历史,想象着几十年的岁月变迁给它留下的一点一滴的变化。而当你渐渐融入柏林人的生活时,你会发现这是一个有内涵值得去思考的群体,他们严谨而不乏激情,强调自由与独立思考,对秩序和规则又有着高度的尊崇,他们敢于对权威的意识坚持实践,同时也不逃避曾经犯下的罪行,用一种平静如水的心态来面对世界的评判,没有任何语言上的反辩,而是用一些看似无意其实最贴近人们生活的方式去纪念那些逝去的故事,使得你在城市中行走时会发现平凡与伟大如影随同,过去与未来相织交融,这个城市处处潜伏着一种模棱两可的矛盾,有点像是一个具有“双子”性格的城市。

德国作家托马斯曼这样评论到:“德国……是不可捉摸的民族”(邢来顺,2006)。为此,笔者想通过自己对柏林的观察来谈一谈这个民族精神文化因素对城市的影响,并将感受到的德国精神文化概括为以下四个双面性:“衷于原则又勤于反思的精神传统”、“为人严谨却不乏激情的生活态度”、“尊重历史但勇于创新的处事风格”“尊重个体仍追求团结的民族气质”。

2 衷于原则又勤于反思的精神传统

对于德国人发动两次世界大战的事件，笔者查阅大量文献，试图寻找其中与民族相关的原因，恰巧发现两个很巧妙的比喻。汪伟民在《风云德国人》中讲到：日耳曼人的民族性格很难用一两个形容词概括，它像工场内的铁砧：闲置时其貌不扬，却有一种不怒而威的摄人气魄；投入工作时有板有眼，而使用者操作稍有不当，鲜红的铁砧顿时便会蜕变成绞杀人类的流血的砧板，发动两次世界大战就是它最鲜明的表现(汪伟明，2001)。而德裔美国人艾米尔·路德维希在《德国人》中分析到：这个国家的历史就像一辆双层公共汽车，文化生活和政治生活都有着各自的发展道路，上层乘客饱览风景，下层司机独立专行，所以德国出现高度发达精神文明的同时又有铁血独裁的统治(陈德洋，2008)。

从上述观点可以看出德国人的文化和政治生活存在着脱节，人人都为自己所钟爱的事业奋斗，却在其他方面对权威存在高度的崇拜，甘心情愿地听其驱使，这种毫不怀疑忠于权威的态度才有可能将世界拖入战乱之中。

二战已经过去了50多年，对于二战时犯下的罪过，德国人没有选择逃避，而是勇敢地选择反思和忏悔。在柏林，经常可以在广场上、公园里、办公楼的中庭甚至公园的木制围墙边发现一些纪念性的雕塑。在此以柏林国会大厦前广场、爱乐团音乐厅前广场和波茨坦广场上的雕塑以及犹太人纪念碑为例。国会大厦前的雕塑是为了纪念国会纵火案中牺牲的国会议员而设立的，由几十片形状大小不一的平行石板片组成，每个石板的侧面都刻上了牺牲者的姓名。爱乐团音乐厅前的广场上有一个与地面平齐的石碑，上面刻录了一些文字，纪念被希特勒所杀害20多万残疾人。波茨坦广场上保留了很窄的一段柏林墙，上面留有冷战时期人们绘制的涂鸦以及铁丝网的痕迹，另外几段并列的墙体上通过玻璃橱窗介绍柏林墙的历史，剩余部分的柏林墙都已拆除，但是通过地面上的一条细线标示出柏林墙曾经的具体位置。犹太人纪念碑是由一群高差不等的混凝土石柱构成，人们在石柱林里穿行时，会明显地感觉到阳光的变化，从低如膝盖的石柱走向高耸的石柱林中，会觉得时间在渐渐变慢。

这四组雕塑运用的元素都异常得简洁，但是你却能体会出这是纪念性的场地，每一个元素都在向你传达着一些深刻的含义。它们记录着过去一段让人们痛心的历史，然而它们不是通过复杂、极具口号性或狰狞的外表来表达内心的不满，而是普通地可以与你每天的生活随影而行，让你随时都能静下心以一种平和的心态来细细地回忆过去。所以，柏林像是一位历尽了坎坷岁月但是面容极其温和的母亲，她接受了生活对于它的每一次敲打，没有怨恨，没有肤浅，有的是一种平静的祥和。德国人选择用这些方式来纪念过去，必然是经过深思熟虑的结果，他们深刻地明白融入日常生活的纪念才是最长久的纪念，不需要张扬，你就可以时时刻刻体会到他们的存在，警惕着过去的错误(图 20.1 至图 20.5)。

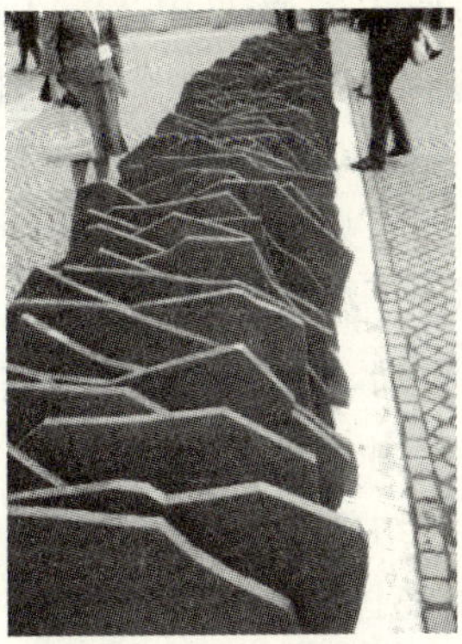

图 20.1　纪念国会纵火案雕塑

图 20.2　纪念二战前被杀害的残疾人石碑

图20.3　被保留的柏林墙片段

图 20.4　柏林墙所在位置的标示

图 20.5　犹太人纪念碑

3　为人严谨却不乏激情的生活态度

德国人以严谨著称，他们讲究秩序，遵从法则，以他们的智慧坚持不懈地将万物规则化、范畴化。德国古典哲学家费希特在“致德意志民族”演讲中提到“我们必须严肃认真地对待一切事物，切切不可容忍半点轻率和漫不经心的态度”(陈德洋,2008)。

在柏林生活的过程中,的确可以切切实实地体会到德国人严谨的生活态度,不论是公共交通的指示系统还是市政设施的标志系统,都有着详细的说明,让人们在生活中得到很多便利。例如,在德国的公共交通中,公共汽车、电车以及火车都有着严格的时刻表,居民只需对照时刻表按时到达车站,既省时又方便。另外,在德国的街道上经常可以看到路边有一个标志图告诉地面下每一种管道的埋藏深度和管径大小,这些为市政设施的维护提供了极大的方便。在德国参观的最后两天,大家都是独自行动,借助各种标志,即使不懂德语,仍然可以十分便捷地在市区内穿行,可以说德国社会的高效率和高水平与德国的高度规范化是分不开的(图 20.6、图 20.7)。

图 20.6 地铁时刻表

图 20.7 管道标示图

然而,柏林人并不是呆板、没有情趣的人。悠久的文化传统,使精神生活成为德国人日常生活的重要组成部分。德国人酷爱戏剧、音乐、艺术,乐于民间的各类节庆活动和体育活动,在世界上没有任何一个国家的演出场地和剧团的密度可以与德国相比。德国 16 个州和各个社会团体支撑着 150 座公立剧团和大约 280 座私人剧院。世界 10 大歌剧院中,有 8 个在欧洲国家,其中德国就有 6 家。德国约占 1/3 的居民,每年要观看戏剧歌舞演出,聆听音乐会,全国平均每两个中小学生中,有 1 人学习 1 种乐器。德国有 6 000 多所博物馆,遍布全国各地,50 多个城市的博物馆夜间开放。同时,德国人酷爱各类活动,如溜滑冰、赛车、手球、排球、篮球、体操、自行车、游泳等,在德国 50 多万个社团组织中,逾 1/3 是体育协会(汪伟明,2001)。

由于拥有众多宽广的街道与广场,柏林很适合举办各类大型示威游行活动,比较著名的有“文化嘉年华”、“克里斯多夫街道日”与“爱的天堂”(沈祉杏,2005)。其中后两种都是为同性恋诉求人权的活动。回顾二战期间发生在集中营中对残疾人、同性恋等弱势群体的屠杀活动,可以想见经过几十年的岁月变迁这个民族所经历的思想斗争,他们懂得包容与平等的来之不易,更会以前所未有的激情去追求更加开放与多元化的生活。

在德国笔者有幸观看了柏林轮滑马拉松比赛。马拉松的线路以胜利柱为起点,以勃兰登波门为终点,中间贯穿了众多著名的广场。街道上呐喊声、奏乐声、喝彩声连成一片,美食飘香,人群沸腾。终点附近的国会大厦映照在夕阳的余晖下散发出金色的光芒,大厦前的草坪上坐满了休息的参赛者。这些参赛者有社团组队的,有亲人、情侣组队的,还有银发飘洒的单身老人,那一刻让人感动,为他们的激情澎湃、浪漫温馨(图 20.8 至图 20.13)。

图 20.8　勃兰登堡门附近观看比赛的群众

图 20.9　轮滑的选手

图 20.10　观赛的人群

图 20.11　观赛呐喊的人群

图 20.12　庆祝比赛的人群

图 20.13　国会大厦前休息的比赛选手

4　尊重历史但勇于创新的处事风格

在柏林的市中心参观时，会看到不同历史时期的代表性建筑，他们相邻而建，以极其平静的方式展示古典主义向现代主义的过渡，如果没有看过它们的相关介绍，没有仔细去观察建筑细部透露出的历史痕迹，你很难去推测他们的年代和所承载的历史价值，在柏林这样一个活的建筑博物馆里参观，需要用心补足建筑知识，并去思考它们衔接得巧妙。

通过观察，笔者发现柏林人对历史建筑的改造特别注重对以下四个方面的处理：第一，建筑功能的转变，以无忧宫为例；第二，景观元素的应用，以萨克森豪集中营为例；第三，建筑材料的再利用，以魔鬼山为例；第四，建筑原有空间的隐喻，以 Geschichts 公园为例。

无忧宫作为巴洛克园林的代表，具有重要的历史价值，但是针对这座古典园林的更新与保护问题，德国人赋予了它全新的内涵。首先这个公园是不设门票的，公民可自由进入，在入口处设有自动投币装置，人们可选择性地留下管理费用，这样做是因为柏林人认为这座公园已不再是供统治阶级单独享受的皇家园林，而是市民共有的财产。其次无忧宫使用功能进行了一个有意义的转变，德国人没有简单地将这座古典园林作为历史博物馆陈列起来，而是在这成立了波茨坦大学，短时间内聚集起德国高校中最优秀的师资力量，让它成为德国最年轻和最著名的大学，而无忧宫中的建筑自然而然地演变为大学的行政、教学和餐饮建筑。无忧宫功能的转变让它再一次散发出青春的活力，并在这群高素质人才保护下生机勃勃。相比之下，中国人很早就懂得旧建筑只有被人使用才不至于衰老得迅速，但在历史建筑的保护问题上仍然故步自封，如颐和园、故宫的利用等（图 20.14、图 20.15）。

图 20.14　自动投币装置

图 20.15　波茨坦宫

萨克森豪集中营里只遗留下少许用于展览的建筑告诉人们集中营的历史，其他区域都是开放性空间，如何在这些公共场所中将战争时代的压抑感和沉重感延续，一个重要方面是对景观元素的应用。这里采用的是没有生命的材料——石头，而回避使用树木这些代表新生的元素，只为了告诉人们：这里的过去是悲惨的，应该承认和悼念这段历史，而不必强加对未来的希望，希望可以在这以外的区域寻求。走在集中营中，望着石质的铺地、围墙、雕塑、悼念台，不禁产生一种无尽的悲伤，不需要太多解释的文字，身在此地，不论我们是否来自异乡，都能体会战争的残忍，并生起一种对生命的敬重（图 20.16 至图 20.19）。

图 20.16　萨克森豪集中营入口

图 20.17　奥斯威辛集中营模型

魔鬼山是二战后，柏林的妇女将城市中被废弃的建筑材料运到郊区堆砌而成，在整个柏林城共有 16 座，堆砌的山体不高，坡度约为 20°，大约只需要 10 分钟的爬行时间，通过十几年的土壤优化和植被改良，魔鬼山逐渐从一个钢筋混凝土废弃地变成了一座可以俯瞰整个柏林城的休闲绿地，参观这样一座融纪念性和生态性为一体的景观作品时会发现，其建造形式、堆砌措施、垃圾再生措施、排水渠道的设计无不透露出德国人的深思熟虑、勇于创新（图 20.20、图 20.21）。

Geschichts 公园位于中央火车站附近，这里曾经是一个大型监狱，在二战中被炸毁，建筑原有布局是由四座呈放射状的条状楼房构成，楼房之间是放风的区域，在建筑端头设立看守的监视亭。如今，这些建筑已被完全拆除，只剩下平面的轮廓线。如何隐喻这里曾有过的建筑，设计师很巧妙地利用平面轮廓线进行地形高差变化的处理，将其设计为一片很纯净很简洁的草地，当人们在起伏变化的草坪上休息时，不得不为这个独特的空间而喝彩（图 20.22、图 20.23）。

图 20.18　奥斯威辛集中营中纪念碑

图 20.19　奥斯威辛集中营中悼念台

图 20.20　魔鬼山的山顶

图 20.21　从魔鬼山俯视柏林

图 20.22　Geschichts 公园入口介绍

图 20.23　Geschichts 公园的一角

5　尊重个体仍追求团结的民族气质

深入体会德国的景观，会发现德国是一个很谦卑的民族，他们把自己视为世界中等同于树木、花草、昆虫的小小分子，所以更能用一种平等的视角去关注自然，尽力不去改变自然留下的痕迹，注重自然过程的延续，很多细节体现出对自然的尊重。在这里以三个细微处的景观为例(图 20.24 至图 20.27)。

图 20.24　四星级宾馆前的梧桐树

图 20.25　树木与台阶的和谐共存

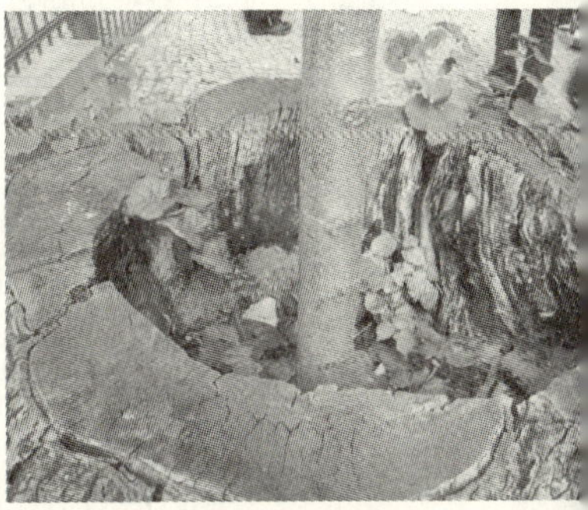

图 20.26　枯树里又植新苗

图 20.27　保留原状的枯树

第一处景观在一栋四星级宾馆门前，这里有一棵十分健壮的法国梧桐，在建宾馆之初，设计方就被要求必须以保留古树为前提来进行建设。

第二处景观是在去往中央火车站的道路上发现的，途经一段阶梯，阶梯参差不齐，高低不一，有很多树木从阶梯中长出来。柏林人没有将树砍掉，而是在被树木侵占的阶梯旁新建了一组阶梯供行人使用，原来老的阶梯继续与树林和谐共存。

第三处景观在柏林随处可见：公园里或道路边树林里会有很多枯树，针对这些枯树，少许的树筒里被栽上了新苗，但更多的是保持原状。因为这些枯树虽然不再具有生命力，但它们仍可作为很多昆虫的栖息地，有利于维护生态系统的完整。

图 20.28　斯普雷河旁的私人小花园一

德国人这种尊重个体的性格也体现在他们格外注重个人空间的独立与完整。笔者在斯普雷河边参观时，很惊奇地发现柏林市政府巧妙地利用了人们对于个人空间渴求的心态，将河流的沿岸绿地开发出来，以低廉的价格租给市民，作为他们的小花园。漫步于这样一个个小型的花园外，看着院子里的植物搭配和选用的雕塑，让人忍不住揣测主人们的性格，柏林政府的这种举措获得了双赢效果，一方面政府不用多花一分钱就可以让沿河绿带丰富多彩，另一方面市民也获得了属于自己的一份展示才华和接触自然的天地（图 20.28 至图 20.31）。

图 20.29　斯普雷河旁的私人小花园二

图 20.30　斯普雷河旁的私人小花园三

图 20.31　斯普雷河旁的私人小花园四

然而，自由主义并没有让德国人沉浸在自我的天地中过着不问世事的生活，他们仍然坚持着团结奋进的集体主义精神，可以想见当德国在 1945 年无条件投降时，是完全被打败了，城市和产业被摧毁，国家被划分为一块块占领区，在世界上失去立足之地。但是，它像不死鸟一样浴火重生，再次迅速崛起，成为当今世界上有巨大影响力的大国，首都再次回到柏林，这一切的成就无不是人们共同努力的结果。

6 结语

以上四个方面都可以反映出德国人性格中的双面性，表面上看，一切都是矛盾的，然而这种矛盾却展示了一个多元世界，每一个细节都透着理性的光辉。

离开柏林后的日子里，常常会去回忆发生在那的点点滴滴，很庆幸自己有这样一个机会去了解和接触它。柏林是一个很独特的城市，它能让人静下来，不论是与大家共同参观，还是独自一人在街头漫步，都不会产生浮躁感，反而平添几分冷静，让人不自觉地享受起这份静谧。

参考书目

[1] 邢来顺．德国文化解读——人类文化苍穹下的双子星座[M]．济南：济南出版社，2006．

[2] 汪伟民．风云德国人[M]．重庆：四川人民出版社，2001．

[3] 陈德洋．德意志人[M]．北京：东方出版社，2008．

[4] 沈祉杏．穿墙故事——再造柏林城市[M]．北京：清华大学出版社，2005．

*未特别注明的照片或图片均为作者拍摄或绘制。

专题 21　德国柏林城市景观的“和谐”之美

Diverse unity of the city streetscape in Berlin of German

徐飞/Xu Fei

摘要：德国柏林曾遭受战火的破坏也在废墟中获得重生，历史的因素造就了街景的千姿百态和新旧杂糅。本该混杂和冲突的景观却呈现多样的统一，诠释了和谐的美。本文在介绍德国柏林街景现状和形成原因的基础上，重点剖析营造统一“美”的多样手法并挖掘其根基，望对景观设计的表达有所启示。

关键词：柏林；街景；多样统一；景观表达

Abstract: Berlin, the captain of Germany, had been subjected to the destruction of war and revived from the ruins. Strange streetscape and hybrid styles are caused by the historical factors. While the mixture and conflict present diverse unity in streetscape, unity interprets the harmonious beauty. This paper describes the status and the formation of streetscape in Berlin, then focus to analyze the diverse ways and the various techniques which creating a unified “beauty”. The root reasons of diverse unity of the city streetscape are summarized at last.

Key words: Berlin　Streetscape　Diverse Unity　Landscape Expression

1　引言

柏林的城市景观和建筑兼有时代跨度大、新旧共存且风格杂糅等特征，如此这般该是一篇杂乱不堪的景象。然而事实恰恰相反，德国人把这种共存和杂糅处理的让世人愉悦和舒适，不仅没有丢失历史的精髓，也没有表现出杂糅的肤浅，用多样的手法诠释了和谐统一的“美”。

德国美好景观的营造值得玩味和思考，如果将其比拟为一顿饕餮大餐，笔者列出这道大餐的材料：装盘装饰材料有天空、灯光、森林；配料有空间、树、建筑、铺装和道路；点缀材料有色彩、雕塑、涂鸦；主料当然是矗立城市之中的各式建筑和景观了。本文在介绍德国柏林景观现状和形成原因的基础上重点剖析营造“和谐之美”的多样手法并挖掘其根基。

2 德国柏林景观的矛盾与杂糅

2.1 废墟中的古建和景观

二战的炮火几乎将柏林摧毁成了一堆废墟，在战后重建中，德国抱以对历史尊重的态度，最大化地保留了当时残余的历史建筑。在德国，“文物保护”的内容相当广泛，柏林市1995年通过的《文物保护法》指明，保护的对象不仅有建筑物，还有与建筑物相连的街道、广场、园林、花园、水面、墓地、重要林荫大道等地面建筑设施；而且地下和水下的设施，如地基、水井等也在被保护之列。柏林保留的旧建筑和景观来自各时期，随处可见五六百年间的各种景观，罗马式、哥特式(1230—1550年德国流行)、文艺复兴式(大约公元1510—1630年德国流行)、巴洛克式（大约1600—1730年在德国流行)、洛可可、古典主义式(大约1770—1850年在德国流行)，苏联风、英伦风、荷兰风随时都可能遭遇，在这个城市，历史的血脉贯通，无时无刻不在诉说着昨日的故事。

2.2 开拓的新建筑和景观

保留的同时，二战后德国重建的规模更惊人，柏林需要重新平地拔起，这时是新建筑崭露头角的好机会。虽然遗留的旧建筑都列入保护的名单，但并不妨碍新建筑在柏林开辟自己的一篇领土。大师们的作品层出不穷，现代建筑遍地开花，伦佐·皮亚诺的“人文城市”与波茨坦广场总体规划；理查德·罗杰斯、诺曼·福斯特的高技术生态设计与奔驰中心、国会大厦；混合粗野主义、表现主义与高技术融于一体的弗兰克·盖里的DG银行、美国中心；丹尼尔·里伯斯金与充满哲理及感性色彩的犹太人纪念馆等等。

一个典型的例子：1990年柏林市政府邀请了国际顶级的建筑师和事务所参与波兹坦广场重建的设计竞赛，使得这片土地成为设计大师们展现后现代社会城市风貌的舞台。商业中心的建筑主要分为三大部分：奔驰公司投资建设的戴姆勒—奔驰公司建筑群(简称奔驰中心)；索尼公司旗下的索尼中心；ABB公司名下的A＋T综合建筑群。这三部分在功能和设计上均各具特色，而在奔驰中心和A＋T综合建筑群之间illa Durieux Park更是为整个广场增添光彩。

2.3 风格混杂的建筑和景观

重建时期不仅有各位大师的挥毫之作，也有时代所求的缓兵之作。而现在看来，大师的作品于20世纪60、70年代为了适应当时时代所需的很多建筑和景观都被保留了下来同时代一起发展，之后很多著名建筑和景观更是综合了多种风格例如卡尔·马克思大道，虽然借鉴了柏林建筑大师辛克尔的新古典主义建筑风格中的一些元素，但更多的是前苏联风格——方方正正的火柴盒式建筑。不仅如此，大街小巷矗立了各种风格的建筑，风格杂糅的程度更胜，无论是单体还是组合，都是相当的纷繁和杂乱。高度的自由和多元文化冲击用建筑景观的形式一笔一笔地写在了这个重建老城的各个角落。无论是罗马式、哥特式、巴洛克，苏联风、英伦风、荷兰风都遭受了变形和组装，让人咀嚼不同的滋味（图 21.1）。

图 21.1　柏林街道风格混杂的新旧建筑

3　德国柏林城市景观的和谐之道

3.1　天空、绿地、灯光、结构与规则的融合

3.1.1　天空

柏林的天美得让人眩晕，蓝，透彻的蓝；白，飘逸的白；金的阳光如缕，撒在一片绿波上。天如穹，似华盖，高贵而华丽，稳稳当当地覆在整个城市之上。试图解释柏林天的美，首先源于柏林大平原的地貌特点，天很低很低，可以做每个景观的大背景，其次是柏林的空气很清新。有这么美丽的蓝天做大背景，所有的建筑和景观都是天空母亲的孩儿，虽然调皮，在母亲的臂弯下却永远呈现的是一幅其乐融融的景象（图 21.2）。

3.1.2　绿地

柏林是德国最大的城市，又是首都，还是德国名副其实的绿色之都。柏林城市总面积的 42％是绿色空间和水面，绿地面积占城市总面积的百分比居于德国各大城市首位。森林面积达 16 000 hm^2，占全市总面积的 18％，其中 97％的森林和林地属市政所有，勃兰登堡附近的大片林地亦属柏林所有，两者合计面积高达 29 hm^2（图 21.3、图 21.4）。

图 21.2　柏林天空映衬下的城市景观

图 21.3　柏林市内有大片绿地

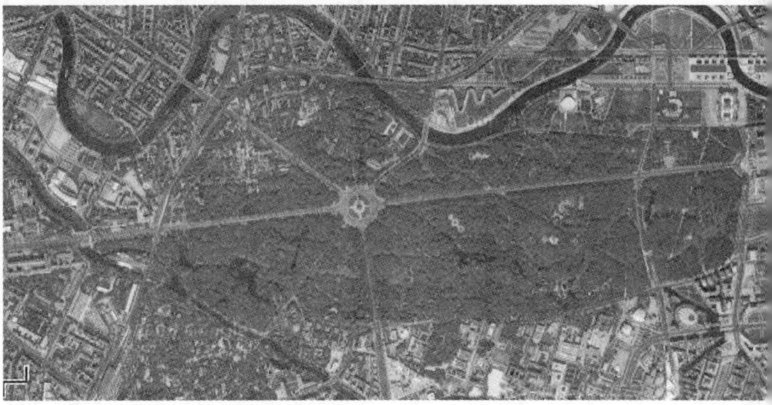

图 21.4　柏林市中心绿肺的一部分

柏林不仅绿地面积总量大，而且分布均匀合理。由森林形成的绿色景观带伸入城市内，成为柏林城市的主轴，它承载着柏林市居民的休闲和消遣活动，发挥重要的生态补偿功能。这条主轴也是绿色空间系统自 1945 年二战结束后一直被极好地保存着作为市内的绿色“肺叶”。柏林城内大约 80 000 个花园、公园形成了市内的游憩地。所以柏林给人一种错觉，像是置身于森林的古堡。城市嵌在一片绿的海洋里，一片和谐与融洽（图 21.5）。

图 21.5　嵌入绿海中的城市建筑

在著名波兹坦会议原址的后面有一个遗产公园——New Garden 新花园，这里齐集的建筑与景观有：Marble Palace（1787—1791），Schloss ecilienhof（1913—1917），Belvedere on the Pfingsberg（1847—1863），Orangery（1791—1792），Temple of Pomona（1800—1801），Gothic Library（1792—1794），Pyramid（1791—1792），Palace Kitchen（1788—1790）。这些年代相差甚远的遗址都被绿树圈在了同一个森林里。仔细去看，相差百年风格各异，甚至有些毫无美感的建筑和景观却被很好地融合在公园里，绿色变成了主角，洗涤掉了劣迹，给了人们充分思考和接受的空间，于是各异的景观变成了点缀，却是起到了让人欣喜的作用（图 21.6）。

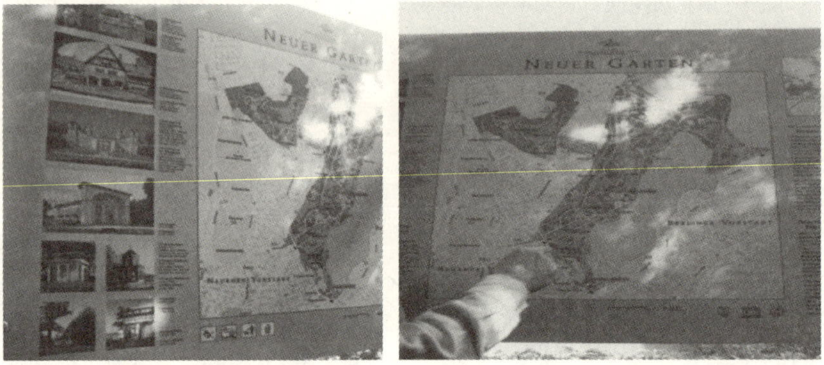

图 21.6　New Garden 平面图和各景点节点图

3.1.3　灯光

夜景中灯光下的柏林没有了严肃与刚硬的形象，更添了一份妩媚。连波兹坦广场附近钢铁、方正、个性张扬的现代建筑也融合在一片光怪陆离的景象中（图 21.7）。

图 21.7　柏林灯光下的美丽夜景

3.1.4 结构与规则

大轴线将柏林穿成一个整体，也联通了历史与现代。在重建过程中，"批判式"的重建思想深入人心，德国在城市设计和建筑设计上制定了很多细致的规定，比如对街道尺度的控制、建筑高度的取同等。很多设计采用传统街坊结构，并严格遵守统一的建筑高度和街道宽度。所以虽然建筑风格各异，但在结构和立面的控制下也显出了严谨的统一(图 21.8)。

图 21.8 柏林市中央大轴线

波茨坦新广场结构与第二次世界大战前的相似，保留柏林传统的街坊结构"封闭建筑块体"，拥有棋盘式清楚的街道脉络。其中 A+T 综合建筑群最为忠实地遵循了波茨坦广场的总体方案，该区块中面向波茨坦广场的建筑有进入广场地铁站的独立入口，与之毗邻的 4 个小街坊，均为 8 层建筑且都有向附近开放空间敞开的院落。4 幢 U 字形建筑规划性质为办公，地面层为商店，并且要容纳 225 套公寓房，充分体现了对德国建筑传统的尊重(图 21.9)。

图 21.9 A+T 综合建筑群卫星实拍图

3.2 形制、色彩与材质、交互与衍生的呼应

3.2.1 形式之月亮门、格子装与威廉教堂

总理府方形线条是城市主线条，如图 21.10，圆形玻璃开窗与远处的电视塔遥相呼应，其玻璃材质完美配合了门前的斯普雷河。如图 21.11，桥头堡古迹与铁桥的共同点在于规则间隔的竖向柱子，谱写了古代与现代的对话。遥望柏林城市，如图 21.12，可见很多建筑都穿上了"格子装"，现代建筑的格子装是城市的标准制服。

图 21.10 德国总理府

图 21.11　新旧结合桥头

图 21.12　街景普遍格子装束的建筑

威廉教堂是战火中残留的教堂，上下两部分结构被提取和分解，分离到了两侧的现代建筑上。材质强烈冲突中却完成了体量和结构的统一，同时也完整了教堂的功能，还有加强了保护的作用(图 21.13)。

图 21.13　被战争部分摧毁的威廉教堂新貌

3.2.2　色彩与材质

1968 年设计建成的由密斯设计的这座以钢铁和玻璃构成之现代化美术馆对面便是一座古教堂，不管是构型还是材质二者的冲突都非常大，但是正如图 21.14 指示牌所示，在明暗关系的统一下，二者相辅相成，对比中产生统一。

很多建筑在结构和形式上形成冲突，却在色彩和材质上保持了一致，柔化了对比，形成让人舒适的景观(图 21.15)。

图 21.14　新国家美术馆附近街景

图 21.15　斯普雷河两岸景观

3.2.3　交互与衍生

交互的手法，如在古墙壁外框上玻璃外框，有效结合古今，更是完美保护。新建筑外套上罗马柱，丰富了建筑风格，也添加了走廊，一举两得(图 21.16、图 21.17)。

图 21.16　美国大使馆

图 21.17　波兹坦广场

图 21.18　德国国会大厦全景

国会大厦更是将交互与衍生的手法发挥到极致。二次大战中,国会大厦遭到严重毁坏。1961 年至 1971 年间,大厦按保罗·鲍姆加藤的设计方案重建。重建的国会大厦对建筑进行了简化,省去了 1945 年被炸掉的大厦圆顶部分。1994 年至 1999 年,诺曼·弗斯特爵士以大厦最初的规模为蓝本设计,对国会大厦进行了重新修建,建成为一座现代化的议会办公大楼,新建的穹形圆顶供人游览。1994 年修复工程开始之前,国会大厦曾成为全欧洲最引人注目的艺术品。完工的国会大厦更是成为必去的经典,在内部走过旋转的玻璃穹顶,可以俯瞰柏林城市全景(图 21.18、图 21.19)。

图 21.19　德国国会大厦现代玻璃屋顶

以下是几个衍生的例子,新建筑与旧建筑息息相关,甚至可以说是附生母体的关系。衍生最著名的例子是历史博物馆(图 21.20 至图 21.22)。

图 21.20　斯普雷河两岸建筑

图 21.21　勃兰登堡门附近建筑

图 21.22　博物馆岛建筑

历史博物馆是著名大师贝聿铭的作品。这个用钢和玻璃构成的新建筑最鲜明的特点体现在它那玻璃结构的盘旋楼梯塔座,这个盘旋楼梯直升 3 层楼面。通过背面巨大的玻璃面,可以看到对面巴洛克式的古兵器库。内部空间仍是大家所熟知的贝氏风格:在一实一虚之间,可以看出贝聿铭欲以玻璃体将这座暗藏深巷的重要建筑彰显于外,让人们在大街上就可感受其建筑魅力(图 21.23)。

图 21.23　德国历史博物馆

3.3　空间、植物、铺装、道路、建筑本身的过渡

3.3.1　空间

以战争纪念馆为例，这座新古典主义的建筑本是柏林近代建筑师申克尔于 1816 年为皇家卫戍部队所设计的卫兵室。建筑师特塞诺 1931 年将之改成纪念第一次世界大战牺牲者的纪念堂：正方形的室内平面，以一圆形屋顶采光，屋顶圆洞的正下方安排了黑色花岗岩正方形铺面。这之后又历经多次改建和更名，最终在 1993 年，由前总理科尔确定将其作为纪念一切死于战争的无辜人们的纪念堂，复原了特塞诺当初的室内设计并新增了一座女雕塑家柯勒惠支的《母亲与死去的儿子》雕像（沈祉杏，2005）（图 21.24）。

虽然身处喧哗的街道，但通过对建筑两侧和背面的环境设计完成纪念与现实的过渡、古典与现代的融合。树林阴密，在明暗对比中隐去了高亮的建筑，规则式树阵和网格式铺装创造了城市绿色空间。这个空间完成了纪念与现实的过渡，古典与现代的融合（图 21.25）。

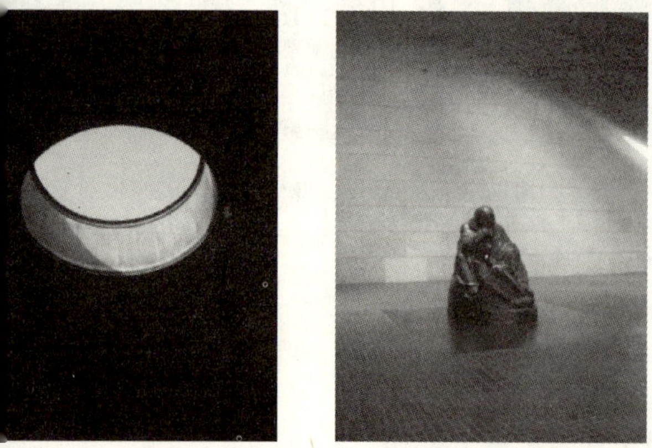

图 21.24　战争纪念馆内部

图 21.25　战争纪念馆外部（陈思思摄）

3.3.2 植物、铺装、道路与建筑本身

植物独立于冲突二者之间，形成过渡单体，避免了不和谐（图 21.26）。

图 21.26　德国柏林街景

从风景式园林景观过渡到钢结构室内空间，设计者用铺装进行了过渡，细碎的石块路面在曲线中转变为方正片砖路面，有效柔和了冲突，完成过渡。图 21.45 是大草坪活动空间的现代过渡，若有若无的长条石板铺装也起到了很好的过渡效果。

道路往往引导视线，设计过的道路将人的视线调低，避开了道路两侧建筑的冲突（图 21.27）。

图 21.27　德国柏林街景

人们通常会在风格大相径庭的建筑间选择较新的建筑从其中分出一部分空间处理成过渡立面来缓和冲突，补充建筑或者在新旧建筑任何一体进行改造都能完成景观过渡（图 21.28）。

图 21.28　德国柏林街景

3.4　植物、雕塑、涂鸦的弱化

3.4.1　植物

植物在建筑间隙中出现，弱化了刚硬的建筑线条。

需要说明的是，当植物起过渡作用时，植物往往作为单体出现在冲突二者之间，而发挥弱化作用时，植物往往和产生冲突的单体产生附生或衍生的关系，柔和其冲突的特征，抑或是像雕塑那样起弱化背景的作用(图 21.29)。

图 21.29　德国柏林街景

3.4.2　雕塑、涂鸦

雕塑的作用有两点：吸引眼球，弱化背景中建筑产生的冲突；从背景单体中提取各自冲突的元素结合构型，让人首先接受冲突的方面从而弱化了背景冲突，产生和谐的感觉。涂鸦的作用大体与雕塑相似，不过它通常产生在冲突本体上，简单随意(图 21.30)。

图 21.30　德国柏林街景

3.5　综合运用

国家美术馆的对面矗立着一新一旧两组建筑，远看去时植物起融合作用，近观时植物起到过渡和弱化作用(图 21.31)。

图 21.31　国家图书馆对面街景

图 21.32 是 20 世纪 70 年代留下的蛇形住宅区，位于柏林市中心，斯普雷河北侧，占地近 6 公顷，以蛇形平面布置，故称蛇形住宅。两大部分建筑实体在结构上共同嵌套在三角形里，色彩上也以亮丽的红色呼应，期间整齐的树阵更是弱化了直与曲以及体量的强烈对比，形成的过渡空间，舒缓人接受信息的劳累(图 21.33)。

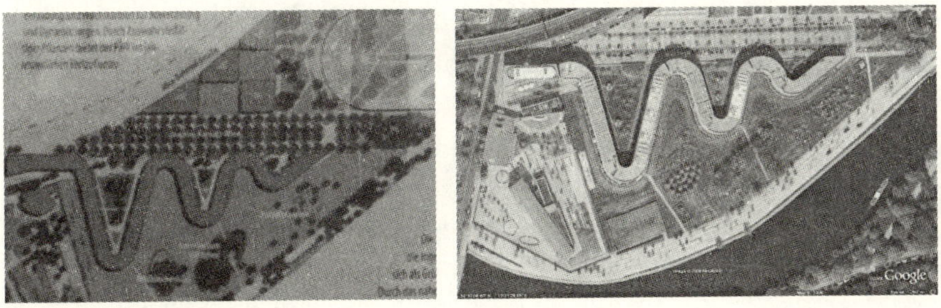

图 21.32　蛇形住宅区

图 21.33　过渡空间(杜宏惠摄)

4 德国柏林城市景观多样统一的根基

4.1 对历史的尊重与传承

德国人对于历史的尊重与传承深入在他们对待城市复建的点点滴滴。无论是历史建筑的保护还是纪念场所的营建都诉说着这个民族从历史和战争的炮火中走来的故事。城市中心的轴线、传统街道的布局、新古典主义的风格从各时段说明社会对历史的传承。

4.2 高技术的支持

中央火车站的拼合建造法,只有德国人才有这样的意识和能力完成。在当今高科技年代,要想保留过去,不影响今天,科技的作用会产生意想不到的效果。也只有高技术才能保证古建筑完整地保留,并被赋予新功能而不至被时代淘汰。

4.3 心理认知共鸣

人接收外界信息的速度也是较慢的,据 Gregory 推算,人的视觉系统接收外界信息的极限大约是每秒 12 比特。过渡是必须的,要想人接收到大量的信息,就必须给人思考和接受的空间。当我们累时可以仰望天空,可以拥抱绿树和草地,可以迷失在灯光里。

格式塔心理学认为,整体多于部分之和,整体决定着其部分的知觉,所以天空、森林和灯光种种都在一定程度上定下了大的步调,所以当我们身居柏林,通过建筑和景观传达的信息,无论是住宅、街道、场馆,还是艺术作品、色彩,都在多样统一的根基上绚烂而立,让我们由衷地感受到和谐之美。

参考书目

[1] Klaus - peter klo 著,胡晓丹译. 历史城市中心区的城市更新与城市建设的文物保护—1990 年德国统一后的勃兰登堡市. 第七次中德建筑研讨会论文选,2004.

[2] 朱龙斌. 德国的城市建筑与规划设计思想的演变. 华中建筑,2002:71 - 74.

[3] 沈祉杏. 穿墙故事:再造柏林城市. 北京:清华大学出版社,2002.

*未特别注明的照片或图片均为作者拍摄或绘制。

专题 22　柏林，承载记忆的城市
——从尊重自然和历史的价值观看柏林历史遗迹保护

Berlin: the City with Memory
——The Preservation of the Historical Relics in Berlin through analyzing the Values of the Respect on Nature and History

王新/Wang Xin

摘要：如何面对历史遗迹是城市在快速发展过程中一定会遇到的问题。德国二战后重建速度惊人，其面对历史并没有全盘推陈出新，而是采用了继承和发展的态度。本文从尊重自然和尊重历史的价值观来分析柏林历史文物保护的根源，通过举例阐述了柏林在城市建设过程中对待历史文物充分尊重的态度，以期能为目前正快速建设中的中国提供些许借鉴。

关键词：自然观；历史观；历史遗迹；保护

Abstract: It is a problem for a rapidly developing city that how to deal with historical relics. After the Second World War, the reconstruction speed of Germany is astonishing. Germany didn't negate history, and it held on the attitude of inheritance and development. Based on the respect of natural perspective and historical perspective the article analyzed the origin for the preservation of historical relics in Berlin, and stated several cases in Berlin that reflect the attitude of fully respect on the historical relics, and it maybe provide several useful advices for rapidly developing China.

Key words: Natural perspective　Historical perspective　Historical relics　preservation

1　引言

“德国的大街上到处都是历史，古老的建筑就是凝固的历史。”小时候时常听到这样的说法，此次柏林一行，印证了儿时的道听途说。

二战后，面对战争后的废墟，德国面临着重建规划的问题。其重建规模是惊人的，每个城市几乎都是重新拔地而起。如何面对历史遗迹是城市重建中一定会遇到的问题。从 20 世纪 50 年代开始的城市重建，无论是东柏林还是西柏林，均是以拆除旧建筑，树立现代风格的高层和多层住宅为主导方向，很多具有历史价值的街区消失了。与许多国家一样，因为地方政府的屈服，柏林也毁坏了部分珍贵的历史文物，让部分近现代历史记忆丢失。但随后，柏林意识到了历史文物的重要性并开始对其进行保护，他们对建筑、树木，甚至对战争的回忆，大都选择了保护、接受和坦然面对，采取保存历史记忆的做法，让历史的记忆得以延续，让新与旧在柏林的舞台上得以交相辉映，这一点，值得当下正如火如荼发展建设的中国学习和借鉴。

1.1 历史文物和文物保护的概念

历史文物指的是历史上遗留下来的有收藏价值的物品，历史遗留下来的建筑、构筑物、树木等均属于历史文物的范畴。

在德国，"文物保护"这个概念包含的内容相当广泛。柏林市 1995 年通过的《文物保护法》指出，保护的对象不仅有建筑物，还有与建筑物相连的街道、广场、园林、花园、水面、墓地、重要林荫大道等地面建筑设施；而且地下和水下的设施，如地基、水井等也在被保护之列。另外，新建建筑的风格必须是现代的，不允许产生复制历史建筑立面的情况，于是，古典和现代在柏林的大舞台上交相辉映(张培龙，2008)。

1.2 德国对历史文物的保护态度——德国人的价值观

二战后德国重建的规模惊人，通常这是新建筑崭露头角的好机会，但是德国并没有放弃传统的形式，许多战争中被炸毁的古迹都得以修复和重建。同时，政府、建筑师和规划师们对历史文物的保护途径展开了各种各样新的探索。柏林现存的大量历史文物都充分地体现出柏林人对待历史文物充分保护的态度。

德国在城市建设中对历史的保护态度可以通过人们的价值观来分析，德国人对待历史文物的价值观又包括自然观和历史观。本文的价值观、自然观、历史观定义如下：

所谓价值观，指在城市建设过程中用来衡量和评价历史文物重要性的评估原则；

所谓自然观，指在城市建设过程中做到人、建筑与自然的和谐共生；

所谓历史观，指充分尊重每一时期的历史事件，并重视其在城市建设中的作用，从历史的角度来审视建筑、城市和景观的价值。

2 与自然和谐共生

2.1 自然观的具体阐释

柏林是一座建在树丛中的城市，倘若在飞机的起落过程中从机窗俯视整个城市，这一特点尤为明显。整个城市坐落在绿色中，在尊重城市原有肌理的前提下将绿地和建筑穿插结合，这曾经也是1957年柏林规划国际设计竞赛获头奖的德国建筑师施本格林的设计主题。

图 22.1 老树原位置生长的小树

2.2 自然观应用的表现

在德国，20%的大树是具有百年历史的，可见德国对树木保护程度之深。任何一棵超过100年的大树，都会有编号，被严格地保护起来。对于死去的古树，枯死的树干外皮是不会被除掉的，而且会在同样的位置重新栽植一棵小树，让其在原来的位置获得新生，以表达对老树的回忆。再如，位于中央火车站旁边下沉花园台阶处的古树，他们倔强地从水泥台阶下破土而出，面对这批倔强的古树，柏林人采取了在旁边另辟台阶，而把原来的树木原样保留的做法。

图 22.2 为保留古树而另辟蹊径

不仅是古树，对于年轻的树木，德国人也有很强的保护意识。波瑞策公园从开建到现在只有短短二十几年，但树木已从二十年前的小树苗长成了参天大树(图 22.1、图 22.2)。

Tiergarten 也是柏林树木保护的一个代表，现在它像城市的绿肺一样，是柏林天然的空气净化器。Tiergarten 最早建于12世纪，是大选侯的狩猎行宫，公园占地203公顷(500英亩)，坐落在城市中部，后来由简单的狩猎区变为以胜利纪念柱为中心的巴洛克式公园。二战以后，Tiergarten 几乎变为一片废墟，树木几乎全被摧毁，为了填饱肚子，人们甚至在这里种土豆。19世纪五、六十年代，柏林人开始意识到绿化的重要性，重新种植了大量的树木，经过几十年的时间，Tiergarten 现在又变成了一片参天大树的海洋，19世纪后半期，这里成为柏林人重要的休闲娱乐场所。

3 让历史与现代并存

历史文物是一种不可再生的文化遗产，德国历史上曾经出现过因商业目的拆除重要历史建筑而使近现代建筑的历史成为空白的悲剧，如位于亚历山大广场的原东柏林时期的现代建筑 Kaufhaus 百货大楼，这是柏林城市建设留给人类文明的一个教训。现在的德国人充分认识了这一点，充分尊重历史事件及历史文物成为他们的历史观，现存的很多实例充分证明了这一点。

3.1 历史观的具体阐释

行走在柏林大街上，看到的都是记忆，许多历史建筑完好地呈现，这与柏林人尊重历史建筑的理念是分不开的。正是因为带着这种尊重的态度，柏林人才会采取适当的保护措施，柏林才得以成为一个有记忆的城市。

图 22.3 勃兰登堡门

图 22.4 柏林大教堂

图 22.5 佩伽农博物馆

图 22.6 柏林音乐厅

3.2 历史观应用的表现

3.2.1 尊重历史遗迹

在柏林，人们通过整体修缮式、遗迹残存式、整体平移式等保护方式把历史遗迹完好地整体保存下来，这充分地体现出柏林人对历史遗迹极度的尊重。

整体修缮式保护主要用于有重要历史价值的建筑。这类建筑多半属于标志性建筑，如新古典主义风格的勃兰登堡门。自滑铁卢战役以后，勃兰登堡门逐步成为柏林的象征，也是德国国家的标志。作为唯一保存下来的柏林城城门，它见证了柏林、德国、欧洲乃至世界的许多重要历史事件。1945 年，第二次世界大战在德国最后的柏林战役中，当苏联士兵在勃兰登堡门上撑起红色旗帜的时候，德国士兵用大炮轰击，雕像受到严重损毁，残存的一只马头如今保存在柏林市博物馆的展览厅内，而现今勃兰登堡门上的雕像是重新铸造的。由于勃兰登堡门的砂岩构造长年缺乏保养和受到环境损坏，近几年来通过采用最先进的激光技术，得到了全面、细致的维修。石匠们更换了数千块石块，清除了二战期间留下来的 10 万个弹孔。勃兰登堡门的维修成为柏林文物建筑保护工作的一个成功范例(图 22.3)。

柏林大教堂，二战期间教堂毁坏严重，战后人们搭起临时的棚子来保护大教堂。1975 年至 1993 年间得到了重新修复，今日才得以成为柏林城最大也是耗资最多的教堂重新面世(图 22.4)。

在柏林，这类属于整体修缮保护的主要建筑为数众多，如斯普雷河环抱的博物馆岛上的五个规模宏大的博物馆，位于最古老的尼古拉区的 1228 年建造的马利安教堂，位于宪兵集市广场上的柏林音乐厅等(图 22.5 至图 22.9)。正是因为对这批古城古迹进行了整体修缮式的有效保护，德国丰富的历史文化才得以再现。

除了建筑，有些街道也通过这种方式完整保留了下来。在东柏林很多建筑保存了战争时期的破坏痕迹，尤其是具有冷战时期特色的一些街区规划被有意识地保护下来，如卡尔马克思大道、卡尔里卜克内西大街，不仅街道景观得到了保护，街道名称也未做更改。著名的卡

图 22.7 马利安教堂

图 22.8 凯撒·威廉纪念教堂

图 22.9 柏林第一个红绿灯

尔马克思大道是东德在 1952 年至 1960 年期间规划的。是二战后东德政府重建规划的一部分，作为东德节日庆典的场所，街道的尺度宏大，注重纪念性，具有当时社会主义国家城市街道规划的特点。这条大道后来被列为重要的历史遗迹，街道景观得到了重新修复，它也备受后现代规划师及建筑师的重视，阿尔多·罗西曾将它称之为"欧洲最后一条伟大的街道"。诸如此类的整体性保护案例是相当多的。

除此意外，许多具有重要历史意义的园林也被完好地保留下来。无忧宫是 18 世纪由普鲁士国王腓特烈二世命令修建，设计成洛可可式的小型夏日宫殿，面积大概为 290 公顷，19 世纪由腓特烈·威廉四世下令扩建，其扩建的无忧宫花园内建有多座宫殿和花园。1990 年联合国教科文组织将无忧宫宫殿建筑和花园列为世界文化遗产。另外，夏洛腾堡花园也是历史园林景观保护的代表之一。此座规则式花园位于夏洛腾堡中心，是由 Seineon Godeaul（Andre Le Notre 的学生）于 1697 年为 Kurfurstin sophie charlotte 建造，其后又于 1705 年扩建，为德国第一座法式巴洛克花园。园中的巴洛克风格最初是由 Johann August Eyserbeck 在 1788 年建造，随后由莱内（P. J. Lenne）对其进行了自然式改造。原有的规则式湖面在 1802 年改建成自然式，但 1799 年在湖尾处建的铁桥则一直都没有改变。过桥后为一座英国园，至今仍然保留着些许自然式风貌（查尔斯·奎斯特·里特森，2003）。

遗迹残存式也是一种用来保护有重要价值古遗迹的重要方法。古遗迹是一个城市重要的历史文化积淀，是历史留给人们的宝贵财富。对待某些有价值的历史遗迹，哪怕只剩断壁残垣，德国人都会对残存遗迹原样保存。凯撒·威廉纪念教堂，是一个和平与和解的纪念碑，是柏林在战后重塑自己最著名的标志性建筑，现在包括老教堂的废墟和环绕在旁边的新式教堂，对于老教堂的废墟部分，便是使用了遗迹残存式保护的方法，教堂塔楼的废墟屹立至今，默默地告诫着人们战争带来的恐怖。

柏林市对柏林墙的处理堪称文物保护的经典案例。1989 年柏林墙的倒塌，标志着两德重新统一。这堵墙曾经是两种社会制度，两种意识形态，也是两个国家的分界线。统一后的德国为了铭记这段分裂的历史，对柏林墙的遗迹进行了遗迹残存式保护，几段较完整的墙体被政府封闭式保护起来，在柏林市中心大街中央把残存的柏林墙石块磨光至与路面平齐，并将铸有 BERLINERMAUER 1964—1989 字样的铜牌镶嵌在墙根中间，让游人行至柏林墙根就能自然回忆起德国分裂的那段历史（吴琳，2006）（图 22.10）。

图 22.10　柏林墙
（来自网络）

中轴线上的一座庙宇，二战时候的弹孔依然清晰可见，这种对战争记忆的完整保留，怎能让经过的人们不回忆起那段历史？波茨坦广场上，至今原样保留着柏林第一个红绿灯，查理检查站也同样完好无损地保留了下来（图 22.11 至图 22.13）。

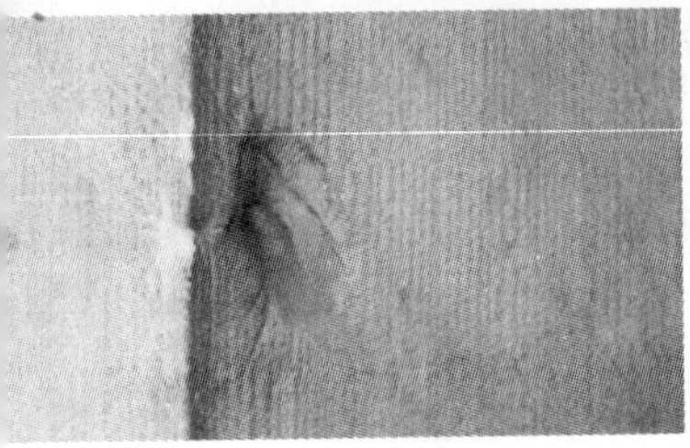

图 22.11　庙宇柱子上留下的二战时期的弹孔

图 22.12　查理检查站

整体平移式保护主要采用德国现代最先进的高科技的建筑平移技术，在城市集中改造的地区将最有历史价值、最值得保护的建筑物，通过位置平移得以有效保护。德国索尼中心建筑群的建造过程中，便遇到了德国极其重要的古建筑保护单位—德国末代皇帝威廉二世皇帝的住所。技术精湛的工程师们运用德国最先进的建筑平移技术，花了 500 万马克的费用将整幢建筑物平移了 150 m，作为索尼中心的休息厅，完好地保留了威廉二世皇帝的住所（宋长法，2000）。赫尔穆特·雅恩将索尼中心区以前一栋饭店的局部遗迹，从百米外费力地移到此区内新建的同名饭店内，并使用玻璃将之整个包装起来，以示其价值与尊重（沈祉杏，2005）。柏林大教堂附近的一栋建筑，也是花巨资将其平移到河畔才得以保留了下来（图 22.14、图 22.15）。

图 22.13　索尼中心区平移的同名饭店（赵康摄）

图 22.14　柏林大教堂附近的平移建筑（杨楠摄）

图 22.15　无忧宫总平面

3.2.2 延续历史使命

就最基本的古迹维护常识而言，古迹的保护，应是将古迹的“现状”百分之百呈现与维护下来，但是，对于某些已经完全消失的建筑进行复原便成了一种浪费，因此，对于许多历史遗迹，柏林人采用了新旧拼贴式、功能替换式等与现代相结合的保护方式让这些历史遗迹留存下来延续其历史使命。

新旧拼贴式保护在德国乃至欧洲都是一种很普遍的历史文物保护方式。其根本原因是由欧洲的社会结构及文化特征决定的，就社会结构来说，西欧大部分国家属于民主制度，因此允许不同价值观的存在，这就决定了建筑设计及城市规划具有较多的灵活性。就文化特征性来说欧洲大陆属于多元化文化，即使是同一国家中，不同地区所表现出的地域文化也是丰富多样的，这也就在潜意识中决定了社会的审美取向。走在柏林大街，时不时会看到新老建筑相毗邻的现象，这也是德国对历史建筑保护的一种方法，这种保护，不但保留了先前的老建筑，也让行走经过的人们回想起历史。

位于国家美术馆新馆旁边的博物馆原址处，曾经是要被拆掉的老房子，这些面临拆迁的房子当中，有一栋因为被学生占领而幸存了下来，这座房子就演变成了历史建筑，房子上还带有战争留下的弹孔痕迹。现在的博物馆，在其基础上加建了新馆，但在立面上与老建筑十分融合。博物馆周边的建筑都必须放在地下，不能将其遮住。新旧建筑完美结合在一起，或许有人会说不伦不类，但这却是一种对古建筑紧急性的抢修方式，同时还能唤起人们对历史的回忆(图 22.16)。

图 22.16　国家美术馆新馆旁边的博物馆

国会大厦堪称新旧融合式保护的典范。没有任何建筑比帝国国会大厦更能代表德国的历史。在尊重政治历史与古迹保护的大前提下，建筑外观尽量复原，而建筑内部空间安排也无太大变更，所有曾经发生的事迹包括当年苏联红军占领柏林时所刻下的铭文都被记录下来。1997 年诺曼·福斯特对其进行了重新设计，在建筑中央顶部加建了半椭圆钢/玻璃穹顶，这处建筑就成为柏林著名景点之一，其巨大的蛋形拱顶吸引着观光者的目光，引起人们对这座城市更多的幻想(图 22.17)。

图 22.17　国会大厦

在柏林，很多建筑采用功能替换式保护。如，很多府邸变成博物馆，皇宫的宫殿变成学校，工厂变成医院等。无忧宫便采用了功能替代式保护，由最初的巴洛克及罗可可园林变成波茨坦大学的校园。不仅供人参观，而且成为培养欧洲顶尖人才的摇篮。像这种采用功能更替式保护方法的建筑还有很多。这种方法的好处在于：避免了大量建筑垃圾的搬运和由此而引起的大气环境污染；节省了大量的建材资源及其他物力和人力；最重要的是保护了大批的古建筑(宋长法，2000)(图 22.18)。

图 22.18　无忧宫变为波茨坦大学校园的一部分

柏林东德住宅楼上的涂鸦也算是一种保护性改造利用。通过这种新潮的形式将老的住宅进行装饰，从而将老建筑保存下来继续使用(图 22.19)。

为了保持柏林传统城市空间的特色，柏林对城市建设中的新建筑做了一定的限制，所有历史街区的肌理被保留，新公寓限高 22 m。如莱比锡广场东西大街上的许多建筑风格是统一的，虽然有造成风格单一的风险，但城市传统的整体性却被完整地保留了下来(图 22.20)。另外，在柏林最重要的历史建筑旁边，所有的新建筑都表现出了一致的和谐。与此同时《文物保护法》又规定，新建建筑的风格必须是现代的，不允许产生复制历史建筑立面的情况，这又保证了城市不是简单的历史的复制。这种做法除了还原城市的历史角色外，更重要的是延续历史的进展，将它改造成一个让市民喜欢的又延续历史的现代城市空间。

图 22.19　奥伯鲍姆桥附近的一栋住宅上的涂鸦(赵康摄)

图 22.20　莱比锡广场处的历史街区

3.2.3　尊重历史事件

德国的历史并非简单的过去，还夹杂着复杂的政治与战争，基于对历史事件的尊重，德国人会保留或建设专门的场所来纪念历史事件并表达对历史的反省。

二战，是德国人都不愿回忆的记忆，但让人敬重的是，德国人都坦然地承认和面对历史的一切，对于不堪回首的历史依然持尊重的态度。德国人曾经在二战后炸掉了纳粹时代的一些建筑物，现在德国人很后悔。有德国人叹息地说："毕竟那也是历史啊，历史不应该更改。谁也不能真正拥有历史，我们只是在为后代看护它而已。对待历史，我们应该轻手轻脚。"在萨克森豪集中营看到的一切给了我们很大的启发。萨克森豪集中营位于柏林以北 30 公里的小镇奥拉宁堡。这座位于德国首都柏林附近的纳粹集中营是二战期间所有德国占领区纳粹集中营的指挥总部所在地，是按照纳粹党卫军头目希姆莱的要求设计建造的。从1936年到1945年，这里先后关押过22万包括德国战俘和犹太平民在内的囚犯，其中有10万人惨遭杀害或死于劳累与疾病。集中营占地400公顷，整个布局是个三角形。囚犯居住的木棚一圈圈呈扇形分布其间。走过一座三层高塔楼的底层通道，迎面就是囚犯们每天早晚两次集合的大操场。不论是狂风暴雨还是烈日严寒，囚犯们在每天做工前和收工后都必须在这里一动不动地站立几个小时等候清点或安排劳动。纳粹士兵当年就将机枪架在塔楼上，居高临下监视着操场上囚犯们的一举一动。另外，集中营四周还有高大的围墙和带电铁丝网，被关押在这里的因不堪折磨而冒险潜逃的囚犯，不是被机枪当场射杀，就是被抓获后处以绞刑。

现在，萨克森豪集中营已成为一个纪念性场所，如图所示的墙，是为纪念集中营而建起来的，墙上保留先前房子的山墙，可以看出放射形分布的格局，院落里先前囚犯用来碾路的碾子也被完好地保留了下来。集中营中的建筑大部分已被毁掉，在毁掉的建筑原址处都会放有一块石碑，表示曾经存在过一栋建筑。幸存的几座囚犯居住过的木棚，被完好的保存了下来，内部的囚犯床、盥洗室都作为文物陈列展示出来，囚犯们的生平、在集中营中做的事情也通过图版展示、幻灯片放映等方式呈现给人们。集中营中的博物馆，甚至将二战时期纳粹的种种荒谬残忍的行为通过各种形式展示出来，Kuechler 教授告诉我们：“虽然德国人觉得这并不光彩，但这是实实在在的历史，他们尊重历史。”杀人坑，焚尸房等建筑都按照原址保留了下来。所有的这些，都足以看出德国人对历史事件的高度尊重和对历史的深刻反省(图 22.21 至图22.26)。

图 22.21　萨克森豪集中营保留下来的先前房子的山墙

图 22.22　保留下来的囚犯用来碾路的碾子

图 22.23　用来纪念先前建筑的原址处石碑

图 22.24　保留下来的囚犯居住过的木棚

图 22.25　图版展示、幻灯片放映

图 22.26　现代展示柜

4 柏林历史文物保护的启示

4.1 城市发展要建立城市与自然的有机结合,即可持续发展模式

工业革命以来,城市的形态发生了巨大的变化,功能主义的规划理念曾经一度主导了城市的发展方向,虽然这在一定程度上很好地解决了城市快速扩张及人口膨胀的问题,但同时它也忽视了自然环境在城市建设中的地位。随着城市规模的不断扩大,单纯功能主义所导致的问题日益显现,因此,有必要重新审视自然观在未来城市发展中的作用,特别对于快速发展的中国城市,"柏林经验"对于建立未来的可持续发展的新型城市提供了有益的启示。

4.2 城市发展要尊重历史

历史文物是一种不可再生的文化遗产,一旦被破坏,是人类永远无法挽回的损失。当今全球化造成了对历史价值的忽视,一味地追求城市的功能性,而忽视了城市的独特性。因此,柏林的经验对当今快速发展的城市具有重要的借鉴意义,尤其是对中国快速城市化背景下如何解决既有的历史文物资源保护和开发、新旧城市的协调与整合、商业利益和历史传统的冲突等问题提供了宝贵的经验。

5 结语

柏林是一座独一无二的城市,柏林的城市中处处写满了历史。她很古老,历史可以追溯到若干个世纪之前;她又是一座新城,历次战争几乎摧毁了她的大部分建筑。在德国统一后,柏林开始恢复生机,古老与现代在柏林的舞台同台合唱。柏林尊重历史的态度和措施使得柏林成为了世界城市中历史和文化遗产保护的楷模,其开放的广纳贤士的方式也使其变成了顶尖现代建筑的聚集地。

参考书目

[1] 张培龙. 以柏林和上海为例谈中德建筑对待历史的态度[J]. 山西建筑, 2008(1):78-80.

[2] 吴琳. 把历史"保护"成亲近的花园[J]. 城市管理,2006(4)B28.

[3] 宋长法. 从柏林、吕贝克市看德国古城、古迹保护的方式及其借鉴[J]. 城乡建设,2000(1):35-36.

[4] 沈祉杏. 穿墙故事—再造柏林[M]. 北京:清华大学出版社,2005.

[5] 查尔斯. 奎斯特. 里特森. 德国园林[M]. 北京:中国建筑工业出版社,2003.

*未特别注明的照片或图片均为作者拍摄或绘制。

专题 23　论柏林城市空间记忆的保留

——记散布在柏林城市中的纪念性景观

Reservation of City Memory of the Urben Space in Berlin

——the small memorial spreaded in the city

耿佳丽/Geng Jiali

摘要：城市记忆是城市这一有机体确立身份和保持文化历史连续性的重要因素。柏林在城市的重建和开发中保留着属于自己的那份记忆，因而独具魅力。这些城市记忆除了那些纪念馆和大型的纪念景观，城市里散布的小型纪念性景观也是不可或缺的组成部分。这些纪念性景观不起眼，只是真实地讲述着柏林的细节，同时也在人们的生活中继续发挥着作用。柏林城市这些纪念性景观的营造会给中国那些城市记忆正在消失的城市的建设带来一些启示。

关键词：城市记忆；柏林；战争；纪念性景观

Abstract: City memory is an important factor to establish their identity and maintain the continuity of cultural history of the city. Berlin, in the process of the reconstruction and development, retains a share of their own memories, and therefore is so charming. In addition to those memorial and the large memoria landscape, a small memorial spreaded in the city is also an integral part of the landscape. These landscapes are unremarkable, but truly about the details of Berlin, and continue to play a role in people's lives. Reservation of City Memory of the Urben Space in Berlin wil bring some enlightenment to the construction of cities in China where city memories are disappearing.

Key words: city memory　Berlin　war　commemorative landscape

1　引言

城市不是简单的住宅集合体，它是一个充满着思想和情感的有机体。就如 Bartlett, F. C 所说，城市是一种心理状态，是各种礼俗和传统以及随其流传的思想和感情所构成的整体。它是自然的产物，更是人类属性的产物（[英]Bartlett，F. C 著. 黎炜译，1998）。城市对过去的记忆是其在现实和未来确认与构建自身的必要参照，也是保持自身历史文化的连续性的重要因素。有记忆的城市，才有延续的城市历史，才能确定城市的起源和在各个不同阶段的发展历程（朱蓉，2006）。

2 柏林的城市记忆

柏林，散发着一种独特的魅力，这种魅力不同于罗马，也不同于巴黎。她没有罗马悠久的历史，也没有巴黎浪漫的情怀，但是她有一种气势，正如余秋雨所说的那样，“只有柏林，隐隐然回荡着一种让人不敢过于靠近的奇特气势”（余秋雨，2001）。这是与这座城市20世纪的那段历史密切相关的。两次世界大战，德国都是策划者，整个世界随之发生着翻天覆地的变化，而柏林这座城市的命运也在其中跌宕起伏。1933年希特勒成为德国总理，柏林变成纳粹政权的核心地区。1939年，二次世界大战爆发，柏林成为欧洲主战场。1945年，二战结束之际柏林遭受了前所未有的毁灭性破坏。之后冷战爆发，柏林又成为不同意识形态和政治阵营对峙的前线，经历了长达28年的东西分裂。直到1990年，德国重新统一，柏林墙被拆除。21世纪初，柏林重新成为德国的首都。20世纪，柏林经历了和其他城市大为不同的发展过程——兴盛，动荡，毁灭，重建。如今城市已拥有了繁华有序的生活，但对那段历史的记忆仍然清晰可见，柏林也因此具有独特的气势。

3 柏林城市记忆载体——散布在城市中的纪念性景观

3.1 概念

在柏林城市里，犹太人纪念馆、记忆之地、旧帝国大厦、集中营遗迹等都在城市重建过程中被小心翼翼地建造或改造。这些景观、建筑承载着城市对这段历史的回忆和反思，但是，柏林城市独特的气势并不仅仅存在它们之中，还散落在城市的各个角落里——那些不起眼的纪念性景观之中。

这些散落在柏林城市里的纪念性景观通过空间的塑造，或痕迹的保留纪念着场地中曾经发生过的故事。这些景观没有历史文化遗产那样高的历史价值，它们的纪念性是为引发人们对这块场地历史的还原与联想。正是有了这种联想，这些景观才融入柏林人们的日常生活之中。

3.2 类型

从纪念的内容上来分，这些纪念性景观分为两类：一是关于具体事件的。城市的记忆可以在博物馆或纪念馆中找到，就如犹太人纪念馆，在那里人们能接触到由专家们选出来的代表性的历史片断，从中感受到柏林这座城市的过去，但这是一种经过高度概括的记忆，它表达的纪念有一种标志性。然而，城市的记忆不只是这些标志性的纪念，它还包括了对城市里发生的其他小事的记录，它们共同构成了城市所蕴藏的思想和传统，这些是博物馆或纪念馆难以展示的。柏林城市中，那些关于具体事件的纪念性景观则保存着只属于某块特定场地的记忆。它们可能在路旁的小庭院里，也可能在广场上，在交叉路口或地铁出口，或者在居住街区里。

第二类纪念性景观是关于痕迹的。游走在柏林，总会感觉到被柏林城市的那种独特气势所包围，那是因为在生活的周边总会出现城市历史留下的痕迹。这种痕迹有的作为景观要素保留在场地中，有的依托墙体存在，而有的则在新的场地中被提炼出来。

4 散布在城市中的纪念性景观的案例分析

4.1 第一类案例分析

案例一 柏林街旁的四方庭院

这是一个在柏林街旁由办公建筑围合而成的庭院，树木、雕塑和碑文充斥着这个空间。六棵栾树加重了空间的背景，其前放置雕塑，在离雕塑三四米外设计了一条状青铜块，是人们悼念时搁放花束的地方。整个空间构图清晰明了，条状铜块与栾树群形成了线与体的对比，前景与背景形成明暗对比，使雕塑格外显眼，纪念之意油然而生。这个景观讲述的是一件发生在这块场地上的故事——在希特勒独裁统治时期，一些青年不满其统治，在此密谋刺杀希特勒，最终失败而英勇就义(图 23.1 至图 23.3)。

图 23.1 柏林街道旁的四方庭院

图 23.2 刻在墙上的碑文

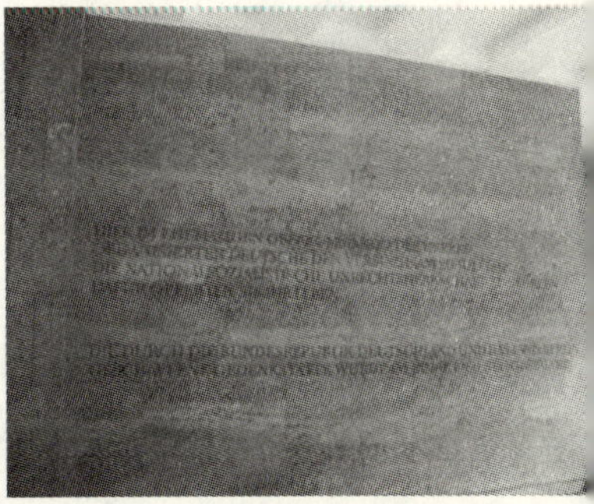

图 23.3 入口处刻有文字的墙面

图 23.4　焚书纪念处

图 23.5　碑文

图 23.6　记录希特勒杀害犹太人的碑文

案例二　焚烧事件纪念雕塑

这种纪念性景观还出现在广场空间中。柏林中心歌剧院前的倍倍尔广场是一古老的广场。1933 年,希特勒专政时期纳粹党在这个广场上焚烧书籍,以禁锢人们的思想。而今,广场上设计有一景观来纪念这一事件。该景观的主体埋在了地下——广场的一处地下被挖空,里面放置空书架,其用玻璃封顶,人们可以透过玻璃看到地下的景象。在离玻璃两三米外的地面上嵌有文字,是对烧书事件的简要叙述(图 23.4、图 23.5)。

案例三　路口纪念碑文

在柏林爱乐乐团音乐厅前的交叉路口也有这类纪念性景观。当年希特勒专制统治时期,其以“优化”民族血统为名,先以方便照顾为由将身有残疾的人聚集到此处,后将其杀害。而在杀害了这些人之后,希特勒把屠刀伸向了犹太人。现在,该交叉路口地面上镶有一铜板碑文,约为 2 m×1.5 m,记录着希特勒杀害残疾人这一事件(图 23.6)。

4.2　第二类案例分析

案例一　柏林墙

冷战标志——柏林墙在城市新建设中被保留了下来。有些是残存的墙体,斯普雷河畔、波茨坦广场上它们如电影片段般闪现出来;有些则变成了地面铺装,柏林墙虽已被破坏,但其穿越街道广场的痕迹通过不同的地面铺装标识出来。如今大多数的墙体已被涂上了艳丽多彩的涂鸦,以新面貌出现在城市之中(图 23.7 至图23.9)。

案例二　炮弹痕迹

在柏林,只要稍加留意,就会发现另一种痕迹——炮弹的痕迹。许多建筑的墙面上都保留了被炮弹打击过的痕迹,如胜利柱附近的建

图 23.7　波茨坦广场上的柏林墙

图 23.8　柏林墙穿过的痕迹

图 23.9　柏林墙上的涂鸦

筑遗迹，斯普雷河畔的某段住宅群，以及许多古老的教堂。虽然它们都被重新改造，如今也仍在使用，但都保留了当年战争留下的弹痕（图 23.10）。

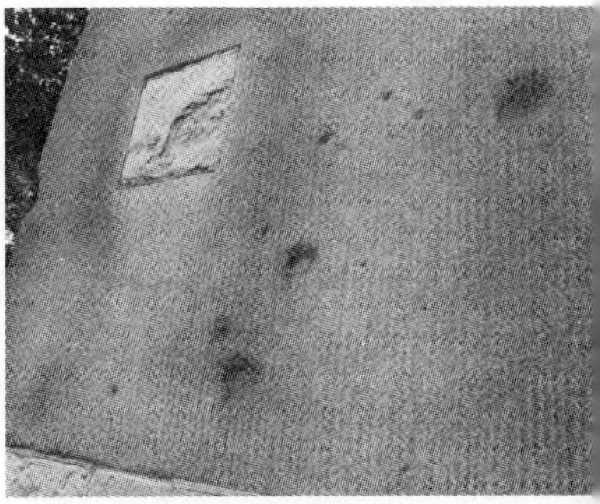

图 23.10　外墙面保留的弹痕（路露摄）

案例三　场地原有肌理的痕迹

在柏林的许多绿地也保留了历史的痕迹，形成了独特的景观。中央火车站附近有一开放绿地，这一绿地是由监狱改造而来的。其草地设计并没有抹杀场地原有的肌理，其通过地形的设计，将原有监狱建筑的“大”字形平面形态融合进了草地之中，同时这样也增加了场地的趣味性（图 23.11 至图 23.13）。

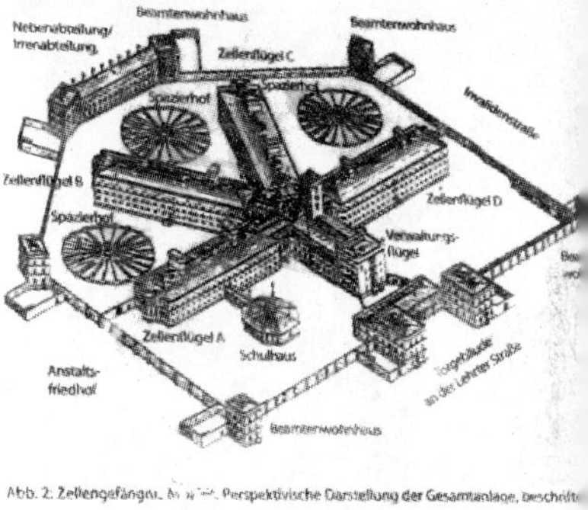

图 23.11　原建筑的平面形态

图 23.12　现绿地的平面图

图 23.13　该绿地的地形设计

5　柏林城市纪念性景观的特点

5.1　场所性

无论是讲述故事，还是保留痕迹，这类纪念性景观都与其环境紧密地联系在一起。犹太人纪念馆若被搬离了原来的位置，它仍然是犹太人纪念馆。但这些纪念性景观离开了其原有的场所，则会失去了其全部或重要的价值。四方庭院中的雕塑若被移至它处，就会失去纪念的意义，而焚书纪念处脱离了倍倍尔广场，就不会那么深刻。而痕迹若是离开了它们原有的场地，便没有了存在的价值。也正是这些景观，使得场所变得独特而富具魅力，城市的记忆也在其中被唤起。

5.2　真实性

这些纪念性景观的真实性表现在其所表达的情绪中。它们不含有任何额外的，来自设计者或权力者附加在场地中的情绪或感情偏向，它们只是真实地陈述着场地发生过的故事。它们不选择象征性的符号来营造空间，而是采用与人尺度相适宜的雕塑、碑文和植物。它们也没有刻意地进行空间引导，这些景观往往是不经意地出现，空间上没有序言，没有高潮，也没有结尾。就如那座四方庭院，其入口是一普通的建筑入口，唯一的提示仅有一段刻在墙上的文字。庭院中的雕塑没有高高的基座，也没有远大于常人的尺度。

焚书纪念处也是如此。当人们行走在倍倍尔广场时，焚书纪念处的那块玻璃只是偶然地出现在人们眼前，这一纪念性景观的主体埋在了地下，空空的图书架是对烧书事件形象地再现。景观本身没有任何情绪渲染，只是真实地反映过去在这块土地上发生过的故事。

5.3　功能性

这些纪念性景观除了纪念外，还具有生活使用功能。正是因为它们的低调真实，人们没有将其排斥在生活之外，它们或是一种纪念的延伸，或是被赋予了新的使用功能。那块纪念希特勒杀害残疾人的碑文不仅是对过去的纪念，还是现在人们追求平等和美好的标志。如今，常会有鲜花被放置于此。这是柏林市民们抗议当权者的做法——某些人策划把身患残疾的人送到这附近的一座疗养所，而他们认为这种做法和当年希特勒的做法如出一辙，是不合理的，故借此表达反抗。这块碑记录的已不只是过去，现在它仍然是人们精神生活中重要的一部分。

柏林墙，一堵阻隔东西交流的墙如今被人们画上了艳丽的涂鸦，丑陋的表皮被掩盖，展示出人们对于生活新的理解。而“魔鬼山”这一战争留下的痕迹早已被绿茵覆盖，变成柏林市民健身、露营的场所，从城市景观的角度讲，“魔鬼山”为柏林城市中的制高点，不仅是俯瞰柏林城的好场所，其平坦的山顶也是组成柏林城市漂亮的天际线的一部分。“魔鬼山”与其说是二战在柏林留下的痕迹，不如说是在新生活中重生的城市空间。

焚书纪念处这一景观也与城市中的人紧密联系在一起。玻璃不仅让人们看到书架，也反映出参观者的倒影，把人们的感知体验融入了景观之中。也许“就像当年焚书的现场，看热闹的人们也是这么围绕着、看着熊熊火焰中的书籍，无知或无辜的人们，或许也是帮凶”。(沈祉杏，2005)在此景观中，对过去的反思也被淋漓尽致地表达出来。

6　对柏林城市记忆与纪念性景观的思考

这些景观让穿行在柏林城市之中的人们，无时无刻不能感受到柏林的故事。因为它们的真实性，而不是出于观光旅游，或是谋求政绩等其他原因，这些景观得到了柏林市民们的认可，与人们的感知体验结合起来，从而成为城市记忆的载体。柏林对待城市建设谨慎的态度，公众在城市建设中的参与(沈芊芊，2005)，是柏林纪念性景观产生不可忽略的因素。倍倍尔广场上的焚书纪念处景观是一项公开设计竞赛的结果。柏林市政府将柏林墙的改造方案公之于众，来接受市民们的建议与批评。由此一来，柏林才拥有了许多纪念性景观，不仅仅是纪念馆和博物馆，柏林城市的记忆才能在城市的各个角落被保存下来，城市因此而独具魅力。

柏林城市中散布的纪念性景观是城市记忆重要的载体，它们的营造也向人们展示了城市景观若没有得到生活在城市中的人们的认可，即使是城市领导者的首肯，或是电视报刊的大力宣传，那也不能成为城市记忆，不能成为城市文化历史的载体，也无法发展自身特色。当下，中国的城市一方面进行着大规模的建设与改造，一方面高调地宣扬城市文化保护，通过各种各样的古城古街的重建来保存城市的历史文化。殊不知城市文化历史的保留与延续与城市记忆的保存紧密相关，而出于它意的建设并不能保存城市的记忆，随着记忆的消散，历史文化也随之消失，城市形象趋于相同。如何保存城市记忆，延续城市历史文化？柏林，一座从战争中走出来的城市，经历了大规模的重建，在实现现代化生活的同时也保留了属于自己的那份城市记忆，成长为一座独具特色的现代化大都市。柏林城市中那些承载着城市记忆的景观的营造也许会对中国城市建设带来一些启发。

参考书目

[1] [英]Bartlett，F. C 著. 黎炜译. 记忆：一个实验的和社会的心理学研究[M]. 杭州：浙江教育出版社，1998.

[2] 朱蓉，城市记忆与城市形态——从心理学、社会学视角探讨城市历史文化的延续[TU]，南方建筑，2006/11，5 - 9.

[3] 余秋雨，行者无疆[T]，北京：华艺出版社，2001.

[4] 沈祉杏，穿墙故事——再造柏林[M]，北京：清华大学出版社，2005.

[5] 沈芊芊，柏林亚历山大广场之今与昔[J]，国外城市规划 2005/20(3)，74.

*未特别注明的照片或图片均为作者拍摄或绘制。

专题 24 在城市轴线上感知柏林

Impression of Berlin through the urban axis

焦阳/Jiao Yang

摘要:柏林是一个具有明显的东西轴线的城市。这条轴线是历史与现在的连接,是城市与自然的纽带,是社会与个人的交融。它的存在对柏林这座城市,对柏林市民的日常生活有着重要的意义。

关键词:柏林;城市轴线;市民生活

Abstract: Berlin has an obvious city axis from west to east. This axis is a connection between history and nowadays, a link from city to nature, is a blend of social and personal. It has very important significances for the city and the daily life of the public.

Key words: Berlin Urban Axis Activities of the Public

1 柏林东西城市轴线的范围及相关介绍

1.1 轴线范围

本文研究的柏林东西城市轴线(下均简称为"柏林轴线")的范围,是指勃兰登堡门和胜利柱这两点所确定的东西向道路,西起六月十七大街西段,东至菩提树下大街东端(图 24.1)。

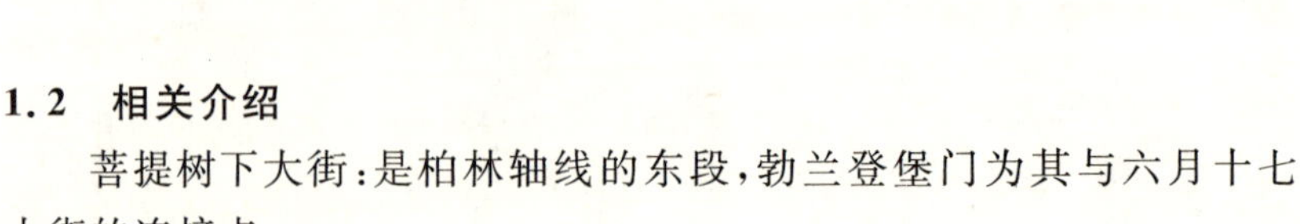

图 24.1 柏林东西城市轴线示意图①

1.2 相关介绍

菩提树下大街:是柏林轴线的东段,勃兰登堡门为其与六月十七大街的连接点。

① 资料来源:胜利柱景点介绍图 Panorama - Karte von Berlin 2000.

勃兰登堡门:这座新古典主义风格建筑是柏林仅存的城门,是柏林城的标志。以前由于紧挨着柏林墙,使它成为东西柏林分裂的代表建筑。柏林墙倒塌后,于 1989 年 12 月 22 日勃兰登堡门再次对外开放,成为统一的象征。

胜利纪念柱:也可简称为胜利柱,是德国柏林的一座著名纪念性建筑。1864 年为庆祝普鲁士在普丹战争中获胜而兴建,到 1873 年 9 月 2 日举行揭幕仪式时,普鲁士又在普奥战争(1866 年)和普法战争(1870—71)中击败了奥地利和法国,给予雕像新的含义。位于六月十七大街的中间位置。

六月十七大街:位于勃兰登堡门西侧,是德国联邦公路 B2 和 B5 的一部分。

2 "柏林轴线"之于柏林

2.1 "柏林轴线"全面地展示了柏林的性格

通过观察和体验,笔者发现,"柏林轴线"两侧的建筑群分类明显,顺着轴线欣赏两旁建筑,好似这座城市在展示它不同的方面,自东向西可依次概括为:历史段(Unterwasserstr 至 Universitatsstr)、经济段(Universitatsstr 至 Neuestadtkirchstr)、政治段(Neuestadtkirchstr 至勃兰登堡门)和自然段(勃兰登堡门至胜利柱至六月十七大街)(图 24.2)。

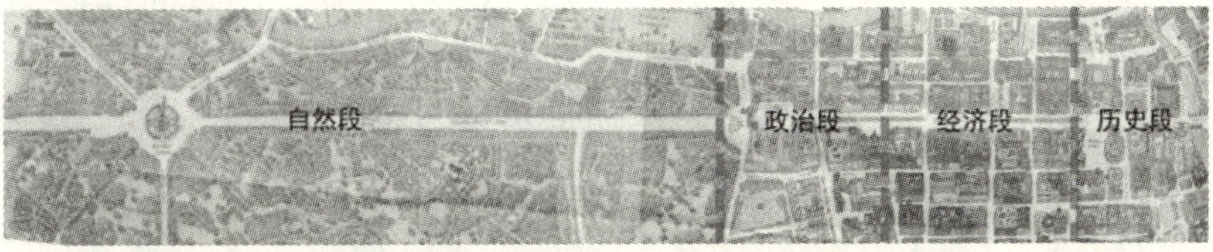

图 24.2 "柏林轴线"分段示意图①

其中,连接着博物馆岛的历史段的道路两边主要是历史建筑和小广场,历史感浓厚,无论是战争与保证牺牲者纪念岗亭、历史纪念馆,还是古老的洪堡大学,都展示着柏林的历史;充满了欧洲集市风情的经济段的商业活动显著增加,道路两侧是名品商店、沿街咖啡店、小商铺聚集的地方,气氛更加休闲,充满了欧洲集市的味道;政治段两侧为使馆楼群,建筑外形整齐方正,飘扬着各国国旗,政治色彩强烈,尽端与巴黎广场融合,一直通往勃兰登堡门,虽规整但不严肃,洋溢着民主自由的风格;自然段的范围即整条六月十七大街,它包裹在蒂尔加藤公园之中,道路两侧无建筑,勃兰登堡门和胜利柱是此段上重要的两

① 资料来源:胜利柱景点介绍图 Panorama - Karte von Berlin 2000.

个纪念性景观节点(图 24.3 至图 24.6)。

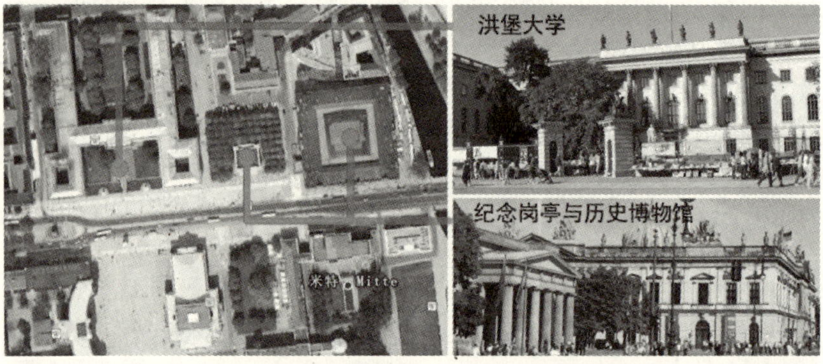

图 24.3 Unterwasserstr 至 Universitatsstr 段的主要历史建筑

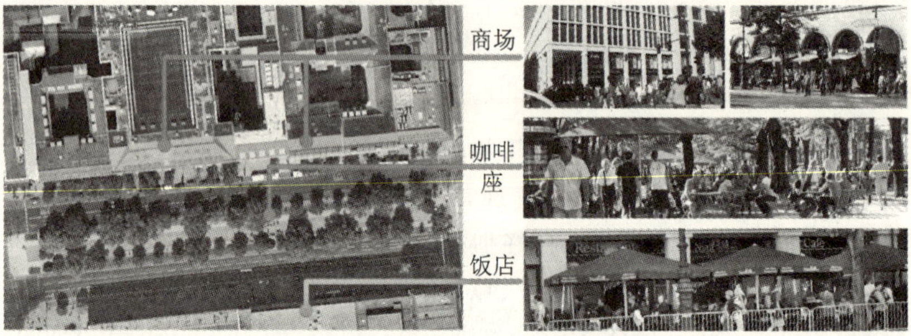

图 24.4 Universitatsstr 至 Neuestadtkirchstr 段的商业建筑

图 24.5 Neuestadtkirchstr 至勃兰登堡门段的政治建筑①

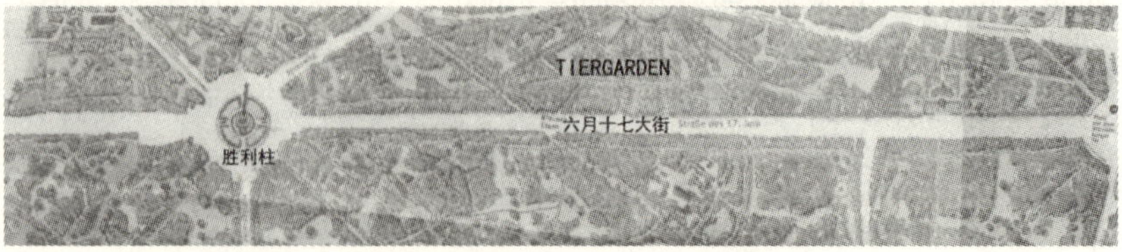

图 24.6 勃兰登堡门至胜利柱至六月十七大街段平面图②

---

① 左侧图片来源:胜利柱景点介绍图 Panorama - Karte von Berlin 2000.

② 资料来源:胜利柱景点介绍图 Panorama - Karte von Berlin 2000.

2.2 “柏林轴线”强化城市结构

2.2.1 道路

“柏林轴线”本身是横贯柏林的主要交通线路，同时连接了东北、西北和南部的主要道路，通往柏林的各个方向。它的存在使柏林的城市交通四通八达，城市结构更加紧密（图 24.7）。

图 24.7 “柏林轴线”所连通的主要道路①

2.2.2 胜利柱

“柏林轴线”上的重要节点胜利柱具有强大的城市指示功能，行走于柏林，各处可见胜利柱。不经意地一瞥或回眸，望到晨光或余晖下那耸立的权杖和自由的翅膀，便知道脚下的路该怎么走。可以说，胜利柱是柏林的绝对性地标，是柏林的视觉中心。它的存在缩小了柏林的空间距离感，使柏林成为一个容易认识和“掌控”的城市，缩短了人们与城市之间的心理距离（图 24.8 至图 24.10）。

图 24.8 六月十七大街上

图 24.9 Spreeweg 大街

图 24.10 斯普雷河畔总理府对面

① 从左到右依次为：六月十七大街西段，Altonaer Str.，Spreeweg，六月十七大街东段，Hofjagerallee。资料来源：GOOGLE EARTH.

2.3 “柏林轴线”宣扬城市精神

“柏林轴线”不但连通了交通，更是串起了历史。历史的巨轮这条轴线周围留下了太多痕迹：勃兰登堡门的战马、菩提树下大街的城市中心广场、胜利柱的权杖、国会大厦的玻璃穹顶、犹太人纪念碑的“起伏”、柏林墙的断垣，都向人们诉说着过去的故事。

若城市有年龄，年轻的柏林，曾经放纵青春，越过良知的束缚。德国人热爱自由，但当第三帝国的时代全面来临时，空气中漂浮的只有独裁、专制、极权、高压和威胁；德国曾有爱因斯坦、托马斯·曼、海因里希·曼、雷马克，但77年前菩提树下大街的市中心广场的熊熊烈火无情地将书堆吞噬；德国曾有黑格尔、贝多芬，但当六岁到十八岁的青少年不论男女都要被组织在希特勒青年团的各种组织中，受着斯巴达式的训练时，辩证法的精深、交响乐的优美已无人体会……(浩岭，2002)。

黑格尔说：“历史给我们的教训是，人们从来都不知道汲取历史的教训。”幸运的是柏林没有如他所说的那样。它在欲望与热血的挣扎中渐渐成熟，今天的柏林轴线以全新的面貌宣扬着柏林的信仰——谦逊、热情、正直、大气、坚韧，在这里可以体会到这座城市曾经的辉煌和历史的警钟。

图 24.11　蒂尔加藤公园通往胜利柱所在环岛的入口之一

2.4 “柏林轴线”连通城市与自然

整条六月十七大街贯穿柏林城市公园——蒂尔加藤公园，将城市虑心的生态服务功能引入到城市各处，引入人们的生活。这样既保证了城市中心的大片绿地的存在及高使用率，又不妨碍正常的城市交通功能，真正做到与自然和谐相处(图 24.11 至图 24.13)。

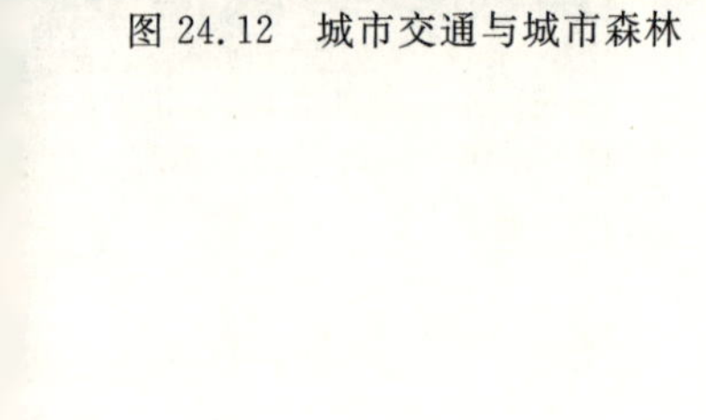

图 24.12　城市交通与城市森林

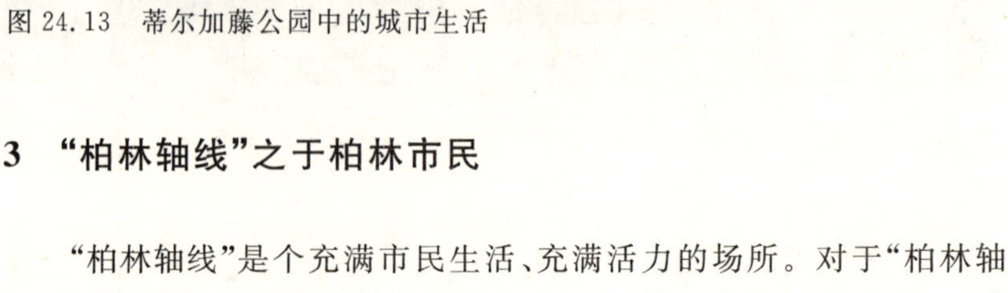

图 24.13　蒂尔加藤公园中的城市生活

3 “柏林轴线”之于柏林市民

“柏林轴线”是个充满市民生活、充满活力的场所。对于“柏林轴线”来说，建筑的性质和功能为柏林市民提供了多种的活动项目，道路、广场、绿化及相关设施等要素的设计又进一步地丰富和拓展城市空间的功能，使这些活动的进行更加自由。

人们可以坐在“轴线上”边喝下午茶边享受街边的光与影，可以在轴线边上的小书摊挑上几本小书以便在旅行时消遣一下；可以登上胜利柱欣赏那从战争废墟上点滴成长起来的城市公园，柏林人的生活在这些“可以”中变得充实，而柏林轴线也因这些“可以”日渐地扎根于人们的心里（图 24.14、图 24.15）。

图 24.14　轴线上喝下午茶的人们

图 24.15　轴线旁的小书摊

另外，轴线也为柏林大型活动提供了场所，这里就以笔者漫步于柏林轴线短短一下午中看到的团体活动为例。“Free hug”，擂台演唱会，集体轮滑，以及全民马拉松。特别要说一下柏林的全民马拉松，在柏林，每年都会沿着轴线绕着城市举行一次马拉松比赛，男女老少均可参加，很多城市居民都会沿街观看，携幼扶老，为参赛的人加油喝彩，走在他们中间可以深深地感到这是一个不断拼搏、团结奋进的民族（图 24.16 至图 24.21）。

图 24.16　Free hurge

图 24.17　擂台演唱会

图 24.18　集体轮滑

图 24.19　马拉松实况直播

图 24.20　全民马拉松

图 24.21　马拉松围观群众

游客们也可以像笔者一样沿着轴线慢慢步行，去细细体味这座现代与历史相互交融的城市。柏林轴线与人们的生活息息相关，它已经深深地刻在了柏林人的记忆和习惯中。

4　小结

“柏林轴线”已不仅仅是由空间本身和划定空间的实体所构成的城市线性空间（余永莲，郭建昌，2005），它承载了这座城市的荣辱兴衰（赵洪江，刁俊隽，李明强，2006），拥有了柏林人的性格与生活，成为活的、不断生长的景观。可以说“柏林轴线”是柏林的骨架和血脉，强化城市结构，宣扬城市精神。同时为柏林人的生活提供了载体和背景，柏林人的生活则为“柏林轴线”注入了活力与情感。在“柏林轴线”上感知柏林，产生的是深深的震撼和感动。

参考书目

[1]　小伍. 勃兰登堡门. 科学大观园[J]，2009(6)：39.

[2]　浩岭. 青言、良知与铁血——《第三帝国的兴亡》再读札记. 书屋品茗[J]，2002(2)：35－37.

[3]　余永莲，郭建昌. 浅析中国古代城市轴线. 中国科技信息[J]，2005

(16):258.
[4] 赵洪江,刁俊隽,李明强. 攻克柏林背后的故事. 当代兵器[J],2006(9):40-41.

*未特别注明的照片或图片均为作者拍摄或绘制。

专题 25 街道生活成就城市魅力
——浅析柏林的城市街道
The Streets Lives Make A Attractive City
——The city streets of Berlin

刘倩颖/Liu Qianying

摘要：柏林的城市街道给市民提供平等的使用机会，并营造了舒适宜人的环境和合理的活动空间，尊重并鼓励多元的街道使用方式，促使人们乐于使用街道，发展街道上的生活，从而提升了城市活力。本文选取三种类型的柏林城市街道，以实地调查为基础，分析其如何鼓励市民街道生活，如何为人们创造舒适平等的城市空间，对我国城市建设具有借鉴意义。

关键词：城市街道；城市活力；柏林

Abstract: Providing equal chance and comfortable spaces, and respecting multiple ways of activities, the streets of Berlin city become wonderful places and make the city more attractive and dynamic. This article chooses three types of Berlin′s streets, and anlnys why they are successful in attracting people based on field survey. These experiences are constructive for our country′s city construction.

Key words: City street　City dynamic　Berlin

1　引言

柏林是一个让人感觉舒适和安全的城市。在柏林大街小巷穿行，看到人们在露天咖啡座闲坐；走在河边，可以在任何想坐下来看风景的时候找到一个舒适的坐椅或者一片柔软的草坪，享受阳光空气。你甚至感觉不到这是一个繁忙的国际大都会，而只是柏林人的一个悠闲轻松的生活之城。

简·雅各布斯在 20 世纪 60 年代就指出城市街道是生发城市活力的主要场所。一个宜居的、可持续的城市，必然要有丰富的街道生活。在柏林行走的体验都显示出柏林是一座充满活力的城市，从她的大街小巷丰富的街道生活都鲜活地证明了这一点。

本文以柏林几种不同类型、穿过不同区域的道路为例，记录市民的街道生活，从道路空间的设计上来分析柏林的道路如何把街道留给市民，为人们提供舒适的休闲环境，对于标识、道路铺装等细节不做过多讨论，其中道路的宽度等均为步测。

2　城市街道的意义

城市街道对于城市有着不可替代的重要意义。除了交通和物流能流的传递功能外，还为城市居住者提供户外活动的空间，给外来旅游者敞开一扇了解城市的窗户。

Allan B. Jacobs 在其《Great Streets》（伟大的街道）一书开篇就谈到，街道不是排污管道、电缆这样的简单的公共设施，也不仅是具有交通和物流功能的线性空间，因为人们居住生活在街道边。交流一直是街道的一个重要目的，人们可以通过街道自由地达到各个场所。街道最重要的意义在于，它使得人们能够来到户外活动（Allan B. Jacobs，1995）。

从普通市民对城市街道的占有、使用情况，可以大致地了解这个城市的宜居程度。如果街道有太多政治性展示性的要求，那么市民的活动将受到限制，城市的外部空间就会形成等级；如果管理者对于市民使用街道的方式有着太多的限制，那么也会使得街道生活变得单一，而人们对于“到街道上活动”这样的想法也会失去兴趣，城市也将会变得沉闷。

从一个感性的角度来说，城市街道对于市民的生活、对城市的感情以及城市对普通人的吸引力具有举足轻重的作用。要创建宜人的民主的城市，必须要创造民主的、充满魅力的城市街道。

3　柏林城市街道生活分析

本文选取菩提树下大街、斯普雷河流经政府建筑群区域、博物馆岛三种不同类型道路作为案例来分析（图 25.1）。

图 25.1　选取研究区域示意图（底图来自 google earth）

菩提树下大街，从柏林市中心到勃兰登堡门，这条大街是柏林的中西中轴，是城市的骨架，在北京就如同长安街的地位。但是和长安街等国内的“轴线大道”不同的是，菩提树下大街仍然是人们日常城市生活的场所，具有良好的行人活动空间。

斯普雷河是贯穿柏林的主要河流，是水系的重要组成部分，滨水空间是重要的休闲活动场所，而滨河的道路系统则决定了人们是否能平等地、舒适地利用滨水空间。流经总理府等政府建筑区域的斯普雷河段，是最有可能被剥夺掉市民滨水休闲生活的区域，因此选择这个区段对道路空间进行分析。

博物馆岛地区是历史文化氛围最浓厚的区域，集中了柏林的各个经典博物馆，具有生发多样性的“首要用途”，也有陷入单一功能的危险。博物馆岛北侧是边界地带，岛内游线的终结地段，最有可能成为被遗忘的地区。以此区域为例讨论环岛空间如何引导丰富的街道活动，在有限的空间里创造良好的交往、休憩场所。

3.1 轴线大道上的平凡生活——菩提树下大街

菩提树下大街东起马克思至恩格斯广场，西至勃兰登堡门，全长 1 390 m，宽 60 m。与勃兰登堡门西侧的六月十七大街一起构成柏林的东西轴线。

1647 年，大选帝侯下令在白宫殿到动物园的这段沙路上种下了 6 排菩提树(实为椴树 T. tuan SzyszyL)，后经历过砍伐，到了腓特烈一世和腓特烈大帝时期，这条大街已经远近闻名了，成为柏林有名的绿树成荫的繁华大街。这里一度是帝国主义柏林的心脏，普鲁士士兵在此接受检阅，乐队在此演奏，人们在此散步，科诺贝尔斯多夫和申克尔等人的一系列建筑典范在道路两侧。大街毁于二战，德国法西斯灭亡前与盟军的血战也是在此展开，冷战时期属于东德。现在的街道是战后按照旧貌重建的。

菩提树下大街双向有 8 车道，在柏林市内算是最宽的道路之一。大街两侧多为大体量的、公共性的新古典主义纪念建筑，如国家灵堂(法西斯和军国主义受难者纪念堂)、洪堡大学、历史博物馆等，在靠近勃兰登堡门的街段是使馆区，整个大街的基调是政治性的、宏大的。

将大街按照不同形式分为三段，每一段具体分析如图 25.2 所示：

图 25.2　菩提树下大街分段示意图(底图来自 google earth)

A 段。从博物馆岛到大选帝侯雕像，两侧为历史博物馆、国家灵堂、洪堡大学、倍倍尔广场、柏林国家歌剧院等大型公共建筑，参观、纪念是这一街段主要的活动。不仅是室内的参观和纪念，这一段许多古典主义的优秀建筑在外立面也是一个参观的重点，大尺度的街道空间为这种外观审美活动提供了视觉空间(图 25.3)。

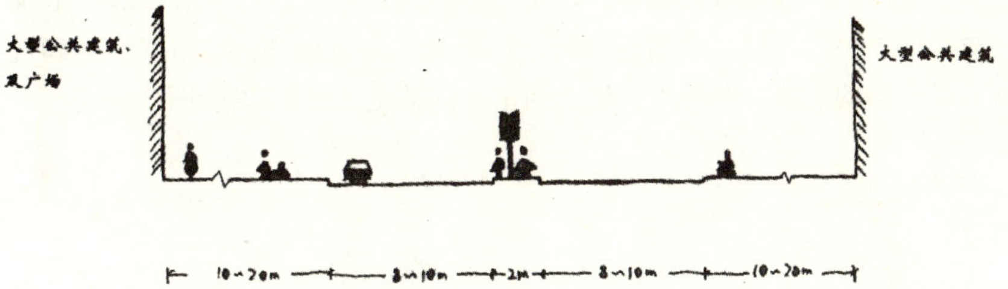

图 25.3　菩提树下大街 A 段断面图

建筑物面前的人行道是相当宽敞的，宽度在约 10～20 m 之间，自行车、行人混行，人行道同时也成为建筑入口的集会广场，卖艺者、旅游者、学生，各色人群在此活动，街道生活相当丰富。洪堡大学门口的自由书市，学生和行人在此聚集；国家灵堂门口的人行道成为旅游者聚集的广场，背后环绕的绿树阵是沉思和休憩的场所；随处可见的街头艺人，用音乐丰富街道生活的听觉；倍倍尔广场是集会、儿童玩耍、骑环式自行车娱乐的场所(图 25.4)。

图 25.4　菩提树下大街 A 段街道生活

双向 8 车道的行车区域，在道路中央设置了 2～3 m 宽的人行道，方便人们的穿行，同时在中央的人行道上能够获得很好的视野，向东可以看到柏林大教堂等博物馆岛上的历史建筑，向西则远眺勃兰登堡门和胜利柱。在这一条中央步行带上，人们停留、拍照，尽情享受蓝天白云下道路的线性带来的纵深感。

B 段。从大选帝侯雕像到使馆区，这一段两侧建筑展示性较弱，上层写字楼下层为商铺。两侧建筑的入口被弱化，人行道变窄，不再兼有建筑入口广场的功能。两侧人行道上的主要活动是通行和购物(图 25.5)。

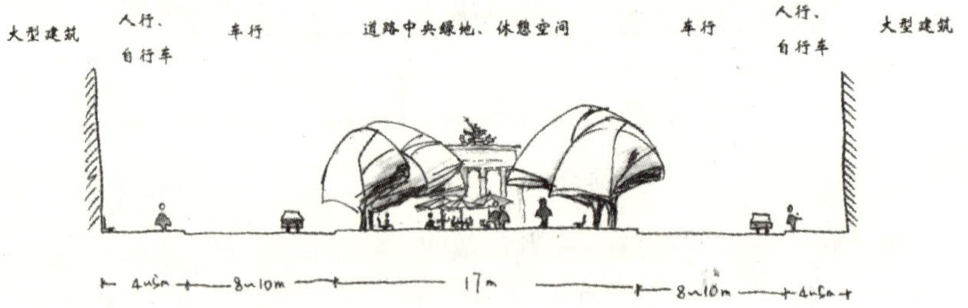

图 25.5　菩提树下大街 B 段断面图

车行道仍然为双向 8 车道，宽度不变，而占据主导地位的不是两侧的车行道，而是中央宽达 17 m 的休闲步道，茂密的椴树给人们提供了阴凉和柔和的光影，铺装也做了细致的分割：中间为 9 m 左右的细砂石铺地，自行车、人混行，同时能使雨水下渗；砂石地两侧是小石块铺地，传统的人行道铺地做法，供人行；最外侧就是椴树种植带下的草地。整个路段氛围轻松休闲，在椴树婆娑的枝叶间还能远远望见勃兰登堡门顶端的女神像。

人们在中央绿地里散步、儿童奔跑，也可以在两侧的坐椅上休息、观赏，在局部地段设置有露天咖啡座，人气总是很旺。两侧车行仿佛已经消失，阳光、椴树、咖啡、欢笑，不远处的勃兰登堡门，这是柏林人在轴线大道上的悠闲生活(图 25.6)。

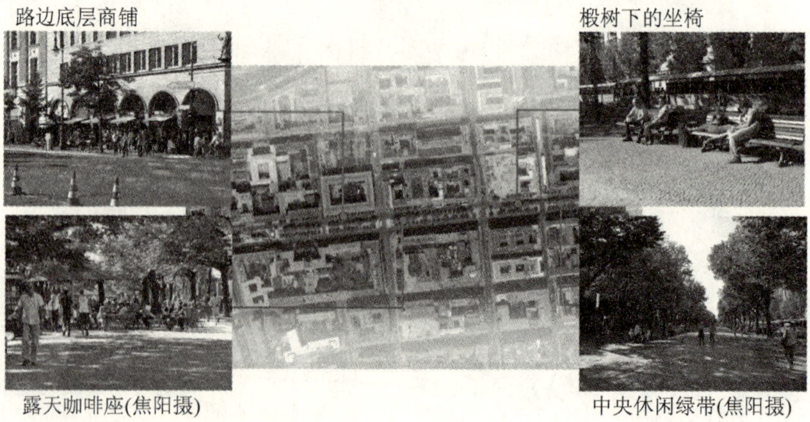

图 25.6　菩提树下大街 B 段街道生活

C段。菩提树下大街西段，即勃兰登堡门前的巴黎广场。正中央是比车行道标高高出200 cm的广场，保证了人行的占有权，这是柏林极重要的集会广场，时常有各种活动在此进行，也是旅游者聚集的中心。椴树列到此终止，留下了一个无遮挡的、宽阔而丰富的中心广场区域(图25.7)。

图25.7　菩提树下大街C段巴黎广场一侧

往外是车行道，再往外是稍微安静的、以通行和观望为主的人行道；再向外侧则是一个花坛，设置鲜花喷泉等，作为广场两侧的点缀，同时也为两边建筑物做一个分隔，遮挡来自中央道路上的人潮的喧闹；再向外，则是更为内部的车行道和人行道，基本是为两侧建筑物服务，氛围也更加安静(图25.8)。

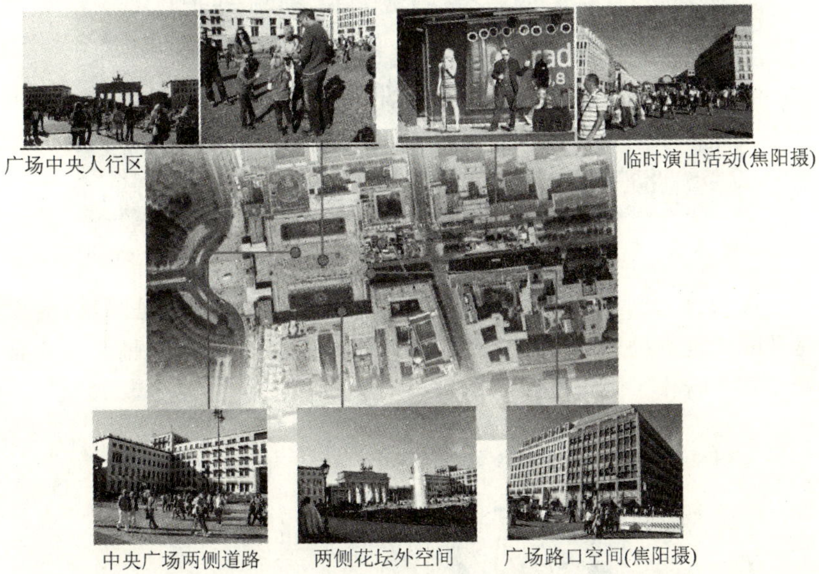

图25.8　菩提树下大街C段(巴黎广场)街道生活

通过以上分析可以看到，作为主轴线的菩提树下大街并没有因为其政治性需求、展示目的而使街道变成展示性的轴线，将人的活动驱赶出街道，而是在每一个地段都为人行作了考虑，并且设置多样化的道路功能，为丰富的街道活动留下空间。最典型的就是B段的林荫道，在展示性较强的A、C段，行人仍然没有被忽略，在足够的人行空间中能够进行丰富的活动，人的穿行也被进行了合理的引导。

3.2 斯普雷河边自由的漫步——斯普雷河流经总理府段临河道路

斯普雷河是哈维尔河的左支流，全长403公里，其中流经柏林的长度为46公里。斯普雷河从柏林南面流经市区，将市区一分为二，是柏林重要的水系组成部分。

1990年德国重新统一后，柏林重新成为统一德国的首都，一系列重建统一新柏林的规划也相继完成，其中，斯普雷河湾联邦议会和政府区的城市规划设计由柏林建筑师舒尔特斯主笔，这一项目是“首都柏林国会和政府区”的城市规划的一部分，由此，首都柏林的大建设拉开了帷幕。

以斯普雷河两岸的滨水道路为讨论对象，分段分析如图25.9所示：

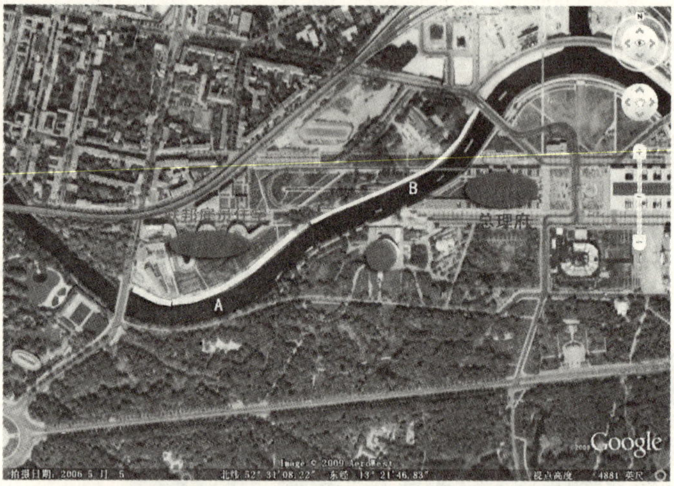

图25.9　斯普雷河政府区街道分段示意图(底图来自google earth)

A段。北侧为蛇形的联邦雇员住宅区，紧邻住区的是绿地，对岸是Tiergarten公园的休闲步道。滨河休闲道很宽，同时从铺装上为自行车和人行作了限定(图25.10)。

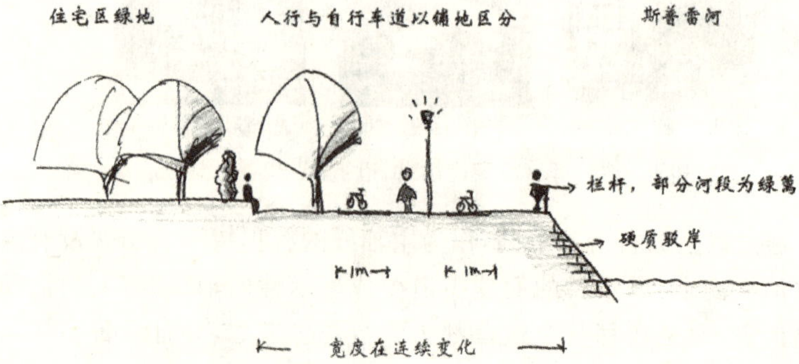

图25.10　斯普雷河A段断面图

滨河的休闲道随着河道的蜿蜒而收放，宽度在连续变化。在遇到河岸生长有大树的地方，驳岸也使用不同的处理，向河的方向推出一段平台，为大树的生长留出空间，并顺势在树下设置坐椅，作为一举两得的观景点。

人们在滨河道路上漫步、闲坐、骑自行车、在河边树下观赏斯普雷河与对岸公园的景致，这一段提供了静雅悠闲的滨河游憩空间（图 25.11）。

滨河自行车和步行道(焦阳摄)

沿岸“树台”休息处

滨河步道

对岸Tiergarten公园

图 25.11　斯普雷河 A 段街道生活

B 段。总理府和世界文化中心对岸，休闲道由一个斜坡分成了上下两层。这一路段，观赏对岸的建筑群成为行人活动的重心，休闲道也变得较窄，仍然设置了面向河道的坐椅，沿河栽植了成列的树木。

10 m 左右宽的滨河休闲道仍然对自行车和人行作了分隔，依然是通过铺装来实现。两层步道之间的高差形成的墙，限定了视线的方向，导向河对岸的建筑群，同时用爬山虎等植物来作了装饰。从行走的体验上来说，下层步道更贴近水面，而上层步道则能获得更好的视野（图 25.12、图 25.13）。

图 25.12　斯普雷河 B 段断面图

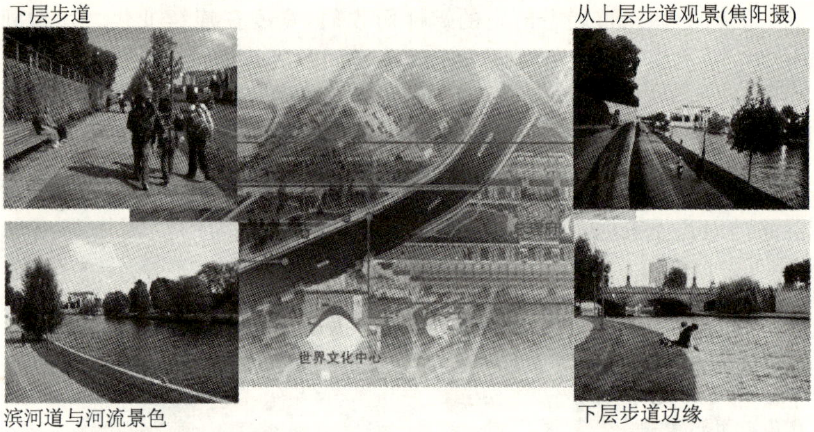

图 25.13　斯普雷河 B 段街道生活

通过以上分析可以看到，在政府建筑区的斯普雷河岸，人们休闲活动的权利仍然得以保障，主要休闲活动是散步、观景、闲坐等，并不因为总理府的存在而截断人们的通行路径，剥夺人们的休闲空间。

3.3　博物馆边的休闲体验——博物馆岛北段临水道路

博物馆岛位于菩提树下大街东侧的北面，被斯普雷河的两条支流环绕。对于柏林甚至整个欧洲来说，博物馆岛是历史文化和艺术的一个巨头，在其上矗立了佩尔加蒙博物馆、国立美术馆、旧国家博物馆等柏林博物馆的精华。博物馆岛从 1842 年开始兴建，被称为“启蒙运动的产物”，战争中被毁坏，1990 年德国统一之后政府花巨资进行修缮，被联合国教科文组织列入世界文化遗产名录。

以博物馆岛北侧两端临水道路为对象，对其空间进行分析(图 25.14)。

图 25.14　博物馆岛街道分段示意图(底图来自 google earth)

A段，波德博物馆西南侧滨河道路，临近佩尔加蒙博物馆入口（图25.15）。

图 25.15　博物馆岛A段滨河道断面

老城区道路，人行道较窄，地面全是小石块铺装。路断面空间较单调，日常主要担负人车的通行功能。但在周末的时候，中间的车行道会关闭，成为自由集市。欧洲的自由集市（跳蚤市场）历史悠久，从最初单纯的便宜旧货市场演变成如今时尚的文化集市，艺术家、学生、收藏者在这里展示自己的货物，供人们挑选，有眼光的还能淘得一两件独特的艺术品。每逢自由集市出现的日子，街道就成为热闹的广场。还有不少街头艺人也被集市的人潮和氛围吸引，在路边演奏音乐。

和旁边庄严的博物馆艺术相比，自由集市是一种更加平民的艺术，街头艺人的音乐在集市上奏响，每一个小摊凝聚着每一位摊主的心血，展现他们的艺术品位，淘东西的顾客也用自己的鉴赏眼光挑选心中的艺术品。这样的街道生活，充满了魅力（图25.16）。

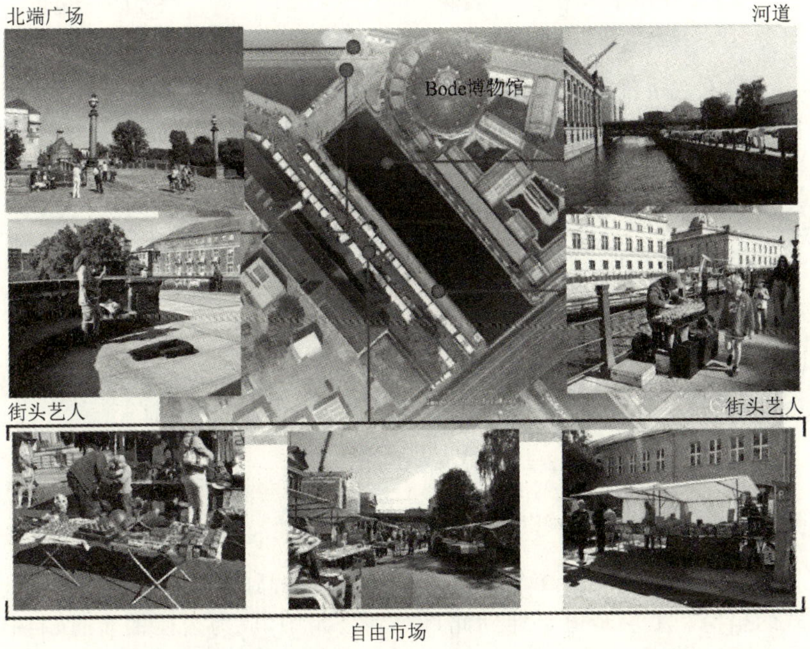

图 25.16　博物馆岛A段街道生活

B段。波德博物馆东北侧河岸，有宽阔的休闲空间，滨河绿地(图 25.17)。

图 25.17　博物馆岛 B 段断面图

从桥头连接上层步道，以通行功能为主，东侧有儿童活动场所、公园绿地等；和下层休闲道的高差以大台阶或者草坡做连接，间植树木，人们在台阶上闲坐、在草坡上躺卧，享受水声、阳光和博物馆岛厚重的艺术文化气息。下层休闲道较宽(8 m 左右)，并设置了一些休闲设施，阳伞、桌椅、咖啡座、躺椅等，供人们舒服地交流、休息、观景(图 25.18)。

图 25.18　博物馆岛 B 段街道生活

C段。斯普雷河的支流在这一段逐渐开阔，河东侧的三角形绿地是一个小型城市公园，休闲道在此也较为开阔，并和公园结合，成为供人们休闲的一个整体空间(图 25.19)。

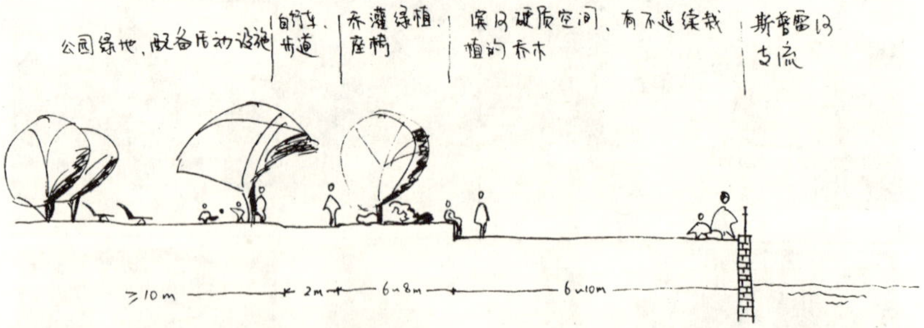

图 25.19　博物馆岛 C 段河岸断面图

上下层步道高差逐渐缩小，成为 400 mm 高的台阶，同时成为非正式的坐椅。上层步道延伸到此贯穿到公园中，成为公园的步行、自行车行道；下层休闲道则更为开阔，中间偶有树木栽植，并配有休息设施，成为公园绿地延伸到河边的一个活动空间(图 25.20)。

图 25.20　博物馆岛 C 段街道生活

博物馆岛可以说是柏林最有分量的历史文化区域，精华的博物馆都集中在此，人群的活动是必然要考虑的问题。博物馆岛本身空间局促，建筑占满了岛上的土地，在环绕博物馆岛的河流的两侧就发展了人们的活动场所。在这样具有厚重文化氛围的区域，周边的休闲空间也是非常亲切、平民化的。周末自由市场闪耀着普通人的创意和平民化的艺术氛围，河边的休闲道则是今天的人们散步交流和放松地感受历史艺术的空间。

4　结论

街道是城市户外生活的主要场所，丰富多样的街道生活创造出富有吸引力的城市。要使得丰富的街道生活得以发生，需要做到：

(1) 确定人对于街道的使用优先权。为人行创造连续的、安全的环境，降低车行的影响，才有可能聚集人的活动，菩提树下大街是一个很好的例子。

(2) 保证街道的人民性。政府区、轴线大道等政治性景观不应该剥夺普通市民对街道的使用权，应该仍然保证城市街道的连续性和开放性，为市民提供平等、舒适的城市街道空间。斯普雷河流经总理府段反映了这种态度。

(3) 尊重鼓励多元的街道活动。一些汽车时代之前的传统的街道使用方式能得以保留，可以产生充满魅力和特色的街道生活，比如周末的跳蚤市场。多元的合理的街道使用方式也应该加以鼓励，比如露天咖啡座、街头艺人、洪堡大学的书市等，都是能丰富街道生活的活动。

(4) 创造尺度宜人的舒适空间。鼓励人们在街道上活动，需要街道具备合理的交通组织、遮阳的林荫、足量舒适的坐椅、怡人的景色等。斯普雷河边的滨河休闲道、菩提树下大街的林荫道等，柏林的许多街道都具备这种素质，当然这依赖于整个城市的生态基础设施建设。

参考书目

[1] Allan B. Jacobs. Great Streets. The MIT Press, 1995: 1-2.
[2] 吴唯佳. 跨越柏林墙—2010年前的柏林城市建设[J]. 世界建筑, 1999, 10: 18-23.

*未特别注明的照片或图片均为作者拍摄或绘制。

专题 26　巧用道路中间塑造丰富的城市空间
——柏林、布拉格的启示
The smart use of middle space of roads in shaping colorful urban space
——experiences of Berlin and Prague

白晶/Bai Jing

摘要:通过对柏林、布拉格的实地考察,概括了其道路中间的不同利用形式,探讨了如何灵活巧用道路中间来塑造城市空间,并结合国内现状进行分析与总结;从道路中间这一微观尺度出发,来探讨如何塑造丰富的城市空间、创新性的挖掘土地价值、通过设计的及时更新与功能转换,使设计更加人性化、为市民带来更加舒适、实用的城市空间。

关键词:道路中间;城市空间;柏林;布拉格

Abstract: Through the experiences of visiting Berlin and Prague, the author summarizes different forms of the use of middle space of roads, tries to figure out how to shape colorful urban space by the smart use of it, and analyzes principles and rules comparing to the situations in current China. The middle space of roads can reflect how to shape urban space and improve the value of the land creatively through a microcosmic view; and can also be used to discuss the renewal of design and transformation of function, which can make the design more humanized and provide more comfortable and practical urban space for citizens.

Key words: middle space of roads　urban space　Berlin　Prague

1　引言

城市空间与每个人的生活息息相关,随着城市化进程的加快和社会经济的迅猛发展,城市建设中对于城市空间的塑造受到越来越多的关注。如何在城市建设过程中实现更加可持续化、人性化的设计,更大限度地挖掘土地价值,是城市空间塑造的关键。本文从道路中间空间利用这一微观尺度出发,探讨实现节约用地,塑造更加丰富、功能性更强、更具有人性化考虑的城市空间，为我国的规划建设带来一点启发。

1.1 城市空间塑造

城市空间塑造是一个既古老又现实的话题。西方自19世纪起就有了专门论述，始于1889年奥地利建筑师卡米罗·西特《城市的建造》一书中总结的一系列城市设计原则（时匡，2007）。随着城市的不断发展，城市空间的发展趋势和塑造要求也在不断地发展和变化。目前，国际上越来越倾向于建设紧凑型的城市，即充分有效地利用土地资源，营造舒适的城市空间。

我国城市空间塑造目前仍需大力开展，并且不应局限于平面规划和宏观尺度，而应不断思考、不断创新，真正为市民带来舒适、实用的城市空间环境，塑造真正满足市民需求的城市空间。

近年来，关于城市空间方面的研究受到越来越多学者的重视，其学术关注度也逐年增加（图26.1，数据统计截至2008年）；同时一些地区及城市，如连云港（盛鸣，2009）、海口（梅珍珍，2009）等也在纷纷实践城市空间发展、演变等相关研究。但目前对于城市空间的研究仍主要集中在城市空间格局与肌理、城市空间演变与变迁，以及城市空间特色等方面，对于城市空间塑造、设计后使用反馈与更新等方面的研究仍相对较少。

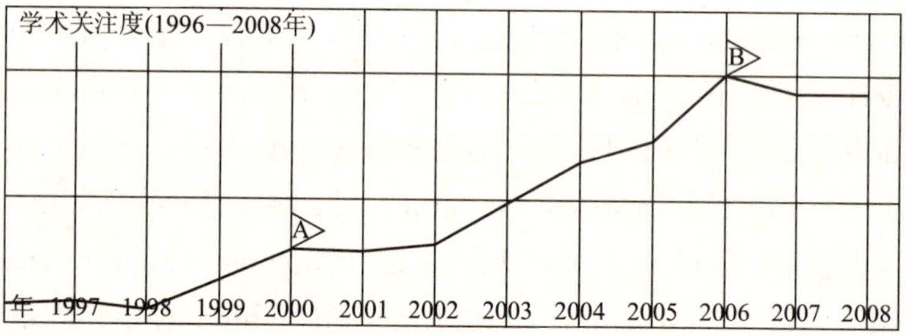

图26.1 城市空间学术趋势分析
（来源自cnki中国知网）

1.2 道路中间的空间利用

"宽而疏"现象是近年来我国城市道路建设的主要特征（陈哲，2009），但如此"宽"、"疏"的道路，既没有很好地改善城市交通，也没有进一步完善城市功能，反而造成了土地利用的浪费。其实，在如此"宽"、"疏"的道路上，道路中间的空间可以得到很好的利用和挖掘，而不应被忽视或被看做道路中间分隔带。

目前，对于道路中间空间利用的相关研究比较缺乏，对于道路中间分隔带的研究也仅局限于绿化研究这一个方面。国内目前实际采用的道路中间分隔带形式主要为双黄线式、护栏式(最常用)以及绿化带式(主要在高等级道路或景观道路上)中间分隔带(张宁,2007)。

而在国外,道路中间的空间实际上发挥着多重的功能和作用,通过巧用道路中间,可以塑造出丰富的城市空间,为使用者带来极大的方便,值得我们了解和关注。

2 柏林与布拉格的道路中间巧用

2.1 巧用道路中间的多种形式

2.1.1 道路中间的绿化形式

以绿化带作为道路中间分隔是国内最经常使用的一种形式,在功能上可以彻底地将对向车流进行分离、吸收部分噪音和尾气、改善城市生态环境,在景观上可以为城市提供一份绿色,使司机保持愉悦的心情。

在柏林,绿化形式也是道路中间利用的一种很普遍的形式。通常,宽度较窄的道路采用纯草本植物带状种植,道路中车行道及中间绿化的宽度都很紧凑;而对于宽度较宽的道路则在道路中央种植1~2种乔木(通常胸径为10~12 cm),并形成一定的节奏和韵律(图26.2、图26.3)。

这种方式在国内也经常使用,但是存在以下不同:

(1) 植物材料选择的不同

柏林道路中间绿化的植物材料多为乡土草本及乔木,作为城市绿地系统的一部分,显得亲切而自然;国内一些城市的中间分车绿带常使用花灌木加观赏花卉的种植方式,在重大节庆的时候,还常摆放盆花,片面追求美化效果,大大增加了成本和养护需要,而效果也并不尽如人意。

(2) 绿化结合其他交通辅助设施

柏林道路中间的绿化还通常结合具有实用型、审美性以及视觉传达性的其他道路景观构成要素。如绿化结合人行道的设计,为过街的行人提供一个舒适、方便的环境;在绿地中设置标志标牌、路灯等交通辅助设施,既提高行车安全又不占用其他空间;在绿地中布置可移动、可替换的大型宣传海报等,这种办法在欧洲的很多城市,尤其是大型社区内都是用的较多,既满足了功能的需求又紧凑、巧妙地利用了空间。

这些细节都体现了对于空间最大限度的挖掘以及对于有限土地资源的巧妙利用;并且,这些都是从行人、司机以及周边社区的切实需求出发,在一定的空间范围内以人为本,灵活设计,从而达到功能性、景观性等多重效果(图26.4至图26.6)。

图 26.2 Argentuinische Allee 道路中间绿化带

图 26.3 Schlobstrabe 道路中间绿化带

图 26.4 植物材料选择——乡土草本、路灯图

图 26.5 绿地结合人行道

图 26.6　绿地中的宣传海报

2.1.2　道路中间开辟为步行道

在柏林和布拉格考察中还发现，在景观大道或者城市中重要轴线的道路中间，被开辟为步行道进行使用。

以柏林市中心内由胜利柱至勃兰登堡门的城市轴线为例。这条轴线是柏林城市内一条最为重要的景观大道，凝聚着柏林悠久的历史和记忆。一端是胜利纪念柱，建于 1873 年，是为了纪念 1864 年普鲁士打败丹麦、1866 年打败奥地利和 1870—1871 年对法国战争的胜利而建。高 67 m 的纪念柱顶矗立着金色的胜利女神像，她朝着巴黎方向挥动着桂冠，是柏林人的至爱；另一端是新古典主义风格的勃兰登堡门，由普鲁士国王腓特烈 · 威廉二世下令于 1788 年至 1791 年间建造，以纪念普鲁士在七年战争取得的胜利。勃兰登堡门是柏林的象征，也是德国国家的标志(图 26.7)。

图 26.7　胜利柱至勃兰登堡门轴线
(来源自 google earth 截图)

图 26.8　走在步行道中，面向纪念柱方向

这条景观大道穿过柏林中心的蒂尔加藤公园，该段全长近 2 000 m，宽 20 m，步行道位于道路的正中间，宽度为 2 m，与地面等高，通过铺装与两侧的车行道相互区分。这条步行道连接着上述该段最重要的两个节点，可供行人自由行走，感受这条轴线的无穷力量，体会柏林的历史(图 26.8、图 26.9)。

但同时作为重要的城市干道，这种形式也存在着一定的安全隐患——步行道与两侧车行道中间没有任何实质性的阻隔，两侧车流不断且车速较高，需要行人高度集中注意力并时刻保持警惕；而游人往往被这条大道的景致所深深吸引并专注于拍照，因而安全性问题值得关注！

图 26.9　于纪念柱顶俯瞰该道路
(焦阳摄)

将道路中间开辟为步行道是一种对空间的大胆利用和创新，也是节约土地利用方式很好的表现。我们通过努力去吸收其可以利用的要素，解决其存在的问题，就可以给我国的城市道路建设开阔思路。

2.1.3　道路中间生机勃勃的广场

位于布拉格国家博物馆前的瓦茨拉夫广场位于道路正中间，两侧为车行道以及林立的商店、酒吧和赌场。通过压缩两侧车行道的车道宽度，广场使两侧建筑红线之间的道路空间得到了极致的利用。

这个广场已经有 600 年的历史，是布拉格的政治中心，苏军占领布拉格及 1989 年的民主运动都发生在这里，广场中间现在仍保留有圣瓦茨拉夫四世的雕像；现在，瓦茨拉夫广场每天都汇集了很多人，尤其到了傍晚时分，更是人气极旺。广场与两侧的车行道通过车挡以及绿化相互分隔，形成一个独立的空间；广场上设置有大量的花坛、坐椅、移动热狗售卖车以及宣传海报等，并会不定期地有临时性表演，是城市中重要的休憩、交流空间，使这个城市充满着生机和活力。

瓦茨拉夫广场现在已成为市民游憩、休闲的绝佳选择，以及游客到布拉格游览的必到之地(图 26.10、图 26.11)。

图 26.10 瓦茨拉夫广场的交流空间

图 26.11 瓦茨拉夫广场汇集人气

2.1.4 作为停车场的道路中间

考察中发现，柏林的一些道路中间被作为停车场使用。这些道路通常是景观大道的局部或者现在道路承载能力远大于其交通量的道路，这种做法可以及时地对空间进行功能更新，充分提高空间的使用效率。

在上述提及的由胜利柱至勃兰登堡门的轴线，在经过胜利柱后往西侧方向的 Strabe des 17 juni 路段，由于其道路整体宽度仍保持跟东段景观大道一致，但这一段的游览价值和对游客的吸引力明显下降，因而在道路中间开辟了 5 m 宽带状空间作为停车位，全段共计可解决 200 余个停车位，极其巧妙地利用了空间(图 26.12)。

图 26.12 Strabe des 17 juni 道路中间的停车场
(来源自 google earth 截图)

与上述情况相似，位于柏林西部的 Flatowallee 路，全长近 500 m，其西北方向的尽端连接着 1936 年建起的柏林奥林匹亚体育馆。由于目前该体育馆只承担较少的一部分大型体育赛事，因而现在的交通量无需如此宽阔的道路。于是该道路的其中一段的中央开辟为停车场使用，设停车位 80 个。由于这一段道路的周边是一些独栋别墅和联排住宅，因而这种做法很好地满足了周边住户的停车需求(图 26.13)。

图 26.13 Flatowallee 以停车场作为道路中间分隔

图 26.14　道路中间作为有轨电车道

2.1.5　道路中间有轨电车通过

布拉格的街道通常都很狭窄，而且布拉格仍保留着一些有轨电车。有轨电车道在道路中央，既可以分隔车流，又可以满足有轨电车的行驶，充分利用了有限的街道空间。当然这同时也需要司机和行人严格遵守交通规则来确保安全(图 26.14)。

2.2　分析与小结

2.2.1　可持续的规划设计原则

在西方的城市规划设计中，可持续的设计原则一直是宏观、微观尺度共同探讨和实践的重要原则。道路中间的空间利用，也同样追寻可持续的原则。

这种可持续性既体现在对于道路中间功能的持续挖掘，也体现在植物材料的运用等细节之中。以植物材料为例，柏林道路中间的植物材料选择都为乡土植物，追求自然、原生态，与柏林整个城市绿色、自然的氛围相一致(整个柏林的 1/3 都覆盖着绿色)；同时，植物配置的形式，也都十分自然、淳朴，与自然最为完美地结合，而非刻意花费大量精力、金钱去种植观赏花卉或盆栽植物，从而节约了植物材料及养护的成本，形成可持续发展的城市空间。

2.2.2　城市空间塑造的创新与多样性

城市空间与我们每个人的日常生活都息息相关，真正成功的城市空间应该是最大限度地满足人们的使用需求。

作为规划设计者，应该根据空间、时间特征灵活考虑，打开思路、不断思考、大胆创新，探讨多种可能性，才能塑造出切实满足人们需求的、丰富的城市空间。

2.2.3　设计的即时更新与功能转换

上述提及的道路中间作为步行道或停车场等形式都是设计更新与功能转换极好的典范。原本根据当时的需求所设计的道路宽度，随着时间的推移、功能的转换不再适应现在的使用情况，这就需要管理部门及设计人员及时更新，以新的功能或形式来灵活处理，使设计同样可以与时俱进并且可持续发展。这不同于推倒重来，而是从实际出发，去实现空间的最大使用价值。

2.2.4　城市空间塑造应以人的需求为根本出发点

道路中间空间，作为城市空间的一部分，无论是作为硬性的车流隔离还是步行道、广场或其他形式，归根结底都是为了满足人的需求，确保人的安全。因而在规划设计中，应该切实根据场地及周边地块的实际情况，充分挖掘使用者的需求、挖掘空间的潜在利用价值，大胆创新，从而使得城市空间更为合理、更为人性化。同时，人的态度和行为才是安全的保障。德国的很多道路中间分隔在中国人的眼中是缺少安全性的，但在柏林确实很安全的，它拥有欧盟大国首都中最安全的道路交通系统[①]。这是因为几乎所有的行人、司机都严格遵守交通安全，没有人去冒险违反交通法规，所以这是安全的。

2.2.5 城市空间塑造中的节约集约用地

在考察中发现，德国、捷克的车道宽度普遍比国内要窄很多，用地也更为集中紧凑。这样既避免了车辆随便越道等现象、提高了车速，又节约出大量的带状空间用于道路中间分隔带或分配给周边的用地。

国内现在对于节约集约用地的关注日益增加（魏衡，2009），在城市空间塑造的过程中，应当从规划做起，从点滴的细节做起，切实实践节约集约用地。以道路规划为例，完全可以考虑适当缩减规划道路宽度，这样会节约出大量的带状用地。

3 启示

目前，我国道路中间的空间利用价值还没有得到充分的挖掘和利用。道路宽度过宽，造成土地的大量浪费；同时最经常使用的绿化隔离带形式，常常过分追求视觉美观效果及气氛营造，实用性、功能性不足。

国庆期间，北京市各大道路经常出现壮丽的“节庆”、“花海”景致，需要大量的花费且功能性、实用性不强。无比宽阔的马路的服务对象是两侧飞驰的汽车，道路中央花尽心思的盆花花阵只不过是一个毫无功能性的摆设！

北京的城市道路建设不应盲目追求宽阔的道路宽度，却并未能从根本上解决问题，从笔者的考察中发现，北京的道路宽度明显大于欧洲，但堵车现象却更为严重。现在整个社会都在积极倡导节约型社会、人性化的社会，但是从道路中间的空间利用这么一个细节就可以对比出差距，良好城市空间的塑造离不开大胆创新，离不开人性化考虑（图 26.15、图 26.16）！

当今后高喊节约集约口号而无大肆浪费土地的时候，当使用了无数冰冷的护栏依然对道路安全无济于事的时候，当漂亮绚丽的规划设计草图画完后就不再理睬场地变化的时候，我们是不是应当静下心好好反思！

图 26.15 北京市国庆期间道路中间花卉

图 26.16 北京宽大却拥堵的马路

（来源自网友拍）[②]

① 据欧洲交通安全委员会（ETSC）的一项研究显示，在柏林的街道上，每十万人交通事故死亡率仅为 1.64 人。

http://www.deyinxiang.org/HTML/news/todaynews/2008/10/200810130328475568.shtml

② http://image.baidu.com/i?ct=503316480&z=0&tn=baiduimagedetail&word=%B1%B1%BE%A9%B5%C0%C2%B7&in=15029&cl=2&lm=-1&pn=3&rn=1&di=5181039296&ln=1880&fr=&ic=0&s=0#pn17.

http://pic.dc.yesky.com/pic/fjtp/city/59/504559d_1.shtml.

参考书目

[1] 盛鸣,黄咏梅,乔建平. 新时期连云港城市空间跨越发展战略解析[J]. 城市规划,2009(10):72-75,84.

[2] 梅珍珍,李刚,赵志忠. 海口市城市空间扩张肌理研究[J]. 海南师范大学学报(自然科学版),2009(02):219-223.

[3] 时匡. 城市空间的塑造[M]. 中国建筑学会 2007 年学术年会论文集,2007.

[4] 陈哲,李彦. 城市道路的"宽而疏"及其弊端[J]. 城市问题,2009(09).

[5] 张宁,陈恺,何铁军,黄卫. 城市道路中间分隔带对比分析及设计[J]. 城市交通,2007,(03):86-91.

[6] 魏衡,魏清泉. 节约集约用地 建设紧凑型城市[J]. 山西建筑,2009(27):51-53.

*未特别注明的照片均为作者拍摄

专题 27　柏林城市中植物的精神

The spirit of plants in Berlin

陈玥/Chen Yue

摘要:作为一座典型的绿色城市,柏林拥有大量的绿地,各种各样的植物在其中扮演着重要的角色。本文结合实例,从植物与城市、场所和人的关系出发,分别描述不同植物景观的典型特征——强大的生态屏障、舒适的休憩场所以及个性的设计语言,总结出柏林城市植物所具的精神。

关键词:植物;绿地;精神;柏林

Abstract: As a typical green city, Berlin has a lot of green spaces, where a variety of plants play an especially important role. This paper describes the typical features of different plants landscape——strong ecological barriers, comfortable sitting places and a unique design language, with examples separately in terms of the relationship between plants and cities, plants and places, plants and people. Then this paper discusses the spirit of plant in Berlin.

Key words: plants　green spaces　spirit　Berlin

1　引言

柏林作为德国的首都,是德国名副其实的绿色之都。每一个到过柏林的人都不禁会被阳光下整个城市满眼的绿意而深深打动。由森林形成的绿色景观带一直延伸并穿过整个城市,即使身处市中心,人们也能处处看到美丽的植物景观。柏林城市总面积的42%是绿色空间和水面,绿地面积占城市总面积的百分比居于德国各大城市首位,绿化程度非常高,大量的绿地是柏林典型的特征。优美的植物景观,不仅提升了柏林整座城市的生态环境质量,更为城市居民创造了大量回归自然、休闲交往的空间场所。

植物作为造景的重要素材,其巨大的表现力在柏林这座城市中得到充分的体现。柏林的城市建设特别注重树种的选择和经营,植物种植和发展规划普遍受到高度重视,植物景观质量非常高。无论是公园内的自然林地、街道广场上人工配置的植物群落还是居民住宅的花园庭院，都因其丰富的植物品种、多样的结构层次和巧妙的形态配置而给人留下深刻的印象。行走在柏林，随时可以感受到无处不在的植物景观，它们用自己独特的精神提升了柏林的城市魅力。

2 柏林城市植物的精神

柏林处处皆绿色，不仅是公园内，河边、街道两侧、建筑旁——但凡是户外空间——优美的植物比比皆是。这些植物不仅为柏林这所国际大都市提供生态环境保障，而且承载着当地居民的休闲和消遣活动，满足了人们精神上的需求，同时形成了丰富的绿地空间，进而营造出生动而富有魅力的城市景观。

2.1 强大的生态屏障

柏林具有重视生态保护的优良传统。在20世纪的六、七十年代，柏林城市曾遭受过严重的环境污染。经过多年的努力，现在柏林拥有占其总面积14%的保护区，林地几乎占了柏林城市面积的五分之一，形成了完善的城市绿地系统(高健，2005)。

2.1.1 高质量的城市森林

城市森林构成了柏林城市绿地系统的重要组成部分。尽管柏林市内绿色空间面积增加的余地已不大，但柏林市还是努力扩大城市森林的面积，柏林的林业服务机构精心地培育城市森林，广泛应用近自然森林的经营管理技术，努力营造多种类型森林。

图 27.1 湖岸的自然式植物群落——蒂尔加滕公园

图 27.2 乔灌木有机分布——蒂尔加滕公园

森林公园是城市空间中最常见的以生态涵养功能为主的绿地景观。这类公园大都由茂密的落叶树林组成，林下种植有各种观赏灌木及宿根花卉，结合湖泊水面有机分布，形成郁闭度较高的绿地空间。相应的植物群落具有如下共同特征：大量植物种类组成较复杂的群落结构与层次，植物群落大都展现其自然的形态，大片树丛错落分布，乔灌木合理搭配，形成层次丰富疏密有致的空间形态。柏林市中心占地210公顷的蒂尔加滕公园就是一个典型的例子。作为柏林城市绿地系统的中心，这里拥有丰富的植物种类与资源，森林绿地结合水系组成了复杂的生态系统。但是不同于一般山区森林里的野生树木或整齐划一的人工防护林，这里的植物养护管理工作做得非常到位，自然优美的植物景观与城市很好地融合在一起。茂密的林地围合出温和潮湿的环境，阳光透过枝叶茂密的大树倾泻而下，形成幽静安宁的郊野气息(图27.1、图27.2)。

2.1.2 城市建筑植被化

城市建筑环境大面积自然植被化是一种利用城市资源来保护环境，净化环境的有效途径，具有非常重要的生态价值。利用植物的光合作用，可以有效地控制城市温室效应，消解热岛现象；植物所具有的吸附与凝结能力对降低城市大气污染也起到重要作用，同时植被化所建立的人造生态小生境，为城市昆虫和其他小生物提供了可生存空间（戎安，2003）。

柏林目前有近 45 万 m^2 的建筑物屋顶已被植被覆盖，许多建筑物表面完成了立体植被化。在柏林，随处可见爬满攀缘植物的建筑墙壁，它们作为垂直绿化的基本素材，其本身不仅具有很高的生态价值，同时也可以形成良好的景观效果。

图 27.3 爬满地锦的建筑外墙

2.1.3 重视植物的多样性

德国在历史上曾两次受到冰川影响，从而导致这一地域形成瘠薄的酸性土壤，原产本地的植物品种并不丰富。随着柏林城市居民的不断增加，城市内外的交通和商品流通更加频繁，植物外来种的比例也在逐渐扩大。除了那些能够在城市中找到适宜生长的本地种外，城市地区高度的物种多样性十分依赖外来种（陈波，包志毅，2005）。与此同时，柏林也非常重视本地物种的应用和保护，在充分了解自己地域的自然环境资源与气候条件后，通过科学的选择与完善的管理，确保植物在这方土地上可以健康良好地生长。因此柏林一直保持着较高的生物多样性水平。

图 27.4 随处可见的建筑表面植被化

以柏林随处可见的草坪为例，这里很少见到单一草种，各种原生的野草野花混杂其中，但依旧生长得欣欣向荣。这一点与中国形成鲜明对比，中国在草坪养护管理上往往是不辞辛劳花大力气派很多工人蹲在草地上把所谓的杂草都一株株拔光，结果是劳神费心，得不偿失。

柏林丰富的植物种类资源进一步提升了城市的生态多样性。以鸟类为例，柏林是世界上知名的鸟类丰富的城市之一，有一个拥有 2 000 多名会员的鸟类学家协会和一个拥有 14 万会员的鸟类保护协会，爱鸟护鸟也已经成为当地公民的社会风尚。丰富的植被提供了不同鸟类栖息的场所，为生态多样性奠定了基础（图 27.5、图 27.6）。

图 27.5 草坪上盛开的野生小花

2.2 舒适的休憩场所

作为一种景观元素，有些植物是专门用来服务于人的，它们普遍存在于城市的每个角落，与人类的生活息息相关。亲切可读的植物景观营造出优美舒适的场所环境，为居民提供休闲、观赏的好去处。

2.2.1 现代休闲公园——观赏与游憩并重

柏林拥有大量的现代公园绿地，它们作为城市的“绿肺”，与整个城市有机地融合在一起，满足城市居民的休闲娱乐需求的同时，也为城市环境增添了勃勃的生机。

图 27.6 丰富的植被为鸟类提供生境

这类公园不同于城市森林，它们通常更强调观赏性和休闲性，以满足居民的使用需求为主要功能。因此公园往往具有较多人工设计因子,与休憩娱乐设施融合较紧。公园常见如下典型植物景观:例如将绿地点缀得更加斑斓的美丽花境、为游客和居民提供了足够阳光的大面积草坪与孤植大树、结合水面分割空间的成片树林等。所有这些优美的植物景观结合起伏多变的地形,营造出了变化丰富的绿地空间,为人们提供了良好的观赏与休憩场所。柏林南部的布里茨公园就是这样一处典型的世外桃源,园内处处可见人与自然和谐相处的美好景象(图 27.7 至图 27.9)。

图 27.7 美丽的花境植物——布里茨公园

图 27.8 大草坪与孤植树——布里茨公园

图 27.9 人与自然和谐相处——布里茨公园

2.2.2 住宅绿地——简洁大气,彰显个性

柏林各种住宅和社区的绿地空间也是城市绿地的重要组成部分。由于与人们生活的关系更为密切,住宅绿地的植物景观进一步体现了居民生活的需求,将户外的绿色开放空间融入生活中。住宅的植物景观往往与住宅建筑以及周边环境的风格保持一致。大型的公寓式住宅往往与充足的绿地空间相伴,植物景观通常简单而清新。大草坪为居民营造了足够晒太阳的场所,树木在提供荫凉的同时还具有观赏功能。但同为公寓式住宅,植物景观也因住宅的不同特点而具有不同的特征。如斯普雷河沿岸的蛇形住宅,建筑体量很大,河两岸景观很美,对面是柏林著名的总理府。因此大面积的草坪,几棵大树和一些列植的灌丛点缀其中,辅以一些儿童游乐设施,营造出清新开敞的空间形态,并最大限度地满足人们亲近自然亲近户外的需求(图 27.10)。同样作为大型住宅,柏林城郊的"小马赛"则风格不尽相同。这里远离市中心,环境更加幽雅宁静。因此建筑外的绿地空间也相对比较封闭。一个面积较小的草坡与简洁的建筑外观相呼应,茂密的大树列植成行,林荫道为居民散步、遛狗提供了场所(图 27.11)。

图 27.10 开敞的草坪空间——蛇形住宅绿地

图 27.11 简洁的草坡——"小马赛"住宅绿地

相比较大型社区,小型别墅和私宅院落的植物景观则更加自由,德国发达的园艺事业在这里体现得淋漓尽致。宅主按照个人的喜好,在自己的小院里种植各种花草树木,通过自己的精心打理,美丽的鲜

花和累累的硕果使自己的院落呈现出花园一般的美丽景观(图 27.12、图 27.13)。

2.2.3 街道绿地——优美的线性景观

柏林的街道作为人活动密集的场所,形成很多美丽的线性植物景观。概括起来有如下几个特点。首先,街道两侧的行道树几乎都是很高的成年大树,茂密的枝叶形成宽大的树荫,草坪居多而灌木相对较少,为人们提供较为开敞的林下空间(郭晓梅,揭俊,2002),树木养护管理工作十分到位,树木大都年代久远,很少见到人工移伐的痕迹;其次,行道树种并不单一,椴树、法国梧桐是常见的行道树种类,同一条街道上往往可以看到几种行道树种类;再次,很多街道选择果实明显的树木作为行道树种,如栗树和橡树,掉落满地的果实为人们带来浓浓的生活气息。

此外,一些沿河街道因与水景相关而具有别样的植物景观特点。美丽蜿蜒的斯普雷河贯穿柏林城市,流经住宅区的河段沿岸通过不同形态的植物配置,形成丰富密集的植被层次和林荫道路,营造出安宁祥和的植物景观;流经市中心及城市开放空间的河段沿岸,则多种植草坪和小型树种,结合各种设施,不仅将河流的美引入城市,也为人们提供了河畔观赏休憩的空间。还有一些特殊的植物景观,如总理府对面长长的垂直绿化花园围墙,上面爬满了泛红的五叶地锦,风景独特,非常优美(图 27.14 至图 27.18)。

图 27.12 某私人院落

图 27.13 某私人院落

图 27.14 一条典型的街道——汤姆叔叔的小屋

图 27.15 同一条街上不同的行道树种类

图 27.16 丰富密集的沿河植物群落

图 27.17 河岸的草坡和休息的人群

图 27.18 总理府对面的五叶地锦围墙

2.3　个性的设计语言

在城市里，有一些植物群落因与场地的性质息息相关而具有某些特殊的空间功能。它们被当作某种设计语言或辅助工具而服务于特定的场所，用来传达设计者的思想与信息。这类植物景观往往被赋予特定的功能或象征，具有强烈的表现张力，对于塑造城市形象也起到重要作用。

2.3.1　皇权的象征——皇家古典园林

柏林作为德国的首都，历史上皇室与贵族居住使用的皇宫行苑，其中很多作为世界文化遗产而保留至今。这些古典皇家园林作为柏林城市绿地系统的组成部分，具有重要的历史遗产与纪念功能。同样，作为景观塑造元素，古典园林中的植物也因其显著的时代特征而具有历史功能。其中植物的造型起了关键的作用。无论是高大挺拔的林荫树，还是修剪整齐的树篱或盆景，往往通过列植的方式营造中轴线的对称感和统一感；大面积的花境、草坪塑造出几何图案的地毯式园林也是巴洛克园林风格中不可或缺的景观元素。

这种西方古典皇家园林严谨的几何式布局是历史的象征与写照。植物配置往往具有明显的人工雕琢痕迹，通过这种征服自然的方式来强化皇权的至高无上。以无忧宫为例，园内的主轴线是一条东西向的林荫大道，严谨的轴线上有喷泉、雕像，两侧对称分布的高大杨树以及经过严格修剪的树篱更是为轴线增添了几分磅礴之气势。

此外，受历史文化因素的影响，德国古代的王室贵族喜欢通过建造各种果园来彰显他们所拥有的权势和财富，其中以橘园、葡萄园等居多。这些果园作为一种独特的植物景观，蕴涵了特定的历史意义和特征，成为柏林皇家园林的一个显著特征(图 27.19 至图 27.23)。

图 27.19　笔直的列植行道树及盆栽——夏洛腾堡宫

图 27.20　地毯：几何图案式的花园——夏洛腾堡宫

图 27.21　中轴线两侧的杨树林荫道——无忧宫

图 27.22　台地前俯瞰中轴线上植物几何式布局——无忧宫

图 27.23　温伯格台地上成排的葡萄——无忧宫

2.3.2 以植物为主题——柏林植物园

柏林植物园是世界一流的植物园之一，集观赏、休闲、科普、展示功能于一身，相比较于其他城市公园，更以植物景观取胜。柏林植物园植物群落非常丰富，不仅品种多样，而且种植风格与配置方式也丰富多变。园内温室前是一个相对独立的规则式园中园，植物对称分布，并配植了修剪整齐的树篱和花境，与现代化的温室建筑风格统一，气势恢宏；园内其他植物群落大部分都呈自然式分布，同时各个专类园也具有不同的风格和特征，其中以岩石园最为出众。丰富的植被结合相应的休闲游憩设施，将植物园装点得更为美丽（图 27.24 至图 27.26）。

图 27.24 园内丰富的植物群落

图 27.25 温室前规则式园中园

图 27.26 岩石园的植物景观

2.3.3 氛围的营造者——纪念场所及广场街区

柏林城市中存在某些特殊功能与性质的场所，其中植物作为重要的气氛营造者，为场地赋予了独特的内涵，对场地的特征塑造起到关键作用，其中纪念性场所尤其突出。以柏林的墓园为例，冷色调的针叶植物在这里被大量运用，修剪整齐的冷杉和柏树很常见，大都呈规则式布局，来营造宁静肃穆的氛围。另外，位于 Trep Tower 公园广场周围的植物，它们枝条低垂的姿态仿佛在表达对于苏联红军的哀思之情。

此外，广场街区作为城市重要的开放空间，同时也成为设计师发挥想象力的重要场所，宣扬个性，彰显城市风格的地方。柏林拥有许多有趣的广场和街区，这些城市开放空间经过设计师精心设计，在满足人们休憩与交流等基本需求的同时，还常常融进设计师的独特想法，用来烘托强烈的场所精神。如波茨坦广场的 Tilla Durieux 街区，主体由一个扭曲的三棱锥形状的草坪组成，巨大的尺度给人丰富的空间体验和视觉刺激，同时调节广场内硬质建筑空间，令人感到强烈的自由感和舒适感。躺在这里沐浴阳光的人群已经成为此处的一个标志性景观(图 27.27 至图 27.29)。

图 27.27　墓园肃穆的植物景观

图 27.28　Trep Tower 公园广场(白晶摄)

图 27.29　波茨坦广场的大草坡

3　小结

在柏林如此大量的绿地空间中，植物起到了不可或缺的关键作用。有些绿色植被用来为城市提供足够的生态系统服务功能，有些绿色植被用来满足人与自然接触的需求，有些绿色植被用来形成丰富多样的特色空间场所。而大多数情况下，这些植物群落都不只是仅仅拥有其中一种功能，而是几种功能相复合，如既具有生态涵养功能，又能为人类提供休闲娱乐场所。而正是这种多功能的植物群落，才得以营造出如此丰富而多样化的绿地空间和景观。

柏林是一座充满魅力的城市，仔细观察便可发现城市中处处有设计，哪怕是一些细小之处，都往往匠心独具，充分融入设计师的思考。植物作为设计师手中的素材，仿佛被灌入了灵性般，秉承着尊重场地尊重人的原则，这些亲切可读的植物用自己独特的精神营造出了生动的城市景观环境，提升了柏林的魅力，让城市生活变得更加美好。

参考书目

[1]　高健. 绿色城市柏林[J]. 中国城市林业，2005，3(3)：61－62.

[2]　戎安. 德国城市建筑环境大面积植被化研究[J]. 环境保护，2003，(10)：60－64.

[3]　陈波，包志毅. 从柏林的生境调查看城市生物多样性保护的策略[J]. 世界林业研究，2005，18(2)：30－35.

[4]　郭晓梅，揭俊. 欧洲的“绿色群落”理念[J]. 城市管理，2002，4(64)：13－15.

*未特别注明的照片均为作者拍摄

专题 28　景观设计中植物的情感传达
——以柏林为例
The emotion expression of plant in landscape architecture
——Case studies of Berlin

解娜/Xie Na

摘要:关注人类情感和精神层面的东西是景观设计的最高境界。本文试从人的情感角度出发,以柏林为例,详细举例说明了在景观设计中,适宜的植物配置给人带来的情感方面的引导性。目的在于引导设计师注重植物的情感力量,注重设计精神和内涵。

关键词:景观设计;植物;情感传达;柏林

Abstract: In landscape architecture, paying close attention to human being emotion and spirit is the highest state. This article takes Berlin as example, from the point of view of emotion, discusses that the proper plant configuration could guide the human being emotion. The purpose is guiding the designers to pay attention to the emotional strength of plant, as well as the importance of design spirit and connotation.

Key words: Landscape Architecture　Plant　Emotion Expression　Berlin

1　引言

情感是人对客观事物的一种心理反应,是人对客观事物的一种态度,无论是任何层次的人都有情感,喜、怒、哀、乐、恐、爱、憎等都是情感的不同的表现形式,也是情感的初级形式。每当人们进入一个景观环境,他的感官就会接受来自景观的信息,通过对它们的体验,首先会有一些浅层的感官上的体验,综合人们的各种视知觉感受,人们又会对所处的景观环境形成一些深层次的情感反应,比如宁静或者喧嚣、肃穆或者亲切、压抑或者轻松等。这些情感既真实存在又缥缈微妙,它们往往来源于人们对生活的一种感悟,加入了人们自己的理解,从而产生种种联想和想象。好的景观设计,往往能够引导人们达到与景观环境客体的情感上的契合,也就是景观欣赏者与景观设计者构思的高度契合。

植物是景观设计中非常重要的要素之一，它们不但有独立的审美价值，而且也会唤起人们的种种情感反应。早在唐代，白居易便在《庭槐》一诗中写到："……蒙蒙碧烟叶，袅袅黄花枝……人生有情感，遇物牵所思……"植物不仅仅是景观设计中单纯的素材，经过设计者的巧妙安排，便会被赋予一种内涵，不但给人以美感，而且能唤起人们的联想和想象，引起人们的某些共鸣。

2 植物的物质形式

在长期的生活实践中，人们对植物的形、色、质感等有了逐渐深入的认识，它们会唤起人们的情感，产生大量的联想和想象，人们由此总结出了各种规律。

2.1 植物的形态

植物的形态可以看作各种点、线、面。通过点、线、面的相互作用，通过对比、连续、渐变、过渡、衬托、分离、接触、倍增、减损等就产生了丰富的形态语言。

点的大小不同、疏密不等、形状颜色的区别、不同位置的点、点与点之间都会使人产生不同的心理感受。例如，在波茨坦大学一处主要建筑物前排列整齐、间距相等的盆栽会给人秩序井然的感觉，使人不由得产生一种庄严、大气的感受；而在无忧宫中的一处，形态颜色各异的树木散布在一片湖泊周围，带给人一种闲适、自然、亲切的情绪（图 28.1、图 28.2）。

图 28.1 波茨坦大学前整齐的盆栽（帅莱摄）

图 28.2 无忧宫中形态各异的树木（帅莱摄）

点的移动又构成了线。点与点之间的连接或者面与面的连接处都有线，不同种类的线会给人带来不同的情感。例如，水平的向远处伸展的树篱有着明确的方向性，给人以统一、庄重、平静的感觉；高耸的向上伸展的行道树则给人坚固、挺拔向上的感觉；而拱形的树篱则因为是曲线的原因，表现出了一种活泼、轻松而又不失优雅、流畅的感觉。

另外，还有些线是动态的。例如从树叶中透射过来的太阳光线、树木随风飘摇的痕迹线等，都会给人带来不同的情感感受(图 28.3 至图 28.5)。

图 28.3 修剪整齐的树篱(帅莱摄)

图 28.4 高耸的树木

图 28.5 拱形的树篱

植物构成的面同样可以表达一定的情感。例如，在夏洛腾堡宫中有几处草坪，其中的方形草坪给人一种坚强、质朴的感觉；而边缘圆润的草坪则给人柔和、亲切、随和的感受(图 28.6、图 28.7)。

图 28.6 夏洛腾堡宫中的方形草坪

图 28.7 夏洛腾堡宫中边缘圆滑的草坪

2.2 植物的色彩

植物的色彩丰富多种，冷色的植物给人以宁静的感觉，例如蓝色、白色；相反，暖色的植物给人以喧嚣的感觉，例如红色、黄色；深色调的植物显得安详，同时也可能给人带来阴森沉闷的压抑感；而浅色调的植物给人带来明亮轻快的感觉。

不同色彩的搭配，也能渲染出不同的气氛。例如，黄色和红色的搭配，就能产生兴奋、热闹的感觉，更有活力。再如，蓝色和紫色这样的类似色相的相配，能产生安静、宁静、清新的感觉。这种搭配还可以用于植物和周边环境之间，比如树叶的绿色与天空的蓝色、湖水的蓝色相映衬，仿若一个清新安逸的天堂(图 28.8 至图 28.10)。

图 28.8 红色和黄色花的搭配

图 28.9 蓝色、紫色的搭配

图 28.10 植物与周边环境色调的搭配

图 28.11 粗质型的大树

图 28.12 细质型的草坪

图 28.13 蜜蜂造型的植物小品

2.3 植物的质感

植物的质感同样也是植物重要的特性之一，植物不同的质感能够引起人们丰富的心理感受，在景观设计中是个同样起着重要作用的因素。

植物的质感是指植物表现出来的质地，可以分为很多种，例如轻重、软硬、粗细、冷暖等。一般来讲，可以粗略地分成三大种类型：粗质型植物——给人强壮、坚固的感觉，并且产生一种拥挤感，能够缩进视觉距离；细质型植物——给人柔和、纤细的感觉，并且带来一种空旷感，能够拉大视觉距离；中质型植物，介于两者之间，可以起到连接过渡的作用(图 28.11、图 28.12)。

3 植物传达情感的具体手法

通过植物的形、色、质感的组合，可以表现出不同的秩序，从而引起人们不同的联想和想象。拟态、抽象、象征、对比等都是常用的手法，设计师借着这些手法，使得植物景观有了深层的内涵。

3.1 拟态

拟态是一种直观的手法，它主要采用“象形”的手段来引起人们的想象与联想。植物与其拟态的原型有着很直观的联系，没有对原型进行抽象或者提炼，使人一望便知。

在某个园艺展览中，在一处卖蜂蜜的小屋门口，利用不同颜色的植物形成了一个蜜蜂形状的小品，既饶有趣味又点明了主题。这只植物蜜蜂不但让人想到真正的蜜蜂在花丛中忙碌采蜜的情景，让人会心一笑的同时，又潜移默化地让人对此处所卖的蜂蜜的品质多了一丝信任感(图 28.13)。

3.2 象征

象征是指用某种符号示意某个对象，符号自身与原事物之间存在着比较普遍的联想规则。例如在柏林的苏联红军纪念碑，一个主题为“悲伤的母亲”的雕塑后，有两种不同形态的植物：一种是垂直向上的姿态，它引导人的视线向上，具有高洁、权威、向上的情感，象征着那些烈士们的崇高，渲染出一种庄严的气氛；另一种是垂枝白桦(苏联乡土树种)，它垂下的枝条与母亲雕像的垂头相呼应，深切地渲染出一种痛入骨髓的伤痛，一份深深的哀思(图 28.14)。

3.3 抽象

抽象首先要抓住事物的本质，然后在此基础上进行提炼和加工，使得抽象后的事物有着与原事物共同的一些特征，而又有着更深的含义。

在德国议会大厦不远处，有这样一个设计，在一个呈“丁”字形的河流交叉口，利用草坪延伸出一个“十”字，而两旁的木质围墙则起到了“堤岸”的象征，让人不禁产生这样的情感：这里的草坪是河流的一个延伸，在围墙旁边的我们就像还在河边一样（图 28.15 至图 28.17）。

图 28.14 “悲伤的母亲”雕塑（李迪华摄）

图 28.15 左侧河流

图 28.16 鸟瞰图（来源于互联网）

图 28.17 右侧草坪

3.4 对比

对比的事物很容易引起人们的关注，是很有表现力的一种手法。在植物的对比中，可以利用不同植物之间的形态、颜色、质感的对比，也可以利用植物与周边其他材质之间的对比，从而唤起人们情感的冲击，引发联想和想象。

在斯普雷河一处河岸旁，垂柳与周围的高大乔木相比，有一种温和细腻的感觉，与它的形态相结合，使人恍若看见山石中的一帘瀑布与河流相接，这里利用植物的质感与环境进行了很好的融合。

在柏林的议会大厦前，石头的粗糙质感与草坪的细腻质感相对比，且采取一种岩石材料减退，植物材料渐进的方式，不仅丰富了景观的空间感和层次感，也让人感觉到：这是政治的严肃与自由民主的一种有机交融。

在柏林，人们很注重对树木的保护。如果一棵老树死去了，人们会将老树砍去，然后不破坏树根，但是在其中栽种一棵同样品种的小树。这不但是对树木的一种保护，更令人感动的，是它给人带来一种类似“病树前头万木春”的希望，不由得让人产生一种振奋和感动。而这两棵树，也像柏林一样，怀着对历史的尊重，从废墟中浴火重生（图 28.18 至图 28.20）。

图 28.18 不同质感植物的对比

图 28.19 与其他材质的对比

图 28.20　树根与小树的对比

图 28.21　萨克森豪集中营入口

图 28.22　萨克森豪集中营的囚犯放风广场

3.5　留白

当今，植物的种类日新月异，对植物的利用也越来越受到重视。但是这并不是说，所有好的设计中就必须利用到植物，在一些特定的场合下，对植物适当“弃用”反而会起到一种更好的效果。例如在柏林的萨克森豪集中营，在入口处就全部采用黑色的碎石铺地，集中营内部有一处当初囚犯们聚集放风的空地也几乎是一片不毛之地。因为人们认为植物的绿色是一种生命的象征，而在这里，恰恰失去的就是生命与自由。因此，设计者们在重修的时候也放弃了其他植物的使用，只保留了原有的那些树木。在这个作品中植物的“留白”，就能让欣赏者通过对植物带来的生机的反向联想，而获得一种悲伤、压抑、绝望的情感，十分符合这里的主题（图 28.21、图 28.22）。

4　结语

植物是景观设计中非常重要的要素之一，但在一些设计师眼中，植物仍然被视为简单的装饰物，建筑的附属品。但上述例子说明，如果巧妙合理地利用植物材料，就会赋予景观更好的生命，唤起人们不同的情感。

国外有着很多景观设计作品，都是植物利用方面的优秀实例，但这并不表示我们要完全西化，不假思索地照搬照抄，要有判断的能力。而古典样式的园林虽然已经不能完全被照搬到现代的空间环境中，但并不等于我们可以完全抛弃。古典园林中的一些设计精华，其对植物巧妙的配置手法，也是值得当今人们去借鉴的。

人类生活的这个世界中存在着种种美好又真挚的情感，城市环境也并不是钢筋水泥的代名词。无论在哪种文化下，无论运用什么样的手法，如果设计师能够赋予景观作品以细腻的情感，就会感动身处其中的人们，那么这个作品就是成功的。

参考书目

[1]　廖振军，刘旭红．园林植物配置的艺术表现[J]．宜春学院学报．2005，27(2)：95－96．

[2]　王淑芬，苏雪痕．质感与植物景观设计[J]．北京工业大学学报．1995，21(2)：41－45．

[3] 高贺. 情感的跨界力量——城市景观环境设计中的情感传达[J]. 上海工艺美术. 2008(4):83-85.
[4] 邹维娜. 景观意境的研究[D]. 武汉:华中农业大学出版社,2004.
[5] 白志刚. 人-景观-情感[J]. 艺术教育. 2006(7):116-117.

*未特别注明的照片均为作者拍摄

专题 29　柏林大莱植物园规划设计探索

Research on Planning and Design of Berlin Botanical Garden

张莹/Zhang Ying

摘要：植物园历经几个世纪的发展，在现代社会中所发挥的作用日趋重要。而植物园的规划设计也成为城市景观塑造的重要组成部分。本文以柏林大莱植物园的规划设计为主线，从设计理念、设计手法和设计亮点三方面进行剖析，探索大莱植物园规划设计中值得借鉴的部分。

关键词：植物园；规划设计；大莱植物园

Abstract: Berlin has a comprehensive botanical garden system, which includes the world-famous Berlin - Dahlem Botanic Garden. This paper summarized the features and characteristics of Berlin - Dahlem Botanic Garden, with a focus on the planning concept and design methods. The aim is to absorb the methods of humanized design, and to serve as a reference for the planning and building of botanical gardens in China.

Key words: Botanical Garden　Planning and Design　Berlin - Dahlem Botanic Garden

1　引言

植物园自产生至今，在数量和功能方面都发生了很大的变化。从作为收集植物供人欣赏和游玩的花园，到保护和开发研究植物资源并进行科普教育之用，植物园与一般游园花园的区别越来越明显。从本质上看，植物园很重要的特点之一就是它从起源时起就一直处于理论与实践的交叉点上（胡文芳，2005）。

现今城市化步伐日益加快，城市环境遭到了不同程度的破坏。城市环境条件对于生物多样性具有深刻而强烈的影响，所以城市生态化、园林化是城市建设的重要目标。随着植物园功能的不断完善和人们对生物多样性保护重视程度的不断提高，利用植物园对濒危物种实施迁地保护，维护物种多样性成为植物园的重要功能之一。而物种保护也成为国际植物园界工作的新重点。植物园数量的增多可以使一个地区或者一个国家范围内的植物园形成一个有机的植物物种保护网络(胡永红,2005)。在新形势下,植物园承载着诸多的功能,是集合科研、科普、旅游、物种保护、物种资源开发等的自然科学与社会科学的综合体。因此,植物园网络的构建对物种保护、旅游游憩的发展等具有重要的意义,而优秀的规划设计则有利于提升植物园的吸引力,使植物园成为现代城市设计中靓丽的风景线。

柏林的城市建设特别注重城市森林系统的建立,而植物园对于森林树种的选择和经营都发挥着重要的作用。柏林植物园体系的建设较为完备,不但拥有闻名于世的多功能植物园——大莱植物园用以科学研究、公共教育和休闲游憩,也包含了各所大学的自然科学教学花园,包括:柏林洪堡大学位于特雷普托区的施佩特苗圃,柏林自由大学位于达勒姆区的植物园,柏林工业大学环境学院位于施特格利茨区的教学和研究花园等。可以说柏林是植物园的天堂,而由植物学泰斗阿道夫·恩格勒指导建成的世界三大植物园之一的大莱植物园是其中最为综合多样的。

2 柏林大莱植物园景观规划设计理念

2.1 地理分区精缩世界植物

大莱植物园的几任园长都是植物分类学研究的著名学者,其中植物地理学的权威阿道夫·恩格勒在担任大莱植物园园长长达 33 年之久的时间内,设计并指导建设了植物园的绝大部分。因此植物园的规划设计在整体上遵循了恩格勒植物地理分区的思想,将地理与植物相结合,在有限的空间内精缩世界植物。

2.2 历史与现代融合

柏林大莱植物园的前身是位于辛伯格的一个示范农业园(现为 Kleist 公园),而此示范农业园是在柏林宫中的家庭菜园基础上于 1679 年建立起来的。后由于空间限制该园搬至大莱,与当地宫殿旧址相结合,自 1897 年动工直到 1910 年修建完毕,但在第二次世界大战中受到破坏,后在原址上修复重建。

植物园的建造并没有将之前的宫殿夷为平地,而是保存了当年宫殿中部分建筑和花园,将宫殿旧址重新利用,在赋予新功能的基础上予以保护,体现了德国人对历史的尊重。现宫殿部分被改造为植物博物馆,展出一系列关于植物生理与植物组织结构有关的图片和模型。而之前的巴洛克式花园如今也成为活体植物展示区的一部分。在德国境内,对历史建筑的再利用成为保护古建筑的重要手法之一,如波茨坦的无忧宫现是波茨坦大学所在地,宫殿旧址都被用于教学和

图 29.1　旧宫殿改建的植物博物馆

图 29.2　现代植物温室

办公。

在保留了宫殿原有建筑的同时，园内还建有当时最为现代化的温室，高达 23 m。自 1909 年建成以后，就使英国皇家植物园邱园和纽约植物园引以为豪的温室黯然失色。园中有编号 A－P 共 16 栋温室，是室外活体植物展示区的极大补充。园中植物一大半生长在温室内，其中有棕榈室、兰室、生长热带莲的王莲室、凤梨室、杜鹃和山茶室、经济植物室、仙人掌温室、食虫植物温室等（查尔斯·奎斯特·里特森，2003）。

现代温室与古代皇宫相映成趣，又各成一体，走在园内可以感受到现代园林建筑景观与巴洛克时代皇宫的完美过渡与融合（图 29.1、图 29.2）。

3　柏林大莱植物园景观规划设计手法

植物园的设计规划一般根据用地性质以及建成后的使用对象等，决定其整体风格。而植物园地域性特征奠定了植物园规划设计的主要基调，其主要的决定因素是当地的气候特征。在此基础上进行植物物种资源的收集整理，按照一定的规律分区栽植，构成优美的园林景观供游客欣赏。在植物园不断发展和完善的过程中，植物专类园的出现，大大丰富了植物园景观。而对历史及艺术的追寻，美学原理的应用等也使植物园的规划设计更加多元化与艺术化，形成了许多带有文化特色的植物园（李利，2008）。

3.1　收集丰富的植物材料

植物园以集中当地和外地丰富的植物种类为特色，可以说，植物多样性是植物园的灵魂。举世闻名的邱园，搜集的活体植物达 80 000 种（包括变种）（余树勋，2004）。大莱植物园占地 48 公顷，在建园的 325 年中，植物物种的搜集遍布世界各地，干、湿、冷、热涵盖了几乎所有的生境类型。园内集合了来自各洲的约 22 000 种植物，保存了极为丰富的植物物种资源。其中岩生植物的收集非常全面，各类岩石园的布置也是本园的亮点之一。

3.2　营造特色的植物分区方式

除了秉承了古老的英国皇家植物园邱园所用的植物分类学分区法外，柏林大莱植物园的特色之一还在于按照植物地理学的方法以植物的来源和生长的环境分类。由植物地理学权威恩格勒设计建造的植物地理学部分占地面积达到全园的三分之一，涵盖了约 6 400 个不同的品种。本区按照世界植物的地理区划规划设计，分区栽种了代表欧洲、亚洲、大洋洲、美洲和非洲的植物，每个洲的区划内又分为不同的地区和国家，可以说是世界植物区系的缩影。在植物园里游览可以体验“世界植物一日游”的美妙乐趣。

植物分区的规划设计同样引入了植物生态区和植物形态区。树木园与系统区是大莱植物园占地面积最大的区域。在系统分类区中植物按恩格勒分类系统依据植物科别布置了 1 000 余种植物，可以对同科属的植物从颜色和形态上进行直观的比较。

除此之外，园内还建有许多特殊生境或独特类型的植物专类园，包括水生植物园、沼泽植物园、芳香植物园和月季园等。其中湿地植物区模仿自然湿地，展示了近 200 种湿地植物，其中很多属于濒危物种，已纳入德国植物红皮书(图 29.3、图 29.4)。

图 29.3　干旱植物区

3.3　利用多样的植物造景方式

整个植物园由东北方向的巴洛克式园林与西南方向的自然园林两部分组成。巴洛克式园林主要是延续旧宫殿内原先的景观形式，与现代温室相结合显得气势磅礴。

图 29.4　沼泽植物园

西南方的自然园林部分主要是活体植物展示区，配合各种生境类型，如岩石园等制造出各种地形。在占地 14 公顷的树木园中，1 800 种乔灌木种类组合配置。其中一些针叶树和银杏树已有很久的历史，配合色彩缤纷的草本花卉，营造出公园式的景观供人们漫步其中。

园内植物配置需考虑一年四季不同时节的景观。如初春时节，当树木还未发芽时，游客可以陶醉于银莲花属植物所带来的美丽，而在炎热的夏季德国山毛榉丛林中的凉爽同样令人感到惬意。

4　植物园景观设计中的人文关怀

图 29.5　园内自然湖泊

4.1　与大众游客之间的互动

为了配合和发展游憩功能，大莱植物园中设有完善的配套基础设施。园内设有两家商店可以买到和植物或植物园有关的纪念品、玩具等，另有一家咖啡厅和一家餐馆，游客可以随时坐下来休息，在欣赏优美风景的同时品尝美味的食物。园内还设有专供野餐的大草坪，游客可以在此地开展一些小型的聚会活动(图 29.5、图 29.6)。

世界上很多植物园会定期举办各种科普教育活动，在邱园，有活动设施和植物器官及其运动方式相结合的互动区，让游客通过参与活动进一步了解植物的构造及其生活习性。一些长期参加此类活动的人会成为该植物园固定的会员，如大莱植物园就成立有“大莱植物园之友”的相应组织机构。

图 29.6　温室前的露天餐厅

大莱植物园中每类园区都配有内容详尽的解说牌。与国内只标明中文名称和拉丁名称的植物挂牌不同的是,大莱植物园中的解说牌上详细介绍了所种植植物的生态学习性并配有图示说明该种植物不同时期的形态学特征。另外,植物分区明确,每区都有相应的标号与园内标示图上的编号相对应,指示简单明确(图 29.7)。

图 29.7 植物解说牌

4.2 服务弱势群体的植物景观

在柏林处处能感受到对弱势群体的关注,大莱植物园也不例外。1984 年该园建立了盲人植物区,该区为盲人提供可以触摸的植物以及一些芳香植物,并且配以盲文解说牌。园路两旁的种植池设计也非常人性化,高及膝盖的矮墙使观赏者可以正确判断出植物种植的位置,同时也不影响触摸等对植物进行感知的行为。让失去视觉的特殊游客充分发挥触、嗅、尝等代偿功能,通过触觉、嗅觉、味觉等感官体验感知千姿百态的植物。

随着景观设计对人性化需求的逐渐重视,特殊群体受到了越来越多的关注。在我国南京和苏州等地也陆续建立盲人植物园,体现了对弱势群体的关注,使植物园可供每一个人游览、观赏。在设计和规划盲人植物园时,应注意无障碍通道、盲文标识牌等配套设施的建立。同时植物材料的选择也有特殊的要求,所选植物应具有无毒无刺,具有明显可感知的特征,乔灌草层次分明等特点(许彩芬,2006)。

5 小结

大莱植物园是植物的天堂,也是游客的天堂,在这里的每一个人都能充分地融入植物的世界中。在规划设计中不单纯考虑怎样使植物造景更加具有视觉美的效果,而是从每一位游客的需求出发,与游客互动,服务弱势群体,是“人”化的植物园。新颖的设计理念,细腻而人性化的设计手法为建造一个有特色的优秀的植物园奠定了良好的基础。我国植物园的建设应该向国外高水平的植物园看齐,取其所长,不断进步。

参考书目

[1] 胡文芳. 中国植物园建设与发展[D]. 北京林业大学,2005:3-4.

[2] 贺善安,顾姻,夏冰. 植物园发展的动向[J]. 植物资源与环境,1998,7(2):48-58.

[3] 李利,李倞. 浅谈植物园的规划与设计[J]. 中国科技信息,2008,21:293-294.

[4] 查尔斯·奎斯特·里特森. 德国园林[M]. 北京:中国建筑工业出版

社,2003.
[5] 余树勋. 国外植物园概况[J]. 世界农业,1980,01:36-40.
[6] 黄卫昌,张雪. 世界著名植物园之旅——柏林大莱植物园[J]. 园林,2004,02:12-13.
[7] 胡永红. 新世纪植物园的新发展[J]. 中国园林,2005.
[8] 许彩芬. 用呼吸感受鲜花,用心灵体验自然——苏州盲人植物园规划设计[J]. 园林,2006,04:16-17.

*未特别注明的照片均为作者拍摄

专题 30　柏林居住绿地浅析

Research on greenspace of residential district in Berlin

黄威文/Huang Weiwen

摘要：柏林是一个绿色的城市，其居住区的绿地建设在二战后有了很大提升，尤其是 20 世纪 80 年代后随着德国经济的进一步发展，柏林居住区绿地建设得到了高度重视。两德统一以后，德国社会经济与科技得到迅猛提升，居住区绿地在技术层面上获得了空前发展。本文通过对柏林若干不同时期的居住区调研，分析总结出柏林居住区绿地便民、开放、简约现代、生态、植被丰富以及绿化方式灵活等特点。

关键词：居住区；绿地；柏林

Abstract: Berlin is a green city. And the greenspace construction of residential district has been greatly enhanced after World War II. Especially after the eighties along with the further development of German economy, it has been attached great importance. After German reunification, the German socio-economic and technology are rapidly enhanced. Greenspace of residential district has gained an unprecedented development at the technical level. Through the research on a number of different periods of the green residential area in Berlin, this paper will analysis and summarize the characteristics of greenspace of residential district in Berlin, which include convenience, open, conciseness, ecology etc.

Key words: Residential district　Greenspace　Berlin

1　引言

居住绿地是指城市居住用地内社区公园以外的绿地，包括组团绿地、宅旁绿地、配套公建绿地、小区道路绿地等①。目前，我国居住绿地伴随着住宅建设的热潮获得了长足的发展，各地房产商都争相提升居住区景观品质作为楼盘的卖点。如何在热火朝天的住宅建设中规划

---

①　城市绿地分类标准 C JJ/T 85—2002.

建设高品质的居住绿地，是社区环境可持续发展的关键。柏林的居住区绿地拥有超前的设计理念和先进的工程技术，其绿地建设正是我们的社区规划借鉴的榜样。本文主要从四个居住区案例来研究柏林居住绿地的特点。

2　二战后德国居住绿地系统建设

二战后德国出现了严重的房荒现象，在之后的几十年里，德国努力解决住房问题，目前已经成为世界上居住环境最好的国家之一。综观德国战后的住房建设以及政府工作，其住房绿地建设可划分为三个阶段：

(1) 忽视期(20世纪五、六十年代)

这个时期政府的工作重点在于解决房屋数量极度缺乏的问题。大面积的旧房子被拆除，代之以一片片的新居住区，有效地缓解了人们渴求安居的矛盾。居住区建设以分散开放的思想为指导，在规划设计上，打破了以往的周边围合住宅模式、街道塑造和轴线传统布局等手法，呈现自由流线格局(秦洛峰，2006)。此时居住区绿地建设没有得到重视，伴随着高密度的城市建设、私人汽车的发展，城市居住环境日益恶化。

(2) 重视期(20世纪七、八十年代)

70年代是德国住宅和居住区发展的一个分水岭，大规模的住宅建造开始减少(秦洛峰，2006)。随着德国国民经济的进一步发展，人们开始重视房屋质量、绿地的综合效应。新建的住宅区大多选址在工作地点附近，以减缓城市交通压力。不再在郊区开发大规模的居住区，而是在市区的空地兴建高质量的小规模居住区。

(3) 高技期(20世纪80年代后期以后)

这一时期德国政府进一步致力于居住区居住环境的改善，尤其是在两德统一以后，住宅建设回升，城市改造更新成为城市建设的重点(秦洛峰，2006)。在国际“可持续发展”的思潮影响下，逐步开始将一些生态节能的原则、技术应用于居住区绿地建设中。

3　柏林居住绿地在绿地系统中的地位

鸟瞰柏林市区，可以清晰看到柏林棋盘式的建筑布置形式，能够看到绿色充溢着柏林的每一个角落。柏林中心区紧邻保留着大片森林的蒂尔加藤公园；街道中间及两边留有大片绿地，形成林荫大道；居住区重视绿地建设，并且融入雨水利用技术，这些绿地共同形成了柏林的绿地系统。由于西方建筑的外向性，城市公共空间——广场、街道和绿地成为其城市设计和住宅区规划的重要部分和出发点

图 30.1　鸟瞰柏林

（秦洛峰，魏薇，黄俊，2004）。因此居住绿地是城市绿地系统以及城市开放空间的一部分，住宅区内整个建筑和绿地对城市开放（图 30.1、图 30.2）。

图 30.2　柏林中心区的绿地系统①

4　柏林居住绿地

4.1　代表性案例浅析

本文将以 4 个不同时期的小区为代表浅析德国居住区绿地建设的特点。分别是建于 20 世纪 20 年代的布里茨·豪夫埃森居住区，20 世纪六、七十年代的梅林广场住宅区，20 世纪 90 年代的柏林联邦雇员公寓和建于 20 世纪末的 Krumme Lanke 住宅区。

4.1.1　布里茨·豪夫埃森居住区

布里茨·豪夫埃森居住区位于柏林东南部，其设计者是德国 20 世纪初最重要的表现主义建筑师之一布鲁诺·陶特（Bruno Taut，1880—1938）。一战后，德国战败。柏林市开始爆炸式地急速膨胀，人口大量密集，特别是由于 1914—1918 年的经济危机导致的建设停顿，柏林出现了耸人听闻的住房亏空，城市急需建设大量住宅以度房荒。为克服开发商们在柏林建造的兵营式出租屋阴暗、呆板的弊端，布鲁诺·陶特和马丁·瓦格纳合作规划设计了布里茨·豪夫埃森居住区和蔡棱道夫的“汤姆大叔小屋”森林居住区（戎安，2007）。

（1）主次分明的绿地系统

布里茨·豪夫埃森居住区的绿地系统连通性高，并且主次分明。其中最令人震撼的是社区中心的“马蹄”绿地，它充分反映出设计师的构想：通过建筑围合再造居民之间的社区意识（图 30.3、图 30.4）。

① 柏林中心区总体规划概念，依据 1999 年 5 月 18 日德国议会决议，更新至 2007 年 1 月。

图 30.3　建筑与绿地的图底关系

图 30.4　布里茨·豪夫埃森居住区鸟瞰
（图片来源：当地宣传画报）

“马蹄”绿地的中央是凹陷的水景，凹陷的地形是由冰川侵蚀造成，设计师因势利导在此处设计了最生动的开放绿地。相对于住宅的室内空间，“马蹄”的内侧则整体建构了小区的“公共客厅”绿色的外部空间。在“马蹄”绿地中人们可以亲身感受到居住区中开放空间的价值(图 30.5)。

图 30.5　布里茨·豪夫埃森居住区

“马蹄”绿地外侧，不同宽窄的屋前花园和不同类型的绿地沿放射状的道路而布置，彻底改变了柏林传统街道呆板的形式，建构了一种亲切活泼，具有聚落生活气氛的空间形象。住宅间的绿地以生动的形式，营造出开放的交流空间，这些交流空间同时具有休息、交流和通行等作用。交流空间通过放射状的道路与“马蹄”绿地连接在一起，形成主次分明的户外空间。

（2）遗留问题——停车矛盾突出

居住区建于20世纪初，当时机动车没有得到普及应用，因此在规划设计中没有很好地考虑停车问题。随着德国汽车时代的到来，布里茨·豪夫埃森居住区的停车问题日益严峻，小型汽车在道路两侧到处可见，居民与汽车争夺空间等问题突出。

4.1.2 梅林广场居住小区

梅林广场居住小区位于市区，运河之北，犹太人纪念馆西南侧。住宅区用地面积12.5万m^2，建筑密度0.2，容积率2.0，多层以4～6层为主，高层以13～17层为主，户型从1至3.5室不等，使用面积35～106 m^2。住宅区共1 500户，居住人数2 938人（1987年），居住密度为230人/万m^2。项目主要设计师是夏隆。梅林广场是一个以圆形联排住宅围合的广场，同时也是住宅区绿地系统中的一部分。此住宅区中央分为内外两圈层，在地块的边缘区为L型小高层板房，广场中央树立着纪念柱，是整个广场和街道的聚焦点（图30.6）。

图30.6 梅林广场

(1) 绿地融合城市道路

住宅区周边有城市的主要干道 Gitschiner 路、Wilhelm 路、Franz－Kluh 路和 Linden 路。区内道路众多，路网密度大，主要有穿越住宅区的 Friedrichstrabe 街道和住宅间的人行道。Friedrichstrabe 街道在住宅区内转变为限制机动车进入的非机动车道，大大减少了城市干道的介入对住宅区内的干扰。地铁站出口位于道路北部，宽敞的非机动车道很好地疏散了大量人流。在居住区内融合城市干道的城市广场布置形式是本案例的最大特色。

(2) 绿地圈层布置

中心圈层绿地是直径约 160 m 的梅林广场，街心广场式的布置方法把周边式空间的"内部"当做"外部"，把沿街式的线形布置变为集中式的布置。道路为对称放射状，并且连接中央圆形广场与建筑底层的街道。圆形广场及 Friedrichstrabe 街道的周围对称布置着坐椅，方便行人以及住宅区居民休息。

环形圈层由围绕广场的两圈 4～6 层住宅围合形成。住宅距离适宜，形成富有社区活力的街道空间，是区内最具有生活气息的场所。

外圈层绿地位于多层住宅和沿街呈 L 型的高层住宅之间。道路由直线型和曲线型组成，在道路的交接处布置有小广场，形成可快速通行或静思漫步的步道网络。

4.1.3 柏林联邦雇员公寓

联邦雇员公寓位于市中心，斯普雷河北侧，距离柏林中央火车站 1 000 m，是为德国统一后联邦政府迁都柏林而为政府雇员建造的半福利性的住宅。场地以前是一些厂房建筑(图 30.7)，随后由设计师布米勒、罗德和王德等人主持设计并实施建造。整个住宅区占地约 5.8 公顷，建筑密度 0.5，容积率 4.2，层数 5～8 层，共 22 个住宅单元，437 户，在底层和二层布置有部分小型办公空间。住宅平面呈蛇形，所以被称为蛇形住宅。建筑弯曲布置使在凹陷处的住户通风不畅、采光困难(图 30.7、图 30.8)。

图 30.7　场地原貌
(图片摄自当地宣传板)

(1) 楔形绿地，景观面广

住宅北侧是东西向的带状停车场，西侧是 Schule 小学，东南侧则是斯普雷河，河道南岸是 20 世纪 50 年代建造的和平之钟和世界文化之家，20 世纪 90 年代末建设的新总理府以及蒂尔加藤森林绿地。蜿蜒曲折的蛇形住宅由 22 个单元的多层住宅以一梯两户和一梯三户连续拼接，这使得每家每户都享受到南部斯普雷河和蒂尔加藤森林绿地的秀美景色。在弯曲围合的建筑中布置半围合的楔形绿地，不同尺度的楔形绿地各有不同又互相呼应。绿地中是儿童游乐场所，使得楼上的家长能够随时看管玩耍的儿童。

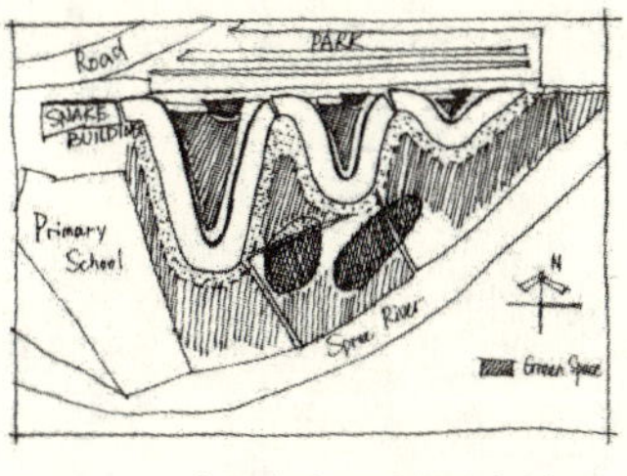

图 30.8　建筑与绿地的图底关系

住宅中有南北相通的两层楼高的过街楼，整个建筑和绿地对城市开放。住宅南面布置了草地和儿童游戏场，北面是沿街庭院，地下停车库的出入口，底层有少量办公室和企业的前区入口（图 30.9）。

图 30.9　建筑与绿地的图底关系

（2）简约设计

蛇形住宅的绿地设计采用简约的设计手法，其绿地设计具有以下三个特点：

（1）用流线型和直线型的植物植栽间隔绿地空间；

（2）宅前空间开阔、明朗；

（3）基础设施设计简单，方便实用。

4.1.4　Krumme Lanke 居住地区

Krumme Lanke 居住地区位于柏林西南部，远离市中心，在 U3 铁路线终点站附近。该居住片区容积率低，住宅类型以多层和独栋小别墅为主，居住绿地为低密度类型。

（1）土壤透气性高，绿量充沛

大量使用了嵌草铺装、渗水铺装，最大限度地提高土壤的透气性，雨水下渗能力强。院子的每个角落都因地制宜地栽种了许多植物，绿量充沛。

(2) 开放而不失隐私

别墅不设院墙，私人领地与外部空间只用约 1 m 高的栅栏相隔，同时植物的围合保证了住宅的私密性。屋内屋外的绿色连成一片。车行、人行入口分离。院内车库设置在屋后，通过不同的入口进入车库(图 30.10 至图 30.13)。

图 30.10　院内铺地

4.2　柏林居住绿地特点

(1) 便民。柏林居住区绿地给人最大的感受就是处处在关怀人，最大限度地满足人们对绿地的需要，绿地设计中考虑到老人、儿童、运动爱好者等群体的户外需要。

图 30.11　院内植被茂盛

(2) 开放。柏林居住区并没有高高的院墙和栏杆，而是开放的入口与开放的绿地。因此居住区绿地的可进入性高，从而提高了绿地的使用率，民众对绿地等绿色基础设施的享用需求得到了满足。柏林居住区绿地与城市的其他绿地一起建构了柏林的绿地系统。

(3) 简约。柏林居住绿地从绿地结构、景观小品，户外标识牌上都呈现出绿地设计的简约、现代。

图 30.12　院内景观

(4) 雨水利用率高。柏林居住区绿地不设道牙，硬质铺地的雨水流入绿地中自然下渗，这得益于德国人民先进的雨洪利用观念。德国雨洪管理理念的出发点是保持城市生态平衡，通过采取法律、经济和技术的综合措施，使城市降水尽可能地纳入水的自然循环，以削减地表径流量、降低污水处理厂负荷、迟滞产流过程和增加地下水回补，实现城区的良性水循环(徐宗学，2006)。

(5) 植被类型丰富，绿化方式灵活。柏林生态环境建设中，非常重视物种多样性的营建，居住区绿地植被类型丰富，同时绿化方式也非常灵活，在用地紧张的市中心，则实行屋顶绿化和墙体绿化。

图 30.13　车行入口

5　结语

通过对柏林住宅区绿地的分析，可以学习到德国居住区绿地设计的便民、开放、简约现代、生态、雨水利用、绿化方式灵活等优点。反观我国目前小区绿地设计，以汽车为本，封闭的专属绿地，花哨的设计手法，大面积使用硬质铺装，耗水草坪和异国花卉等都应该在新一轮的居住区建设中摒弃。

参考书目

[1]　秦洛峰. 德国住宅及居住区发展的经验和特点研究[J]. 新建筑，2006，(02):42,43,44.

[2] 秦洛峰,魏薇,黄俊. 对德国住宅区规划设计中诸要素的探讨[J]. 华中建筑,2004,(06):30.

[3] 戎安. 纪念德国著名建筑师布鲁诺·陶特:通过了解他的生平去回顾一段历史[J]. 建筑创作,2007,(11):142-143,144.

[4] 徐宗学. 德国城市雨水利用的启示[N]. 中国水利报,2006-06-01:(004).

*未特别注明的照片均为作者拍摄。

专题31　用脚和身体感知景观
——柏林景观中的地形设计
The landscape Perceived by foot and body
——Topography design in Berlin

张坤/Zhang Kun

摘要：柏林精心的地形设计使景观成为可以用脚和身体感知的实体。本文总结了柏林景观设计中地形设计的三种不同类型以及这三种类型的地形设计所塑造的不同的氛围。第一种类型，霍夫曼花园和记忆之地（被屠杀犹太人纪念碑），通过地表基面的几何处理和地面柱体相结合表现失衡和震撼。第二种类型，波茨坦广场大斜坡草地和世界公园附近的波浪草地，通过地形的简单坡度处理和渐变为人们提供了一个充分放松心情和伸展身体的场所。第三种类型莫阿比特监狱历史公园和斯普雷河大草坡，通过结合场地原有特点的坡度设计让人产生对场地本身的回忆和联想。

关键词：柏林；地形设计；景观感知；景观

Abstract: Topography design make the landscape could be perceives by foot and body. This paper summarizes three different types of topography design and their special atmosphere conveyed by topography design in Berlin, as well as these three types of landscape design shaped by the different atmosphere. The first type is Huffman garden and Holocaust Memorial, which expresses imbalances and shock using geometric surface and the ground cylinders. The second type is the grasslands in Potsdam Plaza and outside of the world park, which affords people places for recreation through the simple topography design and anamorphic process of slope. The third type is Moabit Prison Historical Park and the grassland along the Spree River, which inspires recollections and associations through topography designing which combined with original characteristics of the site itself.

Key words: Berlin　Topography design　landscape perception　landscape

1 引言

柏林是一个值得敬佩的城市，因为柏林的每一个角落都充满着对惨痛的战争、黑暗的历史真诚的尊重，同时因为战争结束后的柏林通过不懈地城市建设展现了一个振奋的新柏林，这两种情愫展现在柏林的每一个城市角落。战后的柏林吸引了大批的建筑大师规划师来到这里，柏林出现了一大批优秀的建筑和城市设计。同时在建筑师的参与下，景观设计在新的时期也颇具特色，尤其是景观中的地形设计表达。地形设计使景观成为了可以倾诉的，可以感知的实体，人们可以通过脚和身体的感知来体会地形塑造的景观所表达的情愫。

图 31.1 犹太人历史博物馆全景图（来源自 www.zhulong.com）

2 失衡和震颤——霍夫曼花园和记忆之地

2.1 犹太人历史博物馆的霍夫曼花园

2.1.1 简介

柏林犹太人历史博物馆，是欧洲最大的犹太人历史博物馆，其主要目的是要记录与展示德国纳粹迫害和屠杀犹太人的历史。该博物馆占地 3 000 m^2，设计者为丹尼尔·里柏斯金，初建于 1992 年 11 月 9 日，2001 年 9 月 9 日正式开馆（图 31.1、图 31.2）。

图 31.2 霍夫曼花园外观

霍夫曼公园，也称“逃亡者之园”，是犹太人历史博物馆重要的组成部分，霍夫曼公园最下层是一个下沉庭院倾斜的平面，倾斜的平面之上就是 49 根倾斜的混凝土柱阵，外围有一圈盘旋而上的坡道使花园与外界连接。

这个规则排列成方阵的混凝土柱林，由 49 根 6 m 高的方柱（49 在犹太教义里有特别的含义）组成，48 根方柱里面盛的是柏林的土，代表 1948 年——以色列的成立。中心的一根里面盛的是耶路撒冷的土，代表柏林。柱顶端种植着橡树，通过地下灌溉系统，这些植物向天空生长，彼此缠绕，可望而不可即（王向荣，2002）。柱子阵列由玫瑰花丛围绕，将花园与周围的喧闹隔离，建立了内部秩序，同时将外部空间与内部空间进行了转换。

图 31.3 霍夫曼花园倾斜的地面

2.1.2 地形处理——笛卡尔坐标系的三维转换

里伯斯金是个富有创造激情、思想活力、个性张扬的建筑家，受其老师约翰·海杜克的影响，里伯斯金将笛卡尔坐标系二维的旋转发展到了三维的旋转（李茗茜，2009）。进入其中的参观者会有迷失方向，甚至头晕的感觉。这是因为霍夫曼花园的地形设计将笛卡尔坐标系进行旋转而产生了新的参照系，使整个地形产生了 10 度的倾斜，柱子也随之倾斜，垂直于地面（图 31.3、图 31.4）。

2.1.3 行走其中——失衡

走在这样倾斜的地形中，整个身体开始有失衡感，感受不到上下左右、东南西北的正确方位，接着感觉头昏目眩，甚至产生恶心呕吐的不适反应。身体的不适感强迫着心灵去体会和理解历史上犹太人曾经经历的种种流离失所、逃亡他乡、漂泊不定，甚至毁灭的沉重经历。根据格式塔心理学，重力场和视觉经验产生矛盾，参观者会不断地想要纠正自己的位置，失去平衡，也正是这种景观特殊的地形表达所产生的失衡，使犹太人沉重的历史实现了低沉的倾诉。

图 31.4 霍夫曼花园正面的倾斜效果

2.2 记忆之地(屠杀犹太人纪念碑)

2.2.1 简介

大屠杀纪念碑群的正式名称是“欧洲被害犹太人纪念碑”，由建筑师彼得·艾森曼设计，基地面积为 19 000 m^2，工程时间为 2001—2005 年。它位于柏林市中心标志性建筑——勃兰登堡门和波茨坦广场之间，与德国联邦议院和总理府所在地近在咫尺，表示迁都回柏林的德国政府永不遗忘残酷的史实。

场地中，使用柔软土质与不规则的水平高度，划分成正方格子系统，在这格子系统内安插 2 711 块长短不一的灰色碑柱，最高的 4.7 m，最低的不到半米。它们大小相等，长2.3 m，宽 0.95 m。这些柱墩象征着被屠杀犹太人的墓碑，整个基地采用开放形式，外围不设防，人们可以从四面八方进入纪念碑内(图 31.5、图 31.6)。

图 31.5 记忆之地俯瞰图
(来源自 Google Earth)

2.2.2 地形处理——网格的三维波动

彼得·艾森曼这一方案表现的是一种看似理性的网格系统中存在的不定与混乱。整个设计可以分解成为三维波动起伏的地面，高度不等的柱状碑体，以及由柱状碑体顶面形成的新的波动的界面三个层次。整个设计从一套严格的网格开始，柱阵的地平面与顶部形成的波浪形式间看起来随机而混乱，每个个体都取决于柱体所在网格的起伏和柏林城市网格相交错的断面。这两套系统相互作用，表示它们之间存在的不定关系。这种不定性或不规则性叠加于基地地貌与混凝土柱阵的顶面之上，创造出地表与柱顶面之间在视知觉和概念上的差异(彼得·艾森曼，2004)(图 31.7)。

图 31.6 记忆之地的景观设计

图 31.7 记忆之地地形与景观变化图

这种网络结构的变异导致原本规则网格中模糊空间的出现。实际的空间密集、狭窄、深邃，在任意一点的感受都是多层次的。打破了网格轴线的统治地位，使得这一网格具有多向性。通过这一扰动，网格和城市街道秩序所产生的安全感的幻觉被打破。这造就了一个消逝和反思的场所，亦即回忆(彼得·艾森曼，2004)。

2.2.3 行走其中——震颤

从场地的边缘进入，开始的地方，方柱的高度不高，甚至可以坐在上面。逐渐走入其中，高度不断增高，超出了人体的高度，方柱所产生的阴影以及灰色的材质带来了一种整体的压抑感。脚所接触的地面坡度也不断变化，身体似乎在无数的低声申诉的受害者中穿梭。而正是这种和地形处理相结合的景观空间，使处在其中的人所处的狭小空间以及视线和视角不断改变、失衡与重新实现平衡，在这个行走的过程中使人的心灵产生了无名的震颤以及对历史的反思。

3 放松和伸展——大斜坡草地和波浪草地

3.1 波茨坦广场斜坡草地

3.1.1 简介

19 世纪，波茨坦广场是欧洲最重要的广场之一，二战期间大部分被战火所摧毁。经过皮亚诺、罗杰斯等几位著名建筑师的重新设计，现在的波茨坦广场重新成为柏林都市的中心。波茨坦广场有三个主要的建筑群，由日本索尼集团公司投资的索尼中心(1996—1999)，由德国奔驰集团投资的戴姆勒·克莱斯勒中心(1996—2000)，及由三家公司连个开发的“A+T 复合体”。

波茨坦广场的大斜坡草地有两大部分，第一部分位于 A+T 柱廊区外侧，沿着道路成条状分布，另外一部分位于索尼中心外侧，结合场地成四边形，中间两条交叉的人行路将草地分割成为四小部分。

3.1.2 地形处理——简单折线的空间体现

A+T 柱廊区外侧的大斜坡草地，中间长条部分有两个大斜坡组成，一侧的斜面坡度较小，人可以缓缓地走到坡度的顶端，另外一侧的坡度非常陡，边缘形成一个陡坎，两面的斜坡所形成的脊线与道路相平行，给人一种稳定和放松的感觉。与平面的草地相比，缓坡部分将空间在垂直上进行了延伸，也实现了人的脚步在垂直方向上的移动和视线的不断三维平移。两端部分主要由三面体构成，增加一面使人们更加方便地走上坡状的草地，除此之外，还有一小部分的下沉三面空间，和整体相协调同时辅以变化(图 31.8 至图 31.10)。

索尼中心外侧的草坪没有 A+T 柱廊区外侧的大斜坡草地尺度大，但设计手法和风格相似，都是运用了简洁的线条，使地形产生坡度。同时结合场地，考虑到人流穿行的需要，在坡地边缘垂直相切修筑矮的挡土墙形成人行道路。

图 31.8　波茨坦广场大草坪位置(底图来自 Google Earth)

图 31.9　坡度处理细部 A

图 31.10　坡度处理细部 B

3.1.3　行走其中——放松

在繁华喧闹的城市中心突然出现一片平静的草地,这与周边精致与现代密集排布的建筑物形成了鲜明的对比。大斜坡草地所形成的坡度舒缓,主要线条与主要道路平行,有一种空间的协调感。这种宽阔的空间和视野以及舒缓的坡度有足够的面积和空间供人们活动,而坡度的一侧延伸所产生的不对称,使草坪有了方向性和屏蔽性,躺在上面不会担心背后方向的嘈杂,使场地中的人产生一种放松的感觉。

3.2　波浪草地

3.2.1　简介

波浪状的草地位于柏林郊区世界公园周边,周边是正在开发的住宅区,波浪草地所在的绿地作为郊区住宅区开发的绿色吸引力不断地聚拢更多的人居住到这个地方。

3.2.2　地形处理——波浪曲线的伸展与渐变

这组波浪状草地的处理,通过大小不一的波浪的变化,将空间进行了划分,每一个小的波所形成的地形都可以看作是一个小的休憩空间,同时不同的坡向也一定程度上对空间进行了划分(图 31.11)。所有波连

图 31.11　手绘波状地形景观

绵在一起形成一个视觉的连续。波浪地形的一段被一条路所分割，路的另外一侧就是地形略低的平坦的大面积的草地。为了体现道路两侧的联系，设计者巧妙地在路的另外一侧同样设计了三个波状的起伏地形，每一个波的起伏度逐渐递减，慢慢过渡到远处的大草坪。这种波浪地形的延伸与渐变使视线和景观实现了统一和过渡(图 31.12、图 31.13)。

图 31.12　波状曲线的伸展

图 31.13　波状曲线的渐变

3.2.3　行走其中——伸展

这个波状的草地波峰的地方高度不过一米五左右，或坐或躺在其上的人正好可以平视路上的行人，两个波峰之间的距离有四五米左右，这种设计非常适合人们自由伸展地走在草地上互相亲切地聊天或者观赏周边的景观事物。这种草地上身体的伸展是无所顾忌的，是平等和可亲的。

4　回忆和联想——莫阿比特监狱历史公园和斯普雷河草坡

4.1　莫阿比特监狱历史公园

4.1.1　简介

莫阿比特监狱历史公园位于中央火车站周边，二战期间曾是军队关押战犯的监狱，战争结束后经过景观改造成为一个开放的公园。原有的监狱牢房呈五角放射状，相邻的放射建筑之间是空地，这个监狱是德国战争的见证，历史的记录(图 31.14、图 31.15)。

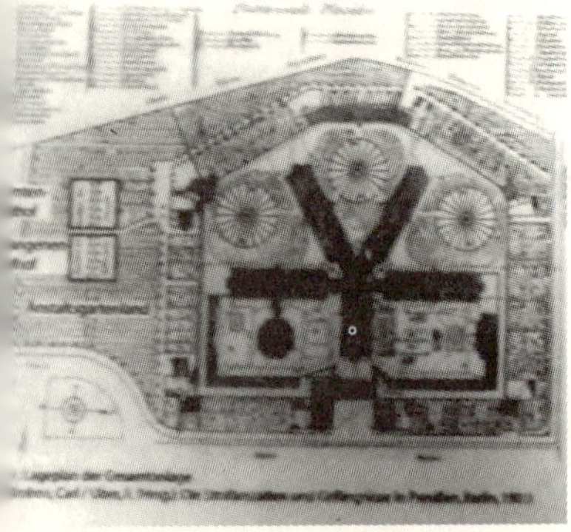

图 31.14[①]　公园历史平面图

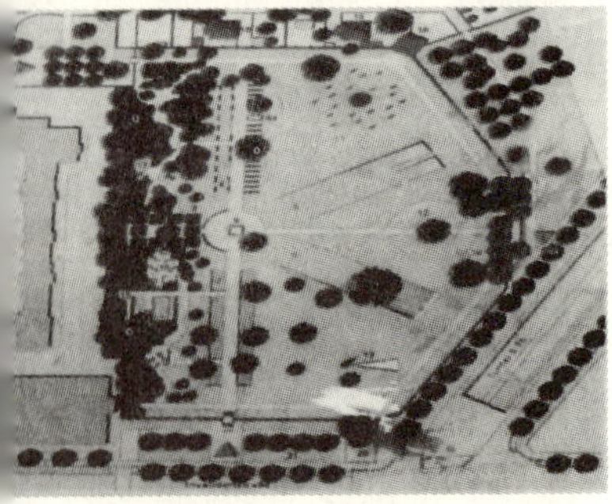

图 31.15[②]　公园现状平面图

4.1.2　地形处理——建筑地基的缓慢上升和下降

五角形建筑的地基被处理成两种形式，一种成为缓慢上升的坡地，另外一种为缓慢下降的地形，这两种地形和周边有所区别。景观改造设计者充分尊重历史，尊重战争的真实与残酷，设计者希望通过自己的设计让这个场所成为一个新的为公共服务的充满绿色和阳光的公园，同时希望人们在享受现今美好生活的同时能够联想到过去曾经发生过的事情(图 31.16、图 31.17)。

图 31.16　公园下陷微地形

图 31.17　公园上升微地形

① 图片来源自公园宣传板，王新摄。

② 同上。

4.1.3 行走其中——回忆

走在上升或下降的空间中，场地似乎试图和人们交流，所以它自己把自己抬高了，自己把自己凹陷了，通过这种方式想引起人们的注意，向人们倾诉几十年前的故事。正是人们在这种有所区别的空间中沿着坡地或上升或下降，随着脚缓慢地感受变化和身体重心的不断变化，产生对场地历史发展过程中曾经发生过的事情的回忆。

图 31.18 大草坪空间俯瞰图（来源自 Google Earth）

4.2 斯普雷河大草坡

4.2.1 简介

大草坪位于国会大厦北侧，中央火车站南侧。坡地有两大部分组成，两部分的坡地呈扇形对称分布。这个坡地世界杯期间是公共户外通过大屏幕观看足球赛事的重要集会场地（图 31.18、图 31.19）。

图 31.19 大草坪地形景观设计（帅莱摄）

4.2.2 地形处理——场地的空间衔接

场地位于斯普雷河分叉的南侧。坡地角度上升舒缓，分叉的河流刚好和整个场地成垂直关系，为了塑造景观的延伸，设计者将坡地一分为二，中间形成的通道与对面的河流相呼应，形成河流的实体流线和道路线性的延伸。

4.2.3 行走其中——联想

走在场地当中，空间让人们产生了联想，似乎这并不是一个河流的三岔口，而是两个河流的垂直交叉口，在这种空间关系中，景观中事物本身的形式似乎超越了功能。对面河流的水景观在人们的联想中得到了延伸。

5 总结

柏林是一个在平原上发展起来的城市，没有自然地形变化柏林却有着如此简洁、明快的地形设计。地形设计是景观设计中非常重要的一个细节，柏林的景观中无处不彰显着对地形的关注。这种关注启发着我们对景观设计中的地形处理的思考。

（1）景观设计中的地形设计是强化场地特点的有效途径。设计师可以通过对地形的强调增强人们对场地特性的识别。

（2）景观设计中的地形设计是在细节中传递人文关怀的媒介。地形的变化使人们可以通过脚和身体的感知更加深刻地理解场地所传递的信息。而正是在这种信息传递的过程中，历史、文化等精神层面的东西在景观设计师的引导下和景观设计相互融合。

（3）景观设计中的地形设计是表达和传递情感的语言符号。这种通过地形传递的情感通过行走过程中的身体感知，让人们更真切地体会设计者的特殊意图。抑或是对沉重历史的反思，抑或是种轻松舒畅的享受。这时的地形设计已经不再单单是一个具体的景观，已经赋予了灵魂，这样的灵魂是富于情感的，是情感的表达和传递者。

参考书目

[1] 王向荣，林菁. 西方现代景观设计的理论与实践[M]. 中国建筑工业出版社. 2002.

[2] 李茗茜. 解读柏林犹太人博物馆中霍夫曼花园[J]. 华中建筑，2009，1(27)：45-47.

[3] 彼得·艾森曼，欧洲被屠杀犹太人纪念碑[J]. 世界建筑，2004，1：62-64.

*未特别注明的照片均为作者拍摄。

专题 32　坐椅上的自由生活

A Free Life on the Chair

孙雨/Sun Yu

摘要：柏林公园里常见的一种普通坐椅得到大多使用者的喜爱，凭借可以随意移动的特性坐椅让人们惬意地享受着自由生活；文章就这一现象按不同数量组合的使用者对坐椅的使用情况进行了描述，并对不同数量级使用者对摆放地点的选择和坐椅起到的作用进行了分析和总结。

关键词：柏林；坐椅；景观设计

Abstract: A common chair in parks of Berlin is very popular in most users and by the virtue of the characteristics of removability it makes the people enjoy a free life. The article on this phenomenon describes the use of the chair in accordance with a different number of users and analyzes choices of location of chairs made by different users and the effect of the chair.

Key words: Berlin　Chair　landscape design

1　引言

在飞机降临柏林上空的瞬间，绿色的海洋中漂浮闪动着童话里才会出现的小巧的红顶别墅，我的相机也对着这幅平时杂志上才见的城市鸟瞰闪了又闪；于是乎，一个瞬间的一幅画面，让我对柏林这座城市满怀了好感与好奇。走在柏林，欣赏着她那井井有条的绿地与水流，穿梭在她那古老与现代的辉映间，享受着她那日间的阳光灿烂，烦恼着她那时而的阴雨连绵；在走走停停之中，在日光与星空之间，我阅读着柏林这座城，也阅读着柏林城中的人们。

到了分别的时刻，我记住了很多在柏林看到的面孔，尤其难以忘记的是坐在公园坐椅上的人们——他们总是在蓝蓝的天空下，在绿色的草坪上享受着明媚的阳光，或小睡，或闲聊，或读书；在那些映着阳光的面庞上，满是惬意与舒适，满是快乐与幸福，任谁看了都不免为那种温馨和自在所吸引，在自己心里生出一份同样惬意的幸福感。

那份幸福感的产生，无论是对坐者而言，还是对观看者来说，似乎都与公园里那普通的坐椅密不可分。

2 柏林公园中的坐椅

上文提到的坐椅在柏林一般的市民公园中很普遍，多由金属材料制成，较为结实、耐用；常见的有灰蓝、米白两种颜色。这类坐椅有两种样式，可供人们或坐或躺，其最大的特点就是可以方便移动。

图 32.1 柏林公园中常见的两种形式的坐椅

只要阳光灿烂，柏林的人们就少不了要聚集在公园的绿色大草坪上，把坐椅摆放到自己喜欢的位置沐浴阳光，充分地享受起那份自由自在的生活。谁能说，我们看到的那些坐椅上人们的悠然自在与心满意足，不是这能让人们随心所欲安排位置的坐椅的功劳呢(图 32.1)?

3 坐椅上的自由生活

公园中，人们按着自己的心意摆放坐椅，且多置于草坪上，但具体的位置、朝向却不尽相同，这往往与进行的活动和参与活动的人数相关。

图 32.2 打盹的老妇人

3.1 一个人与坐椅

(1) 打盹的老妇人

在公园比较安静的角落，一位老妇人正安然地坐在坐椅上享受温暖的阳光。她的坐椅处于丁字交叉路口的一角，背部被植物呈 L 型环绕，正面朝向道路以方便老妇人观看路上的活动。

老妇人大多数时候打打盹，偶尔抬起眼皮望望经过的路人。她用了三把坐椅，一把用来坐靠，一把放在自己对面，将腿平放在上面，椅背上搭放着衣服；第三把椅子则空放在自己的左手边(也许她在等待某个和自己一起来晒太阳的人吧。图 32.2)

图 32.3 独自听歌的女孩

(2) 听歌的女孩

走在没有太多人的园路上，右手边是一片安静的大草坪，上面洒满了阳光。草坪中央阳光最盛的地方放了一把坐椅，一个年轻的女孩儿把书包当作枕头舒展地躺在上面，带着大大的耳机，不知在听什么歌曲，只见她闭着眼睛悠然地打着拍子(图 32.3)。

(3) 湖边的老妇人

图 32.4 湖边独坐的妇人

在湖边少有人去的地方，一位老妇人将坐椅放在园路旁边的草坪上，坐椅面朝开阔的湖面，背部立着几块稀疏的间隔园路的石块。

老妇人坐在坐椅上，将衣物、背包挂于椅背，一边品尝着自己带来的美食，一边抬头望望湖面的景致。(图 32.4)

3.2 三两人与坐椅

(1) 一对夫妇

一对夫妇并排坐在两把坐椅上，在阳光下阅读各自手中的报纸；周围没有其他人。他们的坐椅背朝公园的道路，面朝略有起伏的大草坪，视野开阔(图 32.5)。

(2) 并排阅读的两人

阳光下，一男一女正在开阔的草坪上读报。两人的躺椅彼此靠近，却又有一定距离，摆放的朝向与最近的道路走向平行；随身携带的东西或置于躺椅或放于草坪上。

男人躺在椅子上阅读；女人则利用躺椅的凹凸设计将躺椅变成了临时坐椅和小茶几来使用；两个人偶尔交谈，或对视一笑。他们近距离的范围内没有人活动，面朝方向较远的地方有人玩耍(图 32.6)。

(3) 并排的一男一女

这一男一女的坐椅并排而放，面朝大路。两人一边晒着太阳，一边观看对面道路上来来往往的人的活动，时而交谈。男人光脚躺在躺椅上，看上去很是舒服的样子；女人则使用了两把坐椅，一把用来坐，一把摆在面前放置衣服(图 32.7)。

(4)“日光浴”的夫妇

离道路很近的草坪上，一男一女正躺在躺椅上进行日光浴。男人看着报纸；女人则带着耳机。他们的躺椅上铺着自己带来的床单、毛巾等物。

男人的坐椅面朝公园的一条主要道路，背后是近乎一人高的野花丛；女人坐椅的朝向与男人相反，不远处有一棵大树，零星的树荫落在坐椅上(图 32.8)。

(5) 闲聊的两个友人

两个男人并排很放松地坐在一把躺椅上，一边享受阳光一边聊天；面前放着他们带来的自行车。他们面朝的方向与公园主路平行，正好可以将路面上及草坪上的活动尽收眼底。在离两人不远处的草坪上三三两两地聚着几组活动的人(图 32.9)。

图 32.5 坐在一起阅读偶尔抬头望景的夫妇

图 32.6 并排在草坪上阅读的一男一女

图 32.7 并排相坐偶尔聊天偶尔观望路人的一男一女

图 32.8 日光浴的夫妇

图 32.9 并排闲聊的朋友

(6) 闲聊的三人

三个人在靠近道路的草坪上闲聊;他们面朝道路围坐成一个小圆弧,把第四把坐椅摆在圆弧凹处,当作茶几放食物;时不时传来愉悦的笑声(图 32.10)。

图 32.10 闲谈的三个人

(7) 一家人

这一组的一家人选了一块周围没有其他人干扰、临路两侧被植物环绕的草坪安放躺椅。这块草坪地势较路面高些,四个人中的三个面朝一条道路,与身体平行的一侧有稀松的植物将他们与另一条道路隔开。

四张躺椅都铺上了从家中带来的垫子,四人安静地晒着太阳,各自干着自己的事情,互不相扰——两个老年人都在闭目休息;中年女人很放松地把双手垫在脑后,蜷腿仰卧,把书靠在腿上很认真地阅读;中年男人则坐着看报。温馨平静的家庭画面淡淡地透着一种幸福的日常味道(图 32.11)。

图 32.11 晒太阳的一家

3.3 多个人与坐椅

(1) 围坐湖边的模型小组

一群制作模型的人面向开阔的水面,围坐在湖边的坐椅上;利用岸边设计的高差将一处蜿蜒的矮墙作为桌子摆放工具、作品和食物。两三个人站着讨论模型,其余的人边听边品尝食物(图 32.12)。

图 32.12 围坐湖边的模型小组

(2) 围坐湖边观景的人群

在远处的时候看到一群人面朝水面围坐,以为在举办什么活动。走进才发现他们只是单纯地聚在一个空间,并不是一个有组织的群体;内部分为很多个小团体,独坐的人往往进行阅读、观景或小睡,其余的人则往往三两个一组闲聊。每个小组之间都有空位相隔,彼此基本没有交集(图 32.13 至图 32.16)。

类似的情况也出现在另一处水边:人们聚坐在有很多水鸟的湖边,或观看或喂食逗趣,内部的小组也以空椅或一些空间相隔。各个小团体进行着自己的活动,彼此互不相扰(图 32.17)。

图 32.13 远处看去围坐在一处的人群

图 32.14

图 32.15　悠闲的人

图 32.16　看水的人

图 32.17　围坐水边看水鸟的人们(陈玥摄)

3.4　小结

无论人们独坐还是群坐，都在单纯坐、躺两项基本功能基础上，赋予了坐椅一些新的使用方式或功能；譬如茶几等。坐在坐椅上，人们常进行的活动大概有阅读、闲聊、小睡、观看等，但这些活动基本都不是单独存在的，大多是复合性的。使用坐椅的人无论多寡，人们都会把坐椅放到安全有阳光的地方，大体来说被人们选择的位置通常都能够为他们提供观看各种活动的机会。

(1) 对于独坐的人来说，他们往往将坐椅放到远离人群、相对安静的地方，其坐椅的背部往往有一些遮挡物。一般来说，除非独坐的人需要纯粹的小睡等安静性的活动，他们仍喜欢让坐椅朝向有人活动的方向，偶尔观看别人的活动。

(2) 对三两个人的组合而言，人们总是能很容易就识别出他们是一个小团体。这样数量的组合通常倾向于把坐椅放到离人群不远，但是各小团体之间又能互不相扰的位置。

一般来说可以按照坐椅安放地点的不同把这个数量的组合分成两种情况，第一种因为需要专心进行一些安静性的活动，因此安放坐椅的位置与独坐者有些相似——放在有一定遮蔽、同时视野又相对开阔的地方，不过他们对安静程度的要求往往没有独坐者高。第二种组合认为安放坐椅的地点只要不受外界太大干扰即可，因此他们偏向选择视野更为开阔、较为热闹的地段，更倾向于在进行自己活动的同时看到别人的活动。

(3) 对多人使用坐椅来说，也分成两种情况：一种是因某种主题活动有组织的群体；另一种则是空间上因为距离近成为一个群体，而内部则往往分成 1～4 人左右不同数量的小组，交流基本在小组内部进行，小组之间的交流仅偶尔发生。就多人使用坐椅来说，人们更倾向于将坐椅摆放在较为热闹的地段，背后有没有遮蔽不是那么重要，最重要的是视野要开阔、有景可看。

4 坐椅的作用

在柏林的公园里，除了那些可以移动的坐椅，也有设计师们设计好的坐椅，从安全、光照、视线等因素上看设计好的坐椅也并没有大的失误，可惜却无人问津（图 32.18），人们往往还是最满意自己安排的位置，因此可以移动的坐椅尽管样式普通却受到普遍的欢迎。

图 32.18　无人问津的设计好的坐椅

究竟是什么原因让普通的坐椅受到大众的喜爱？一般来说可移动的坐椅往往可以使人们按照自己的心意挑选到相对满意的位置（这里的满意包含了对阳光、风、地形、视线遮蔽度、景观喜爱度等方面的综合满意度），获得使用者认为最好的朝向与视野。

其次，由于可移动的坐椅基本是按照每个人的喜好摆放的，所以每位使用者的私密性、领域感都可以得到保障，这就形成了人们安心、自在进行活动的基础，也是人们喜欢来公园的一个重要原因。这样一来，一些自发性的活动，诸如逗留、观望、聊天、阅读、吃东西、小睡等就可以持续地进行，并得到蓬勃的发展。而社会性活动（指在公共空间中有赖于他人参与的各种活动），尤其是最为广泛的社会活动——仅以视听来感受他人的活动也就有了充分生长的空间。

坐椅的使用者能够随意选择坐椅的位置，其个性化需求往往得到最大化满足，因此他们面庞多洋溢着满足、惬意和快乐。这样，幸福的表情连同使用者所处的环境、所进行的活动，就会感染周围的人，一同成为别人眼中的一道风景，吸引更多的人观看或参与到公园的活动中；无心之举也为公园的吸引力添色不少（图 32.19、图 32.20）。

图 32.19　阳光下成为小品的坐椅（陈玥摄）

图 32.20　雨天的坐椅

有阳光的日子，公园的坐椅往往被人们占据。一时空出来的坐椅因为往往还是按照使用时的朝向摆放，在路过的游人眼中便会激起对使用时场景的想象；于是，一个普通的坐憩偶尔也就成了会讲故事的公园小品。遇到下雨天，公园的管理者并不收回坐椅，任凭坐椅保持使用时的样子，于是坐椅和周边的环境，往往构成了一幅幅有趣的画面。

5　结语

一把普通的坐椅，常见的材质，低调的色彩，没有出众的造型，不见先进的功能，仅仅凭借着可以随意移动，就受到了使用者的普遍欢迎。漫步在柏林的公园里，看着人们拿着坐椅自由选择自己喜爱的位置，看着他们随性的生活，看着他们面容上的悠然自在、平静快乐，有点羡慕，有点妒忌，甚至有点热泪盈眶，为那些柏林人的生活状态，也为那样一把让人们得到自由满足的普通坐椅。

生活在柏林，或大多西欧城市中的人们，已然没有了国内常见的行色匆匆，在我们还为了生存而忧心生计的时候，他们已在享受着生活的自由。就在柏林平凡的日常生活中，一把没有经过太多设计的坐椅，让柏林人在公园中的自由生活成为可能。

安放好的坐椅无人问津，没有很多设计的普通坐椅却获得人们的喜爱。究竟什么样的设计才称得上“好”？在柏林，那把普通的坐椅给出了答案：设计，无论尺度大小，想要受到欢迎，只有设计后的产品仍然具有开放性，也就是让使用具有多种可能性、允许使用者参与到使用过程的设计中，才能最大限度地满足个性化的需要，从而被人们接受、喜爱。

参考书目

[1] 扬·盖尔著,何人可译. 交往与空间[M]. 北京:中国建筑工业出版社,2002.

[2] 克莱尔·库伯·马库斯,卡罗林·弗朗西斯著,俞孔坚等译. 人性场所——城市开放空间设计导则[M]. 北京:中国建筑工业出版社,2001.

[3] 凌云峰. 公共坐憩设施研究[D]. 西安建筑科技大学,2007(06).

[4] 周晓娟. 户外坐憩设施设计研究[J]. 规划师,2001(01):87-90.

[5] 李超. 城市户外公共坐椅设计研究[D]. 江南大学,2008(04).

*未特别注明的照片均为作者拍摄。

专题 33 优雅的布拉格

Elegant Prague

帅莱/Shuai Lai

摘要:本文有感于现代城市的效率和快速的节奏与布拉格老城区悠闲惬意的强烈反差,通过在布拉格的游历和体会,发现布拉格的缓慢悠闲的基础来源于其密集的城市肌理、混合的城市功能、发达的公共交通和步行优先的交通系统,并且通过丰富的停留空间、步行空间的营造以及橱窗、雕塑、铺装等空间细节的点缀,将速度的缓慢升华成一种优雅的生活态度。并总结了这一慢空间系统的构成机制,最后反思了中国过于追求效率而对古城的破坏,并将布拉格的成功归结于其"小心翼翼修改城市"的态度。

关键词:慢速城市;交通系统;步行优先;布拉格

Abstract: the article derived from the deep feeling of the dramatic contract between the haste of the modern city and the relaxation of the downtown of Prague. After traveling in Prague, the author discovered the Foundation of leisure included the compact city texture, the mixed city function, the highly developed public transportation and the advantage for walking. Besides all these, the city used plenty public space and the city decorations such as shopping windows, status and pavement to upgrade the low speed into an elegant life style. After that the article summarized the theory of the slow system of the city and made a self-examination of the ruin of china's ancient city by the adoration of the efficient.

Key words: slow city transportation system the advantage for walking Prague

1 引言

当社会进步的车轮碾入工业化时代后,人被机器抵押给了速度。昆德拉在《慢》这本书中写到:"慢的乐趣怎么失传了呢? 古时候闲荡的人到哪里去啦? 民歌小调中的游手好闲的英雄,这些漫游各地磨

坊，在露天过夜的流浪汉，都到哪里去啦？他们随着乡间小道、草原、林间空地和大自然一起消失了吗？”（米兰·昆德拉）

效率和城市是两个伴生的词汇，于是有了无数被宽阔的马路切碎的行色匆匆的城市，当我们误以为缓慢和悠闲只能在乡村中感受到时，布拉格带着优雅的笑容迎接我们的到来，在这里我们寻回了昆德拉所描述的那些已在现代城市中丢失了的东西：

斑斓的电车叮当作响，不紧不慢地沿铁轨滑行；行人穿梭自如，步态从容；街角、路边、广场随处可见闲坐休息的人；公园的草地上有人躺着看天空晒太阳；街边的卖艺人且弹且唱，自得其乐。在这座城市里慢的乐趣被放大了，不知不觉忘记了现代城市的速度和效率，一种古朴久远的意蕴浸染了这座城市，使得一切与周遭保护良好的建筑以及尺度宜人的街道，都显得那么和谐，而进入其中的人们也仿佛着了魔似的，不知不觉便撇去了急躁，开始感受这座城市的缓慢与优雅。

2 慢的基础

城市的速度首先反映在交通速度上，一个匆忙的城市总是有宽阔的马路和难以避免的堵车，于是交通速度的提高改变了城市的肌理，如若保持旧城肌理不变，则必然造成对交通速度的限制，这两者之间存在一定的匹配性。奥里弗罗在分析了城市发展的不同历史时期中交通速度的作用后指出：交通速度是现代城市空间演变的一个根本原因。反过来城市空间也可以限制交通速度，弗希尔对大巴黎地区的研究证实，一定程度的高密度会抑制人们对交通高速度的需求。欧洲就采取了“紧凑型城市”或“短距离城市”的规划政策应对小汽车的增长（卓建，2004）。对于布拉格而言，为了保持其古城区自中世纪而来的密集肌理，其交通速度不得不随之降低。

2.1 城市肌理与功能

布拉格古城区密集、古老、复杂，有别于蔓延型城市与超高密度型城市，是典型的紧凑型城市（马奕鸣，2007）：她具有久远的历史，至今仍保留了中世纪的特色——较高密度的城区，街道狭窄，功能混合，拥有宜人的步行尺度。

2.1.1 密集的城市肌理

布拉格兴起于中古世纪，1355 年起德国皇帝查理四世在此接受加冕，将其定为神圣罗马帝国德意志王国的首都。从此，布拉格便在历史上扮演着重要的角色。这个城市虽然历经数次战争的洗礼，但遗迹保持得相当完整，没有像巴黎那样经历伤筋动骨的巨大整改。城市沿着山脊线，由一系列广场、教堂、街道等城市空间组成。在旧城区，中世纪的城市肌理一直延续至今，高密度的建筑，狭窄的街巷仍是其最大的特点，而外围的新城和更为偏远的郊区则相对疏散。古老的传统道路网络、城市肌理与当代肌理相并存，它们相互交织，越接近老城的核心，就越密集(图 33.1)。

图 33.1　布拉格的城市肌理

2.1.2　混合的城市功能

除了空间上的密集布拉格还具备功能上的混合。简·雅各布斯认为，城市简单的功能分区“是对城市的洗劫”。布拉格的功能混合不仅包括城市用地商业、办公、居住等功能的混合，还包括社区间、社区内，甚至一栋和几栋建筑内的功能混合。以达到区域内功能的多样性和社区内居民年龄、阶层、文化和种族的多样性(马奕鸣，2007)。

其中，最为突出的是商住混合形式，布拉格有 60 万个工作岗位，而有 40 万集中于市中心，为了减少市区与郊区的通行压力，针对城内老建筑修复和改建使其水电、供暖设施配套，适宜居住，很多住宅形成下商上住的形式。功能的混合使用促进了城市活力的形成，有利于减少出行时间、交通距离和交通能耗，有利于鼓励步行和自行车，提高公共设施的利用率(白磊，2006)。

2.2　交通政策与交通系统

而与这样的城市肌理所匹配的交通也体现了速度与密度的关系，即随着空间的密集速度递减，所以其“慢”是相对而言的。在布拉格，地铁、有轨电车和公共汽车形成一个庞大的快速、舒适和可靠的交通网络。

2.2.1　交通政策

捷克私人汽车的拥有量从 1988 年后开始激增，到 1996 年每1 000 人拥有 498 辆，曾有一度因为小汽车的增长而导致公共交通的衰落，对于此捷克政府采取鼓励自由竞争的市场，但布拉格市政府充分意识到发展公共交通的重要性，必须大力支持提高公共交通的服务质量，加快现代化、扩大服务的覆盖面，以吸引更多的乘客(章希，1998)。

1971年至1985年，布拉格是欧洲第一个实施市中心区缓解交通措施的城市，为缓解中心城的拥堵以及人们过度依赖机动车所带来的局限和环境问题，布拉格鼓励公共交通，公共交通的基建投资和运行补贴全部由捷克政府承担。并确保其优先权，在旧城区限制私家车通行，建立多个步行区，规定24条街道禁止通行小汽车，明确只限地方交通使用的街道，外环道路发挥直通交通的分流作用等。与此同时，市中心区对停车作严格控制，只有当地居民和业务需要可以优先停车，并且需要付费。住宅公寓分布在市区边缘，与市中心都有服务良好的公共交通，所以不需要私人汽车(章希，1998)。

在这样的交通政策下，虽然平均每两个居民就有一辆小汽车，但近70%的布拉格市民出行仍然首选公共交通(蓝若，2002)。

2.2.2 交通系统

(1) 地铁

布拉格3条地铁线总长近百公里，都经市中心，在市中心或火车总站与汽车总站交会。地铁站旁都设公共汽车或有轨电车站，换乘很方便。这样的交通系统在外围相当快捷和高速，使得旧城区的可达性很高，但是一进入旧城区，就有种种限制来迫使整个交通系统放缓速度。

对于修建地铁，很多布拉格人也是反对的。他们认为地铁太深，尽管有自动扶梯，对老年人、残疾人仍不方便。另外晚间人少时乘坐地铁缺乏安全感。还有一些人反对修建地铁，理由是地铁在地下行驶，乘客看不到城市的景色。所以，在中心城区多数市民依然主张修建有轨电车和公共汽车线路(马良伟，1996)。

(2) 有轨电车

在世界各地有些大城市中，有轨电车曾被私人汽车毫不留情地逐出了城市马路，“悄然引退”，而布拉格却一直把发展现代有轨电车作为城市重要交通工具之一。布拉格市的有轨电车从1875年开始运行以来，其中包括著名的91路“怀旧电车”，不但从未停止，反而随着城市规模的扩大而发展。现在共有31条线路，通车里程近500公里，承运量占全市公交运输总量的32%(蓝若，2002)。

道路建设与布拉格旧城保护是存在矛盾的。新建道路或拓宽原道路，无疑会破坏老城的格局和面貌，所以，城区内成了有轨电车的地盘，电车轨道交织如网，色彩斑斓的有轨电车走街穿巷，是布拉格的一大特色。有轨电车的魅力在于电力驱动无污染、造价低(仅为地铁造价的十分之一)、轨道行驶更为安全，车身低对老年人、残疾人更为方便;并且车轮与铁轨的叮当撞击声,车厢古典雅致的造型,车速的不快不慢,都让人怀想起久远的年代,这些特质无疑更符合欧洲人的浪漫气质,更受人青睐(图 33.2、图 33.3)。

(3) 公共汽车

公共汽车则承担布拉格市区到郊区的远程服务和出行不便的居民区之间的交通。布拉格的公共汽车站都有详细时刻表,汽车到站时间精确到分钟,很少晚点。公共汽车无人售票,车票事先在地铁站和一些饭店买,乘客上车自觉打卡记录时间。

图 33.2 有轨电车(一)

图 33.3 有轨电车(二)

3 慢的升华

城市细节是在"人"的尺度下对人居空间的塑造以及对日常生活世界的回应。社区生活中心、集市、大小不规则的广场、曲折幽深的小巷定义了一种城市气质,也在细微处影响了人们的生活方式和节奏(蒋涤非,2004)。

布拉格所保留的中世纪城市的特质具有一种切合实际生活需要、尊重人的尺度的亲切感。中世纪城市在营造上侧重按基督教生活的有序化和组织性布置城市要素的精彩细节,体现出一种对日常生活的感应(蒋涤非,2004):地面铺装的暗示、各种停留空间、步行空间的存在都潜移默化地塑造着人们的生活方式,引领着一种从容的生活节奏。

3.1 停留空间

布拉格古城区内存在大量充满生活气息的空间,这些场所是日常生活的载体,它们的存在使得人们在不知不觉中驻足流连,为缓慢悠闲提供了绝佳的理由。

3.1.1 广场

布拉格广场的丰富性不言而喻,它作为一个停留空间,不仅仅因为其景点的盛名,更多的是其中承载的各种活动和随之逸散的生活气息,让人们惊叹的除了夕阳下泛着金色光辉的建筑,还有广场上琳琅满目的小吃、货摊、表演和人的聚集所带来的生动场景。

好的城市广场既有城市尺度的视觉需求,又有人对尺度的心理满足,以及适应日常活动的需要。关于广场尺度,凯文·林奇在《场地规划》一书中把 25 m 左右(看清面部表情的最大距离)的空间尺度作为在城市环境中最舒适的尺度,他还指出,超过 110 m 的空间尺度(人观看活动的最大距离)在良好的城市空间中是罕见的(凯文·林奇,1999)(图 33.4)。

而布拉格广场就恰是这种适宜尺度的范例,中心喷泉距离四面的距离其中三面都小于等于 25 m,而超过 35 m 的一边摆设的小摊常常会就图中位置向前推进,而缩小间隔距离。广场本身舒适的尺度和其承载的丰富的活动使其成了一个滞留人流的场所。不由自主便会驻足,一头扎进这富有生活气息的欢腾场景(图 33.5、图 33.6)。

图 33.4　布拉格广场平面图

图 33.5　布拉格广场上的活动

图 33.6　广场上的钟楼

广场一角是建于 1410 年的古老钟楼,尽管年代久远,但它却以制造精美的古老自鸣钟而闻名于世。每逢整点,钟上的窗门便自动打开,钟声齐鸣,12 个圣像如走马灯似的一一在窗口出现,向人们鞠躬,布拉格的风韵便在这历史久远的钟声里荡漾开来。数次经过此地,不是看到人们逐渐聚集等候整点钟声,就是目睹钟鸣之后人群逐渐散去。

3.1.2 街角

在旧城狭小曲折的街巷中，存在许多不规则的开敞的街角空间，多为几条街巷会合之处，这些街角空间或成为店铺外延的店面，或摆放雕塑小品，或表演卖艺，也成为人们喜欢停留的地点。这些街角空间深陷在老城区错综复杂的石板小巷里，抬头仰望四周高耸在城市天空里的哥特式、巴洛克式、罗马式或文艺复兴式的建筑，远近交叠，弥漫出不可言喻的神秘。

就如一处三角形的街角地带，其中一部分被纳入南边酒吧的露天坐席，其余围绕一个鸟笼状的铁艺小品，游人在此休息闲坐，看人或被看，不知不觉自己也成了这风景中的点缀。

图 33.7 街角空间

图 33.8 街角的活动

3.2 步行空间

布拉格城市细节的精妙在于她不但提供停留游乐的场所，还通过宜人的线性步行空间来牵绊通行的过程，在这个城市，绝少遇见行色匆匆的脸孔。当快速的交通工具或被搁置或被限制，人开始用自己的身体去感受一座城市的尺度时，奇妙的事情便发生了："走路的人跟摩托车手相反，身上总有自己存在，总是不得不想到脚上的水泡和喘气；当他走路时，他感到自己的体重、年纪，就比任何时候都意识到自身与岁月。"（米兰·昆德拉，2003）

3.2.1 桥

1158 年，伏尔塔瓦河上出现了第一幢石桥——朱迪斯桥，它是哥特式查理大桥的前身。查理大桥的建设历时 14 年，是仅次于德国雷根斯堡桥的中欧第二古老的石桥。查理大桥作为文物保护禁止机动车通行，于是成了步行者的游廊。原本桥梁通道的意味却因为宽阔的桥面和缓慢的步行速度而减淡了许多，桥体本身存在的间隔的凸出空间，也成了停留观望的最好场所，既可近观伏尔塔瓦河从桥下川流而过，也可眺望远处城堡剪影，转过身来，看到的则是各色游人。

宽大的砂岩桥体和桥头堡，压上整整 30 座圣徒塑像，塑像的基座上有精美的浮雕，传说游人只要用心触摸，就能带给你一生的幸福，浮雕上能带来幸运的狗被众多游人抚摸而从周围暗沉的颜色中跃然而出，泛出金色的光辉。桥上汇集了许多当地艺术家、爵士乐手和肖像画师，更多的是手工艺人的货摊。异彩纷呈地一路摆下去，留给人们的只能是一路的流连和赞叹。

布拉格人说：进入布拉格老城最象征性的走法，就是在清晨通过这座历史最久远的桥梁。这时，阳光可以把影子投到你的身后，而你面前的城市还未全然醒来（图 33.9 至图 33.11）。

图 33.9　查理大桥

图 33.10　抚摸幸运狗

3.2.2　步行街

图 33.11　会弹吉他的木偶

迎着国家博物馆的，就是瓦次拉夫广场（或称新城广场），这是类似于巴黎的香榭丽舍大道的宽广道路，两侧有许多餐厅和商店，到处都是散步购物的观光客，有布拉格香榭大道之称。大道宽约 41 m，街心步行广场就占 17 m，其中有适合漫步或憩息的绿地和坐椅，而两侧的车行道仅 12 m 宽。薄暮时分，步行道上熙熙攘攘，两侧的车行道反而显露寂寥之色，只见小汽车整齐地停于街边，并未有车水马龙的繁忙；夜色降临，这条街便愈发热闹起来，小商贩的摊点顶着各色彩灯列于路边，货架上的物品在柔和的灯光下泛出旖旎的光芒，香喷喷的肉肠在烧烤架上嗞嗞作响（图 33.12）。

图 33.12　瓦次拉夫广场

走在这样的路上，不由得东张西望走走停停，悠闲至极，而这条街的另一特别之处在于其连接着地铁站，也就是说这里是由新城进入老城的咽喉部位，快速高效的交通在这里戛然而止，出了地铁，换上悠然的神色，站在这步行道上，宽阔的街道被街心绿地和体贴的坐椅所软化，于是沿着背离地铁站的方向走去，渐渐进入旧城（图 33.13 至图 33.15）。

图 33.13　从 A 点看整条步行街

图 33.14　尽端的国家图书馆

图 33.15　B 处的房车冷饮店

3.2.3　滨河步道

布拉格沿伏尔塔瓦河分布，其滨河步道成了城市中独特的线性空间，为沟通两岸而建起的桥梁使得沿河的交通以机动车为主，而滨河步道隔绝喧闹的妙方就是下沉。亲近水岸的滨河步道以细碎的石块铺就，是自行车和步行者的天堂，点缀其间的有露天咖啡馆和小酒吧，以及停泊码头的游船，凝望着水中五光十色的倒影，在微风的吹拂下被揉捏得层层叠叠，一下子便从嘈杂的马路中挣脱出来，靠在被太阳晒得温热的木椅上，开始细品这慢悠悠的小情调(图 33.16、图 33.17)。

图 33.16　滨河步行道

图 33.17　滨河步道的下沉

图 33.18　为面包而来的天鹅

当然在河边还有更为精彩的奇遇，如果拿着面包站在河边就会有成群的天鹅游来聚集在你脚下，它们就像儿时童话中描述的那样洁白如天使、优雅如公主，昂着脖子充满期待地望着你，你会禁不住心花怒放地认为自己具有某种魔力，竟然能召集来这么多美丽的生物，然后不知不觉拿着面包和它们耗上大半个下午(图 33.18、图 33.19)。

图 33.19　在水边的木椅上闲坐

3.3　空间细节

布拉格之美在于经得起推敲，沿老街缓缓步行，色彩缤纷的橱窗、形态各异的雕塑、独具特色的涂鸦都使得这个城市像波西米亚的女子一样风情万种，令人百看不厌。而这些散落城市中的点缀也使得慢速的游历处处都有收获。

3.3.1　橱窗

好的底层临街立面是重要的城市特征之一，它可使得这个城市走起来有趣味，看上去有吸引力（蒋涤非，2004）。在布拉格可以感觉到零售的发达，木偶、波西米亚宝石、琥珀、玻璃制品是其特色，即便囊中羞涩，window shopping 也足以大饱眼福。一层的店铺用了硕大的玻璃橱窗，精美的货品在明晃晃的大玻璃后搔首弄姿，各式各样的广告招贴争奇斗艳，有时独具匠心的店面本身成了观赏的对象，不再是附属的装饰物，橱窗带给这座城市的色彩和活力是不言而喻的，室内和室外的沟通也由此开始，狭窄的街巷恍然从两侧耸立的建筑所界定的空间中挣脱出来，顿时变得更为鲜活动人。文丘里说，向拉斯维加斯学习；而我们行走于布拉格，不禁要说：向布拉格学习（图 33.20 至图 33.23）。

图 33.20　精美的橱窗

图 33.21　精美的橱窗

3.3.2　雕塑

在布拉格，雕塑是城市中不可缺少的元素，它们伴生于街道、广场、花园、建筑，无所不在的雕塑讲述着一个个生动久远的故事，如锦

图 33.22　橱窗中的珠宝

图 33.23　木偶店的装饰

图 33.24　礼品店橱窗

上之花，装点着这座城市，他们使得城市具有更为丰富的意味，让人愿意驻足探究。

陀思妥耶夫斯基曾经说："只有美才能拯救世界。"如果说橱窗之美在于流光溢彩、引人眼球；那么雕塑之美则在于沉着有力、发人深省。布拉格广场上宗教改革领导者胡斯的雕像，叙说着历史的纷纭；城堡间的许愿池，承载着绵绵的期待；查理大桥上矗立的圣徒沉吟着宗教的神圣，行走于城市，领略这些性格各异的雕塑，情绪也被诱引着时而悲壮，时而欢愉，时而沉静，当停下来驻足观赏时，仿佛与这些城市中最年长的居民产生了交流，通过他们似乎能够阅读到布拉格的心语(图 33.25至图 33.28)。

图 33.25　许愿池

图 33.26　胡斯雕像

3.3.3　铺装

旧城区很少见到水泥马路，都是铺得细腻精美的石块路面，石材是古代欧洲城市主要的铺装材料，其最初目的是以实用为主，但是当铺装的表面经历千百年的脚踵磨砺后，当初平整的地面出现了微妙别致的起伏，宛若一件历经沧桑的艺术作品。工业革命后，古代的道路在宽度、强度上都已不能适应现代交通工具的发展，伴随着一系列的道路拓宽，平坦的柏油马路成了城市道路的主流。在我们"现代化"的城市里，平整的马路是整块的水泥浇筑的，乏味而无情，限制着行人的穿行，代表高速和效率；人行道是由各种花纹图样的砖铺就的，亲和而安全，为行走而设置，代表缓慢和悠闲。

图 33.27　宗教雕像

图 33.28　宗教雕像

在旧城区，即便是机动车道也由石板路面铺就，狭窄的石板路面上汽车总是开得很慢，很多交叉路口不设交通灯，汽车必须礼让穿越马路的行人。在这里，步行功能被放大和加强，道路不再由机动车所主宰。汽车的橡胶轮压过古朴的石块路面，锃亮的电车铁轨在石块间穿过，微微起伏的路面，从容的车速，瞬间觉悟到昆德拉所谓慢的艺术（图 33.29）。

图 33.29　铺装界定的慢空间

石板铺装成全了步行的乐趣，同时伴生出奇妙的暗示：行人会觉得在这里通行的应该是马车或行人，而汽车则成了与环境格格不入的怪物，踩在这石板路面上，无法将这样精致的路面和风驰电掣的机动车联想到一起，步行成了理所当然的选择。

但眼前所见的精美的路面并非一贯如此，而是经历过了曲折的变迁，也曾经因为追求速度和效率而被柏油马路所替代。直到 1989 年“天鹅绒革命”后，人们开始努力修复过去对文化遗产做出的错误行为，向私人业主归还和出售建筑，为 19 世纪和 20 世纪的街区带来了明显的改变。在私人业主手中，许多迄今尚未得到保护的夹缝地带的地面环境得到了修整（彼得·沃尔利克，2009）。同时许多当时被破坏的路面也在公众的要求下得到了恢复，才有了今日步行的乐趣。

4　慢的系统

城市的肌理、功能、交通、空间、细节看似各行其是，但实际上形成了一个连贯一气的慢空间系统。肌理、功能、交通是慢的基础，将快节奏的城市步调放慢。这种“慢”并不是消极、停止、无所作为，而是相对于快节奏下忙乱浮躁生活方式的一种从容和优雅（栾习芹，2008），是一个能够心平气和地去品味和感悟生活的整体环境。于是叠加其上的城市中作为节点的广场街角等停留空间，联通节点的线性空间，以及点缀其中妙趣横生的空间细节，将悠闲的生活态度融入这种速度上的慢，将其升华成一种气定神闲的优雅。

在这一慢空间系统下，人们远离对时钟的依赖与凡事求快的压力，能够松弛自由地思考，不再挣扎于效率的风暴中。

5 结语

游历于布拉格，以散淡之心去观察和体会，便会得到这座城市的奖赏，这里有足够的丰富和精彩，那些不经意间发现的奇妙景象，只属于能悠然漫步的人。

在小巷中，多人自行车的存在使得通行不再是从一处到另一处这么简单乏味的事情，它将这个过程变成了一种群体的游戏，通行本身变得意义非凡其乐无穷。而出租的旅游车古旧的外形，代表悠闲的游乐。卖艺的乐队散播着欢乐的气息，无时无刻不在向人们宣告着音乐之都的魅力，令人称奇的是导游也依然用一种非常古老的方式来自我宣传：举着牌子立在路边(图 33.30 至图 33.32)。

图 33.30　多人自行车

图 33.31　街头乐队

图 33.32　路边的导游

在布拉格坐看时间的流逝，是一种极致的享受，在缓慢中方能体悟到岁月的力量。

东欧国家经过巨变，几乎碰到同样一个问题：怎样对待自己的城市。从德国的柏林和魏玛、匈牙利的布达佩斯，直到布拉格的古城，我们看到了一种共同的态度——"小心翼翼地修改城市"(冯骥才，2005)。布拉格之所以能保持现在的优雅，而不被追求效率所带来的浮躁所吞没，有一个至关重要的原因就在于古城区的保护从来都是凌驾于对速度的追求之上的，而这很大程度上源于人们对慢之优雅的根深蒂固的认同。

古城传递到现今要履行其作为现代城市的职能，在协调古韵和城市发展的过程中存在许多困难，北京的古城风韵已经被宽阔的马路切割得支离破碎，只留下一个个孤立的公园和建筑群，昔日的紫禁城现在只是个被圈起来的博物馆，失去了生命力，如木乃伊般供人瞻仰。同样布拉格的古城保护也并非一帆风顺，布拉格曾一度私人汽车拥有量大幅度增加，尾气污染严重，于是在 1971 年政府颁布法令，规定布拉格市内有 9 平方公里为文物保护区，限制汽车在中心街道上通行，尽量减少二氧化硫等有毒气体和烟雾对文物的损坏。于是才有了现在高速交通在古城戛然而止的交通系统，才会有对私家车的限制，对步行的鼓励，以及对有轨电车的保留和发扬。而这一切所体现的是这个民族对历史和环境的尊重，对现代和古典的理解，对生活和人生的感悟。

参考书目

[1]　米兰·昆德拉著. 巴振琦译. 慢.[M]. 北京：译文出版社，2003.

[2] 黄亚平. 城市空间理论与空间分析[M]. 南京:东南大学出版社,2002.
[3] 卓建. 速度·城市性·城市规划. 城市规划[J],2004(01)86-92.
[4] 蒋涤非. 双尺度城市营造—现代城市空间形态思考[J]. 城市规划学刊,2004(12):90-94.
[5] 蓝若. 布拉格公共交通[J]. 安全与健康,2002(12):24-26.
[6] [捷克]彼得·沃尔利克著. 徐知兰译. 今日拼贴城市布拉格[J]. 世界建筑,2009(4):24-29.
[7] [美]凯文·林奇,加里·海克著. 黄富厢,朱琪,吴小亚译. 总体设计[M]. 北京:中国建筑工业出版社,1999:45-50.
[8] 马良伟. 伏尔塔瓦河畔的一颗明珠——布拉格考查手记[J]. 北京规划建设,1996(12):56-59.
[9] 马奕鸣. 紧凑城市理论的产生与发展[J]. 城市规划,2007(4):10-16.
[10] 白磊. 欧洲的绿色城市主义——从《GreenUrbanism:Learning from European Cities》看中国城市发展[J]. 城市问题,2006(7):81-84.
[11] 章希. 面临挑战的捷克公共交通[J]. 城市公用事业,1998(10):6-7.
[12] 栾习芹. 慢城运动引领城市新生活——意大利"慢城"生活侧记[J]. 世界科学,2008(2):29-41.

*未特别注明的照片或图片均为作者拍摄或绘制。

专题 34　布拉格步行商业空间启示

Revelution of walking commercial space in Prague

罗杨文/Luo Yangwen

摘要：布拉格作为世界著名的旅游城市，其步行商业空间让人感到亲切、舒适。本文通过笔者在布拉格的切身体验，总结出该城市步行商业空间成功的五个要点，即：线性路径、可视界面、适度无序、合理低价、聚焦点。这些成功之处为我国提供了宝贵的经验。

关键词：布拉格；步行商业空间

Abstract： As the famous tourism city of the world, Prague has the genial and comfortable revelation of walking commercial space. Summed up the author's personal experience in Prague this article attributes its success to five points, namely：a linear path, visual interface, a moderate disorder, reasonable low price, focal point. These successful experiences would provide our country valuable experiences.

Key words： Prague　walking commercial space

图 34.1　阳光照耀下的布拉格散发着光辉

1　引言

布拉格最适合的交通方式还是最古老的那一种：步行。只有在那些记载了岁月斑驳的石块路上，你才能真正体会到何为“信步”。所有的思虑只遵从于脚下，漫步随心，意识随行。当你偶尔走进随处可见的小商铺，就能尽情欣赏那些惟妙惟肖的木质提线玩偶和富有盛誉的水晶玻璃工艺品，这座欧洲小城的随性和惬意就这样在不经意间流露出来。整个城市弥漫着悠闲的空气，匆忙的人到了这里会体会宁静，时光也有意在金色布拉格多加逗留(图 34.1 至图 34.3)。

然而带着这份惬意与随性，流连于布拉格的街头巷尾，我却为这里亲切、舒适的商业空间连声叫好。并非我是个嗜“购”狂，而是这里的商业空间着实充满魅力，它不像王府井、不像阳朔西街，浓浓的商业气息置换了你呼吸的空气，但这种不同因何产生呢？于是，我以一名游客、学子的身份在这座城市无处不在的商业空间中穿行，感觉着与中国的不同，思索着它的成功之处。

图 34.2　邂逅风笛艺人随性吹奏

图 34.3　阳光不忍离去时的城堡剪影

图 34.4　街道对于顾客形成自然的引导

2　布拉格步行商业空间的成功之处

2.1　线性空间对顾客的引导

线性的街道是最佳的商业空间，在引导顾客流线方面具有最优策略，分列于街道两旁的店铺更符合购物者与城市体验者的行进路线(图 34.4、图 34.5)。

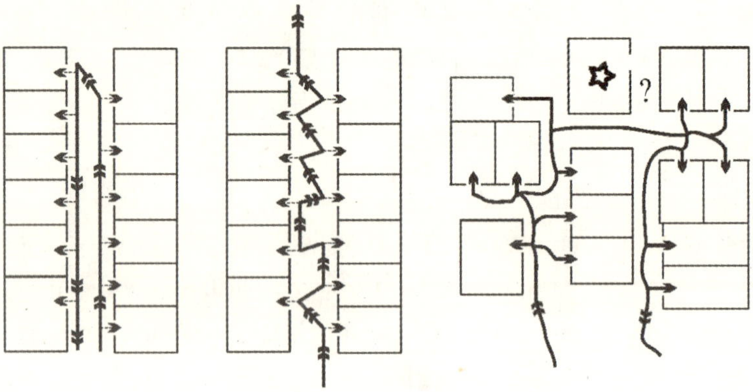

图 34.5　不同的空间形式对于行动路线的影响

大家都有这样的经历，当你在街道中穿行时，面对分列两旁的店铺，总是可以很方便地找出一种最合适的进入方式，比如从街道的巷口出发，先走入其中一侧的店铺，而后折回进入另一侧的商家，最后回到巷口，或者交叉进入两侧的店铺，于巷尾结束。无论你是抱着“买一点”还是“看一看”的态度在这里游走，都能胸有成竹，这样的空间格局是大家所熟悉的。与之相比，非线性排列的建筑群则秩序感糟糕很多。当游客以水平视角穿梭于后者时，往往很难在最短时间内确定最有效的行进路线，尤其是初次探访时，迷路更是容易发生的事情，如果是观光购物，更有可能漏掉一些地理位置偏僻但内容精彩的店铺。

2.2　西方的橱窗文化与中国的“地摊儿”文化

布拉格最引人注目的是琳琅满目的橱窗，店家从来不吝啬，总是把最好的商品在橱窗中展出来。这是非常成功的营销策略，往往能够成功地吸引路人，将他们从潜在消费群体转变为顾客。橱窗是零售业最佳的展示平台，在消费者还没有来得及去了解某个商店的产品和服务之前，能够及时抓住他们的眼球。在有了“第一眼好感”之后，能够为潜在消费群体进一步了解更多信息进而购买提供桥梁的就是橱窗。橱窗文化在欧美等商品经济发达的西方国家备受关注。在欧洲，进行橱窗展示的店主们普遍认为，橱窗中的商品陈列应该与自己的店铺个性相吻合，力求统一、和谐，能够展现店面的整体特色(方春莲，2009)。

从商品买卖的角度来说，橱窗是商家与顾客交流对接的一个界面，毋庸置疑，在现实生活中，顾客很乐于游走在店铺之间欣赏橱窗中精美的布置。即使没有实际的购买活动发生，也能留下深刻印象。

在中国，商业橱窗文化的功力还没有像欧美那样炉火纯青，不过，与之相似的也有一种文化，那就是地摊儿文化。同样是店主（或摊主）把希望展示给顾客的招牌物件陈列开来，顾客在行间穿来走去，各家比较（图 34.6 至图 34.9）。

图 34.6　突出瓜蔬花艺的特色

图 34.7　小熊和蛋糕符合温馨甜美的店铺定位

图 34.8　传统木偶作坊

图 34.9　大面积的橱窗展示

其实不论是中国的地摊文化还是西方的橱窗文化，归根结底都是一种可视界面的体现。步行商业空间对于这种可视界面的要求是极高的，因为步行作为一种特殊的交通方式，受限于其速度和对耐力的要求和限制，对商品和店铺细节的关注更为凸显，于是可视界面就成为顾客行走间观察浏览、驻足欣赏的最佳平台。同时，这种可视界面也是步行商品空间立面丰富性的重要组成。

2.3　适度的无序有利于调节购物心理

一般认为，没有秩序的内容排列会呈现一种混沌的状态，对外部也会形成排斥作用，表现在商业空间中，如果太多的商业要素混杂在一起，必然会对商业活动造成负面影响，如交通不便、人群复杂、购物导向不清晰、治安管理困难等，往往使得购物者望而却步（图 34.10）。

避免混乱就容易走入追求秩序的极端。在国内的空间布置上，我们大多数期望获得整齐划一的效果，从国内诸多经过改造的步行街就可以看出。但此次布拉格之行，我不禁对这种规划思想产生质疑。因为在这里，我的切身体会告诉我，最能吸引人的不是整齐划一的秩序感，而是看似无序但充满了惊喜的传统小巷，因为你想不到下个转角或是猛然回身，出现在眼前的将是什么样的视野，会有什么样的境遇。

图 34.11 这种格局多出现在大型的购物中心，典型特征是规整的建筑群，商业活动内容功能单一，其优势是可以对消费者有更专业和单一的购物引导，所以是具有明确购物倾向者的很好选择，但过于明确的功能划分同样会流失相当部分的潜在购买人群，而这些人在以游客见长的城市是占绝大数量的。形象地说，随着秩序感的建立，一道隐形的墙也建立起来，两个空间各损失一半的潜在客户。

图 34.12 呈现的是一种适度的无序，这恰恰是布拉格所呈现的空间形式。行走在这里的步行商业空间，常常经历不同的业态模式。纪念品零售店、小吃店、超市、服装店、玩具店、剧场、化妆品店、音乐厅、博物馆、邮局等都可能出现在同一条街道，看似不相关，但实际上增加了空间的多样性，也使游览更富有趣味性。商业、餐饮、文化娱乐等功能相互穿插，使游客可以方便地找到满足自己需要的功能单元。在一定范围内，业态的多样性与空间活力是成正比的。

可见，商业空间不能没有“无序”，“人气”需要适量无序的维持，但

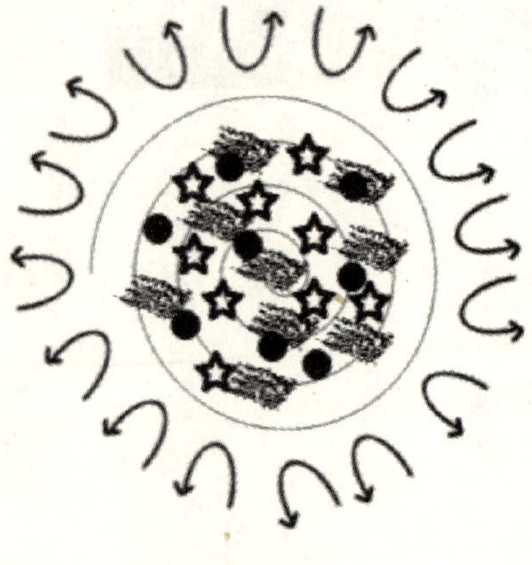

图 34.10　极度混乱拒绝进入

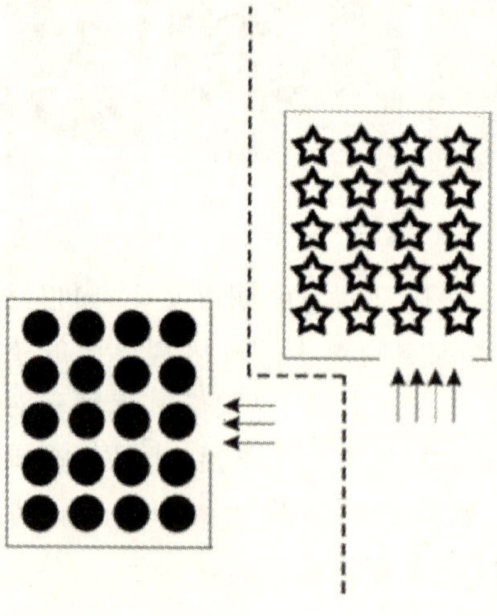

图 34.11　过分整齐划一容易形成隐形的“墙”

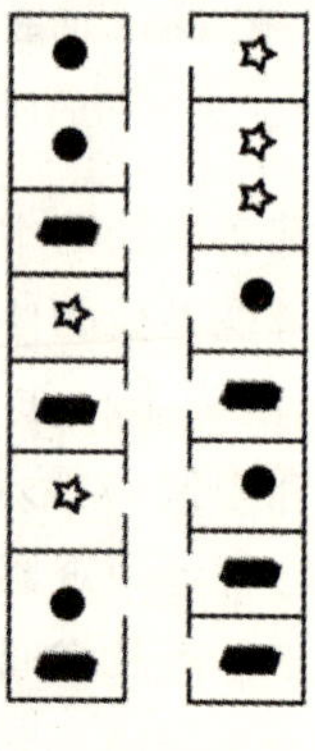

图 34.12　适度的无序可以调节购物心理

无序不能过度，过度就混杂了、混乱了，就拒绝进入了。在国内，不妨突破对秩序的讲究，适当增加一点“混乱度”，把空间活力调动起来才能带来更多的附加价值。

2.4 隐形成本对于街道商业化的重要意义

在布拉格，笔者走访了一家木偶店，店主是个二十出头的年轻人，店是他从父亲那里接手来的，令我惊讶的是这家规模不大的小店在他的家族里已经经营了百余年。当问及房租等经营成本时，小伙子坦言，由于店面是自家的房产，而制作木偶不仅是家族手艺更是他的兴趣所在，小店经营得也是自在稳妥。

这是一家典型的布拉格街头小店，这种房产归经营者所有的情况在欧洲很常见，而由于房产私有，不会给经营者造成很大的房价成本，这样的老店也更容易沿承下来。老店给了城市更多的文化积淀，使历史成为商业优势和城市魅力的组成部分。与此形成对照的是国内的一些街区商业改造，通常的做法是一次性交由地产开发商运作，而这种一方主导的方式往往向经济利益最大化的方向驱导，其直接后果就是街面商业用房的租价飙升，而这种成本最终会转嫁于在此消费的人群身上，消费门槛的抬高免不了会流失大部分的潜在客户。另一种方式是地产商把这些商业用房转卖给个人，而高额的房价使得房主在经营或转租的同时还需要承担很多的银行还贷，这使得商业用房的转租金趋高发展，不利于商业的运转。

由此可见，在布拉格的商业一片繁荣之下，其商业运作的隐形成本是不容忽视的，低地价作为一个重要参考因素，某种程度上也成为中国与布拉格之所以有如此之大商业模式不同的原因之一。另一方面，像布拉格这种城市商业用房私有的状况也增加了经营模式和经营内容的多样性，提升了市场的丰富度。

2.5 作为“聚焦点”的交点空间

按照凯文·林奇的理论，如果把关于布拉格沿街的步行商业空间视为城市路径的话，那么庭院式的商业空间可以看做是扩大了的城市节点。以旧城广场为例，在这里所呈现的是另外一种不同于线性的城市体验，也成为城市步行商业空间的重要组成部分(图 34.13)。

旧城广场是布拉格旧城区最为繁华的地段，是一处由诸多著名建筑围合而成的广场，以居中安置的胡斯雕像为中心，周围分别围合有巴洛克、罗可可、罗马式、哥特式等各式各样的建筑。同时，旧城广场也是各主要商业街道所在放射线的汇集。作为交点空间，这里有内容丰富的餐饮活动和娱乐项目，成为购物者停留休憩继续“战斗”的驿站，备受关注(图 34.14 至图 34.16)。

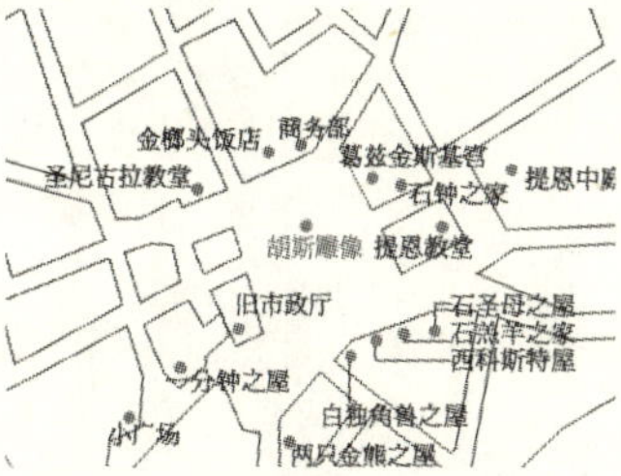

图 34.13 城市商业空间节点——旧城广场

图 34.14 传统工艺品摊位

图 34.15 形形色色的美食摊位

图 34.16 旧城广场是艺人的最佳舞台

在以线性街道为主要形态的城市商业空间中，这样的庭院式节点不可或缺，它成为弥补购物者和城市体验者对于开敞空间的心理需求和娱乐休闲需要的重要场地。这种由射线汇聚而成的交点通常会成为商业空间甚至是城市空间的高潮部分，拥有最高的人气和好评。

3 结语

综上所述，线性路径、可视界面、适度无序、合理低价、聚焦交点是穿插于城市街道的布拉格步行商业空间之所以成功的地方。当前我国步行商业空间的建设和改造集中于对传统步行街的改造（如庙前广场或狭义传统的商业街）及近代商业街的步行化（陈玉慧，2002）。国内与这里的不同有源自文化的差异，但更多是源自对于空间理解的差异。

因此，从国外彰显活力的步行商业空间中提炼典型模式结构，加以借鉴，对我国的建设和发展具有抛砖引玉的积极意义。

参考书目

[1] 方春莲. 充满魅力的欧美橱窗设计文化[J]. 美与时代，2009(01)：43-46.

[2] 陈玉慧. 我国城市步行街建设热的起因及正负效应[J]. 经济地理，2002(04)：465-469.

[3] 简. 雅各布斯. 美国大城市的死与生[M]. 南京：译林出版社，2006. 8：202-216.

[4] 姚丹丽. 展示设计中的橱窗艺术[J]. 安徽文学，2008(9)：132.

[5] 孙成仁，付宏杰. 历史空间的保护与环境更新——哈尔滨中央大街步行街[J]. 规划师，1998(03)：30-36.

[6] 董怡嘉，蔡永洁. 功能置换带动城市更新——柏林庭院改造的三种模式[J]. 建筑学报，2009(7)：97-101.

[7] 刘笑瀚. 步行商业空间和驻留场所行为[J]. 美苑，2006(8)：81.

[8] 王晶晶. 购物中心人流动线研究[D]. 华侨大学，2007：18-36，47-81.

*未特别注明的照片均为作者拍摄。

专题35　美国国家公园的国家责任与大众享用机会

——美国仙纳度国家公园考察

State responsibility and enjoyment opportunity of the U.S. National Parks

李钊/Li Zhao

摘要：通过考察美国华盛顿特区西部的仙纳度国家公园，基于对仙纳度国家公园考察过程的感知，在阐述其建设历程以及公园的功能定位与建设特征的基础上，结合美国国家公园的职能与定位去探讨蕴涵在仙纳度国家公园背后的美国国家责任与大众公平享用机会，从而提出建立我国国家公园的必要性与紧迫性。

关键词：国家责任　公众性　Shenandoah National Park 美国国家公园

Abstract: By studying the Shenandoah National Park in the west of Washington DC, based on the the perception of the study process, describing its construction process, park function orientation and construction features, based on the combination of the functions and orientation of the National Park, to explore the national responsibility and the public can enjoy fair opportunities which implicated behind in shenandoah National Park, proposed the necessity and urgency to establish our national Parks.

1　引言

本文基于对美国仙纳度国家公园考察过程的感知，在阐述其建设历史以及公园的现状功能与特征的基础上，从美国国家公园的建立背景与职能定位方面去探讨蕴涵在仙纳度国家公园背后的美国国家社会责任感与国家精神，从而探讨建立我国国家公园的必要性与紧迫性。

2　美国国家公园简述

2.1　美国国家公园体系的建立背景

19世纪晚期，伴随着工业革命的推进，美国工业化程度迅速提高，致使经济的发展对生态的破坏增加，造成大量自然景观消失，这些都促使了美国生态保护制度的建立和完善，并具有与其他国家地区不同的特征，使其在建设和管理国家公园方面积累了丰富的经验(周永振，2009)。

自从 1872 年世界第一个国家公园—美国黄石国家公园创立以来，美国已形成了一个庞大丰富的国家公园体系。黄石国家公园成立后，以国家公园管理局的成立为界，国家公园体系历经创立阶段(1916—1933 年)、发展阶段(1933—1940 年)、反复阶段(1940—1963 年)、注重生态保护阶段(1963—1985 年)、教育发展与公众参与阶段(1985 年迄今)5 个阶段而日益庞大起来(张海霞，2009)。

如今美国已拥有国家公园 384 个，占地 33.74 万平方公里，每年参观者近 30 亿人次，是世界各国力图效仿的典范。美国人认为国家公园管理部门是能够信赖的。在 1978 年民意测验中，45%以上的人对国家公园管理部门给予了满意的评价(郑敏，2008)。

2.2 美国国家公园的定位与职能

国家公园是为人类福祉与享受而划定的，由国家最高权力机关行使管理权阻止或取缔一切可能的破坏行为，到此观光需以游憩、教育和文化陶冶为目的，并得到批准的具有国家意义的公众遗产公园(张海霞，2009)。

完善的法律架构在一定程度上确保了国家公园体系在联邦经常性财政支出中的地位，按 2008 年财政预算，国家公园体系全部运营经费中联邦政府财政拨款占 86.94%[①]。由于联邦政府的大力财政支持，使得美国国家公园的社会公益职责得以较好地发挥(图 35.1)。

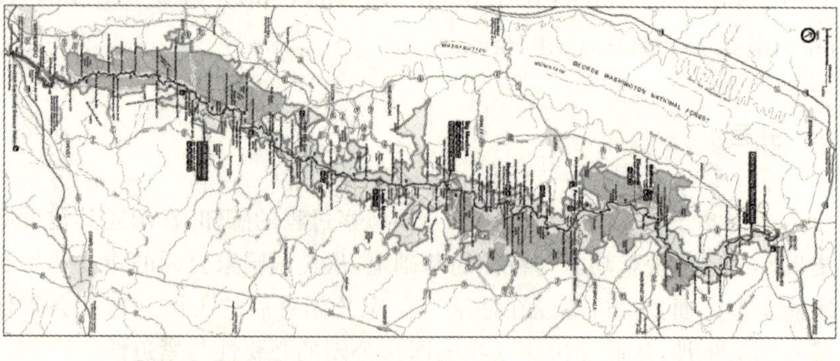

图 35.1 公园总平面图
(资料来源：仙纳度国家公园官方网站)

① 资料来源：美国国家公园官方网站，National Park Service. F Y2009 budget justifications general statement [EB/OL]. http://www.nps.gov/shen/naturescience/birds.htm. 2010-01-28.

2.3 仙纳度国家公园概况

2.3.1 位置与面积

仙纳度国家公园位于美国弗吉尼亚州，是弗吉尼亚州蓝脊山脉的一部分。公园狭长，西临宽广的仙纳度河谷，东侧是弗吉尼亚皮埃蒙特东连绵起伏的丘陵，跨越八个县(图 35.1)。

2.3.2 建设背景与历程

公园最早从 1930 年开始动工，到 1935 年初步建立。最初由弗吉尼亚州立政府利用土地征用权征得土地，在联邦政府授权为国家公园后移交给联邦政府。创建过程中大量家庭和社区被要求迁出蓝脊山脉，但是却成就了美丽的国家公园①。

公园的创建是由 1930 年的那场旱灾开始，而当时美国经济正处于经济大萧条时期。从 1929 年 10 月 29 日到 11 月 13 日短短的两个星期内，共有 300 亿美元的财富消失，相当于美国在第一次世界大战中的总开支。大萧条造成了严重的社会问题：大萧条期间约有 200～400 万中学生中途辍学；许多人忍受不了生理和心理的痛苦而自杀；社会治安日益恶化。其中最重要的问题是失业。在美国，失业人口总数达到了 830 万，在美国各城市，排队领救济食品的穷人长达几个街区②。1933 年初，富兰克林·罗斯福当选为美国第 32 届总统，他针对当时的实际，顺应广大人民群众的意志，大刀阔斧地实施了一系列旨在克服危机的政策措施，历史上被称为“罗斯福新政”。罗斯福新政中，重要的一条就是“促请国会通过的民间资源保护队计划”。该计划专门吸收年龄在 18 岁到 25 岁，身强力壮而失业率偏高的青年人，从事植树护林、防治水患、水土保持、道路建筑、开辟森林防火线和设置森林瞭望塔的工作。到美国参战前，先后有 200 多万青年在这个机构中工作过，他们开辟了 740 多万英亩国有林区和大量国有公园，而仙纳度国家公园就在这种历史背景下孕育而生。

图 35.2　国家公园风景道一段
(李迪华摄)

图 35.3　国家公园风景道一段
(李迪华摄)

2.3.3 重要的观赏点

(1) 天际线风景道

仙纳度国家公园以天际线大道最为有名，105 英里(169 km)长的道路沿着山脊穿过整个公园，在秋天当树叶变色的时候，大道非常受大众的欢迎。公园里还有 101 英里(162 km)长的阿帕拉契小径，公园里一共有 500 英里(800 km)长的小路，其中最著名的是旧抹布山小路，

---

① 资料来源：美国国家公园官方网站，U. S. National Park Service. Shenandoah National park[EB/OL]. 2010－1－29. http://home.nps.gov/applications/budget2/fy09toc.htm.

② 资料来源：百度百科. 大萧条[EB/OL]. [2010－1－29]. http://baike.baidu.com/view/722656.htm.

这条小路为弗吉尼亚人提供了激动人心的攀爬岩石以及一些惊人的景致。这里还能骑马、骑自行车、露营和参观瀑布,天际线大道是指定的国家风景道①。

(2) 大草地公园管理中心与露营场地

仙纳度国家公园提供196 000英亩(790 km²)郊野露营地,虽然是在野外,露营者必须都使用"不留痕迹"的政策——包括掩埋粪便、不生营火②。大草地是公园中最大的露营场地,是公园中仅有的四个露营场地的一个。大草地最大的特点就是巨大的尺度和一望无垠的红色草地(图35.4、图35.5)。

图35.4 公园1

图35.5 公园2

3 蕴涵在仙纳度国家公园的国家责任

3.1 国家责任的体现——义务为国民提供自然生态服务,满足国民身心健康需求

在经济形势严峻的情况下,也不放弃对自然生态环境的保护。仙纳度国家公园始建于1930年的那场旱灾,而当时美国经济正处于经济大萧条时期。美国联邦政府并没有因为经济形势的严峻而放弃对国家重要自然环境及资源的保护,相反联邦政府通过国家公园体系的建设,不仅解决了部分公民就业问题,还促进了对重要的国家自然生态环境的保护。

义务为美国公民提供自然生态服务。从美国国家公园的职能和定位来看,国家公园主要是为了保护自然生态环境,为国民提供接近自然的休闲、游憩、教育及科学研究等服务。由于联邦政府对于国家公园的大力支持,在一定程度上实现了建设经费的保证,从而维护了国家公园的公益性这一特征(图35.6、图35.7)。

图35.6 学校组织前来参观的美国孩子

3.2 国家责任的实现:生态环境保护与实现全民公平享用

尊重自然环境,以最小的对自然环境的改变来实现国家公园的建设。国家公园又窄又长,沿蓝岭山脉西南向东北延伸,是一个典型的线性公园。在整个建设思路中,重要的一点就是尊重自然生态环境,尊重山体原有的自然地形特征,不过多改变山体的自然属性。从royal隧道一直到天际线与64号高速公路交汇处,整条风景道都是依山脉的等高线而建,将人为对山体的破坏减到最小。这样的风景道设置,不仅

图35.7 在大草地公园用餐与休息的美国公民(李迪华摄)

① 资料来源:公园官方网站,wikipedia. Shenandoah National Park[EB/OL]. http://en.wikipedia.org/wiki/Shenandoah_National_Park.

② 资料来源:公园官方网站,Shenandoah National Park. vahistory.org. Retrieved on September 22,2007.

减少了对山体的改变，同时增加了风景道的趣味性。弯曲的线路带来丰富的视觉效果，让骑自行车与驾车变为一种享受，而不是机械枯燥的过程。同时山区充足清新的空气，使人的身心得到彻底释放。

保护生物多样性。公园中，动物与植物种类都比较多样，公园里有 200 多种鸟类[①]，32 个鱼类品种[②]。实际上常见的物种有很大一部分是生存在典型的低海拔生态系统中的种群。靠最南部山坡西南面以一些松树为主，还有带刺的仙人掌。相比之下，东北的一些地方有小而致密的爱铁杉和丰富的苔藓。其他常见的植物包括橡木、胡桃木、板栗、槭树、郁金香杨树、山月桂、马利筋、雏菊、蕨类植物等。

低廉的票价与较低的服务设施收费，实现全民共享。仙纳度国家公园的票价非常低，几乎一个美国学生都能够轻松负担一张门票的价钱。对于一辆家庭小汽车只用负担 10 美金，就能进入国家公园参观，同时七天之内有效。如果需要到国家公园里进行常年的健身锻炼或是科学考察，可以买年票，年票只需 20 美金/人。对于一个背包客，只需 5 美金(12 月—2 月)就可进入国家公园。对于这样的低价，几乎所有的美国公民都能负担得起，并能够常年享受国家公园的服务。仙纳度国家公园没有豪华的旅游设施，一切设施的建设与景观的组织都是为了满足市民最基本的需要。在几个重要的观景点，也只做较少的防护处理。为了限制客流量，采用“园内游览，园外住宿”的政策。只有大草地公园小屋才提供住宿功能，总共才有 97 间房间，且房费较低[③]，每个想要到国家公园留宿的公民都需要提前预约，不提倡价高者得的政策。

3.3 国家责任的无限延伸：国民教育与国家认同

灌输国民生态环境保护的重要性。公园内时常能见到骑自行车游览的人以及背包徒步者，他们充分享受着公园美好的自然生态氛围。这些人当中，有年轻人、孩子也有老人。大多在公园中旅游的人，都是因为喜欢自然的宁静与和谐而来，不仅不会对动植物造成伤害，有的还会肩负起保护动物的责任。同时，公园内还有大量的护林员，他们作为志愿者，来自于世界各国，志愿肩负起维系公园生态的责任，同时向人们解释保护自然环境的重要性。正如小组在考察过程中，遇

---

① 资料来源：公园官方网站，Shenandoah National Park. Birds[EB/OL]. National Park Service. http://www.nps.gov/shen/naturescience/birds.htm. 2010-01-28

② 资料来源：公园官方网站，Shenandoah National Park. Fish[EB/OL]. National Park Service. http://www.nps.gov/shen/naturescience/fish.htm

③ 资料来源：trip tv. Big Meadows Lodge [EB/OL]. http://www.triptv.cn/luray-hotels/big-meadows-lodge，2010-01-26

图 35.8　质朴的观景平台图

图 35.9　简单的游步道设计

到的一个来自爱尔兰的女护林员，她已经在公园里工作 10 多年了，任务是维护公园的自然生态环境，做好树木的统计与生长记录以及检测污染，并向人们宣传生态保护的理念。正是游客、护林员、科学家以及公园内动植物的互动，使美国公民在感触美国国家公园的无限生机与活力的同时，意识到生态环境保护的重要性，并最终形成保护自然生态环境的共识。

灌输国民以朴实、节约的观念，仙纳度国家公园所反映的是一种朴实的气质，朴实并没有减少它的魅力，反而增加了它的大气。它反对奢侈的消费，推崇的是一种节约的、平凡的消费观念。其平等的理念，反映在它的服务面对所有人，而不是特殊群体和社会精英。这种朴实、节俭、平等的建设与管理观念，使美国公民的悠闲娱乐需求得到满足的同时，还潜移默化地教育了美国的民众，使美国民众认同自然、朴实、可持续的国家公园建设思路，才是最优实现人与自然融合的途径。

充分享受着国家公园的自然生态服务，以及对国家公园的认同和热爱，一定程度上增长国民对国家的认同与热爱，增强了民族自信心(图 35.8、图 35.9)。

4　反思仙纳度国家公园——从仙纳度国家公园的特质到美国国家公园的国家责任与全民享用机会

反思仙纳度国家公园的建造历程、现状特征、给游客带来的启发与感受，以及它对于周边城市以及城市居民的重要性，不得不让人去思考蕴涵在仙纳度国家公园背后的代表着美国国家的社会责任感与全民享用这样的公益理念。正如当时推动国家公园建设的罗斯福总统所说："我们不是为了一时，而是为了长远。作为一个国家，我们不但要想到目前享受极大的繁荣，同时要考虑到这种繁荣是建立在合理运用的基础上，以保证未来的更大成功。"从他确立的美国国家公园的发展理念，可以看出国家公园建立的理念在于公益性，不仅为当代人，更为美国公民的子子孙孙。许多学者通过对美国国家公园调查，认为美国国家公园对于公民的社会责任与民族凝聚力具有重要意义(陈培栋，2007 年；郑易生，2006 年)。

(1) 美国国家公园与国家责任的关系

国家自然文化遗产固然不是国计民生的命脉，但是最能表现一个国家或民族的精神取向和品性——她怎样对待大自然的恩惠？她怎样对待自己的历史？她怎样对待自己的人民？她怎样对待我们的后代，"国家公园的创建是一个对未来信念的表达"(郑易生，2006)。罗斯福总统作为美国国家公园体系建立的主要推动者，对国家公园的建设起到了至关重要的作用。他不仅写信给杂志社以表明他对国家公园建立的积极态度，同时亲自考察了大峡谷、优胜美地等国家公园，并根据考察结果开始限制在大峡谷中建设大坝等开发项目（孙波，2008）。这些举措，不仅反映了美国国家公园体系得以建立的重要原因，还说明了美国国家的社会责任与使命。

国家公园体系于一个国家而言，已经超出其物质空间的范畴，其反应的是一种民族精神，一种社会责任。它反应在一个民族对子孙后代思想意识的影响方面，以及向外界所展示的其对待城市赖以生存的自然生态环境的态度——我们如何处理维系城市的生态安全的资源与城市发展的关系。

（2）如何实现全民享用——公益为主还是收益为主

纵观欧美国家的国家公园的职能定位，无不将国家公园定位为满足公共游憩功能、文化遗产与自然生态保护的公益性公园。

美国 1916 年 8 月 25 日通过的"国家公园管理局组织法"对美国国家公园基本目标之阐述是至今仍在不同场合被重申的文字，即"保存（公园地的）风景、自然和历史遗迹和野生生命，并且将它们以一种能不受损害地传给后代们的方式提供给人们来欣赏"。英国《环境法》（1995）中规定了国家公园的目的："保存和提高加强自然美景，野生生命和文化遗迹（公园内的）；促进公众理解和欣赏这些公园的特殊品质的机会。"注意"在寻求这些目的实现时，国家公园管理机构还有一个职责，即要设法加强地方社会经济福利，但不以大量支出来实现"（郑易生，2006）。韩国 1967 年《韩国自然公园法》中对国家（国立）公园设定的目的是："保护代表性的自然风景地，扩大国民的利用率，为保健、休养及提高生活情趣作出贡献。"（杨锐，2001）

虽然我国对于风景名胜区的定位与其他国家的国家公园定位极其相似（郑易生，2006），但是在开发建设模式方面，却存在极大不同。美国的国家公园以公益为主，维护公园设施与生态环境的主要资金来源于政府，是公益事业。而我国在 GDP 发展就是硬道理的思维模式下城市的经济发展成了重要的指标（王早生，1996）。

（3）真正意义的国家公园体系在我国亟待建立

至今为止，美国国家公园系统经过 100 多年的建设，已经成为了美国人民心中的瑰宝，不容随意侵犯和破坏。无论是"驴"是"象"，即无论是共和党还是民主党，都一代接一代地秉承前任衣钵，使美国的国家公园事业不断发展壮大。NPS（美国国家公园管理局）的工作人员以自己从事这样一项伟大的事业而感到自豪，在社会上颇受尊重。广大的美国人民，更为美利坚拥有如此类型丰富的国家公园而流露出骄傲之情[①]。

① 资料来源：Shenandoah National Park. vahistory. org. Retrieved on September 22，2007.

国家公园的含义不仅仅是物质层面，它有着丰富的内涵与实质，更重要的是，国家公园的建设代表着重要的社会责任，并作为展示国家精神的窗口。因此，在我国亟待建立一个公益性的国家公园系统，维护国家的生态安全，同时为人民提供充分的自然生态服务，让人民在感受大自然服务的同时，体会国家精神，增加爱国热情，坚定民族自信。

参考书目

[1] 周永振. 美国国家公园公益性建设启示[J]. 林业经济问题，2009，29(3)：260-264.

[2] 张海霞. 旅游发展价值取向与制度变革：美国国家公园体系的启示[J]. 长江流域资源与环境，2009，18(8)：738-744.

[3] 郑敏. 美国国家公园的困扰与保护行动[J]. 国土资源情报，2008，10：54-56.

[4] 郑易生. 坚持保护民族资源的基本使命——兼评“中国不能照搬美国国家公园制度”[J]. 中国园林，2006：1-5.

[5] 孙波. 美国国家公园发展理念[J]. 观世界，2008，1：102.

[6] 郑易生. 坚持保护民族资源的基本使命——兼评“中国不能照搬美国国家公园制度”[J]. 中国园林，2006：1-5.

[7] 杨锐. 国家公园与国家公园体系：美国经验教训借鉴[A]. 张晓，郑玉歆. 中国自然文化遗产资源管理[C]. 北京：社会科学文献出版社，2001.

[8] 王早生. 人民的骄傲、美国的贡献—美国国家公园考察记. 中国生物圈保护区，1996(1)：3-9.

*未特别注明的照片均为作者拍摄。

专题 36　芝加哥河流景观复兴

The revitalization of Chicago river

岳竹/Yue Zhu

摘要：芝加哥河在芝加哥城市的形成、发展中发挥了重要的作用，是芝加哥最宝贵的自然资源和文化遗产之一。但是，在城市发展的早期，为了满足军事、航运等要求，河流付出了沉重的代价。最近二十年，人们越来越意识到河流在生态、休闲等方面的价值，一系列关于河流复兴的规划陆续颁布，沿河绿道系统逐步建立，目前河流沿岸景观主要集中在河流主要支段。

关键词：芝加哥河；绿道系统；景观；复兴

Abstract: Chicago river plays important roles in the formation and development of Chicago. It is the city's most valuable natural and cultural heritage. However, in the city's early boom year, in order to improve its use for navigation and shipping, the river paid a heavy price. Over the last two decades, with increase public awareness of the river's natural, historical, and cultural value, the city released several guidelines and plans to revitalize the formerly neglected river. Dozens of acres of new greenway have been developed along the river. The main landscape is now along the main branch of Chicago river.

Key words: Chicago river　greenway　main branch ecology landscape　revitalize

1　引言

城市河流与人类生活、生产关系极为密切，因而受人类活动的影响也非常深远。由于现代城市的发展，城市河流出现了许多前所未有的问题，如水环境质量下降、生态系统受损、洪涝灾害增加、水域景观改变等，人水关系变得越来越紧张。同时，城市河流的价值越来越被人们所重视，引起了全世界的关注和广泛的研究。芝加哥河的发展与演变是城市河流发展的典型代表。如今，芝加哥针对河流复兴的宏伟规划和各部门、各社会组织的协力实施，对世界各地城市河流的发展具有宝贵的借鉴意义。

2 芝加哥河发展历程

芝加哥河是芝加哥最宝贵的自然资源和文化遗产之一。它不但为芝加哥提供了重要的航运、贸易通道，满足了城市工业用水，也为市民及游客提供了重要的游憩场所，同时是野生动物的重要栖息地。它全长 45 公里，主要由南段、北段及主支流段组成，也包括了一些人工运河。

但在过去的 150 年里，为了军事和贸易的发展，河道不断被疏浚和裁弯取直，河岸被固化，大量的工业垃圾及污染物被直接倾倒到河流中，使河流变得臭气熏天。为了建设新的铁路线，河道曾向西挪了 400 m。1900 年，河流主支段和南段流向被颠倒，以防止密歇根河以及城市供水系统被污染。与此同时，大量外来物种入侵，生物多样性降低，河岸被侵蚀，河流生态系统遭受严重破坏(图 36.1、图 36.2)。

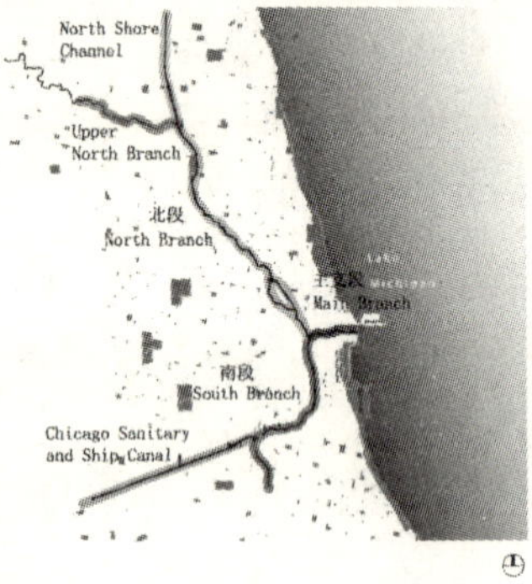

图 36.1 芝加哥河各段示意

图 36.2 1929—2007 河流的演变

随着城市的发展，河流沿岸工业逐渐衰退。今天，除了某些区段仍以工业为主外，游览渡轮、水上巴士、帆船、赛艇等成为河道中的主角，河流周边变成了居住区和商业用地。这大大提升了河流的价值，也引起了人们对河流生态环境和休闲、游憩功能的重新关注。

在过去的二十年，芝加哥为河流的复兴做出了很多努力，旨在恢复河流的自然环境，将河流融入人们的日常生活中。这些举措包括提高水质，恢复河岸生态环境和野生动物栖息地，建设沿岸公园、步道系统，增加河流亲水性等。

3 芝加哥河景观复兴

3.1 芝加哥河规划概况

早在 1909 年伯莱姆和伯尼特·芝加哥规划中，芝加哥河就被定位为城市娱乐生活的廊道。近二十年来，芝加哥政府，芝加哥公园署，芝加哥规划发展部，以及志愿者组织芝加哥之友等一起颁发了一系列新的规划，主要有：

1990 年：城市中心区段河流的设计导则；

1999 年：芝加哥河道发展规划和设计导则；

2002 年：芝加哥公园署发布了芝加哥河总体规划；

2003 年：芝加哥水议程，最佳洪水管理导则。

这些规划旨在达到以下目标：

(1) 提高河流水质以及洪泛期河水的安全；

(2) 恢复河流岸线的自然形态，保护和恢复沿河生态环境和生物栖息地；

(3) 沿河建立延续的绿道系统，增加河流的亲水性，通过公园、步道系统的设计将沿河邻里和社区连接起来；

(4) 将河流发展成为城市娱乐生活的廊道，增加芝加哥作为现代大都市、可持续发展城市的魅力，吸引人们在此生活、工作和旅游；

(5) 鼓励沿河商业以及旅游业的发展，促进河流的综合利用，创造丰富多样的滨河生活带。

3.2 具体措施

3.2.1 改善河流水质及雨洪管理

1972 年通过的洁水法案拉开了城市改善河流水质的序幕。芝加哥政府以及大都市水清洁署一直努力控制河流污水的溢流，管理城市洪水，清理历史上遗留下来的污染沉淀物，清洁城市及河流垃圾，制止非法污染物的排放等。这些措施如今已收到了明显的成效，从 1979 年到 2004 年，河流中的鱼类已经从 10 种上升到了 68 种。

新建设的城市洪水管理管道用于接收清洁的雨水，并将它们送回到密歇根湖中。通过增加绿化面积，屋顶绿化，使用可渗透的地面铺装，最大限度地截留雨水并使其下渗，补充地下水。植被浅沟和缓冲带既可以截留雨水，也具有自然净化功能。洼地、渗池、湿地等能够截留、蓄积一部分雨水，使之缓慢下渗的同时，降低了污染物的含量。这些措施都有助于减轻城市排水系统的负担，减小了洪水的威胁。

3.2.2 河岸的生态恢复

过去，板桩护岸是芝加哥河河岸处理的常用方法，以最大限度地利用芝加哥滨河地区。钢筋水泥的护岸虽然在工程上是合理的，却损害了原有的河岸自然形态以及生物栖息地。随着板桩的老化，它们开始生锈、腐蚀、碎裂，需要被更换。2003 年芝加哥政府制订计划，对城市范围内所有河岸的状况作了详细调查，以区分不同河岸植被对生物栖息的价值，方便城市针对不同河段制订不同的措施。

目前，芝加哥河岸处理有以下几种方式：

(1) 矮墙式河岸处理方法：这种方法是将原有的板桩墙截断或者

图 36.3　板桩护岸的植物强化处理方法

用更短的板桩来代替，它适用于缺乏后退距离的滨水地区。

（2）板桩护岸的植物强化处理方法：通过在一些区域种植植物来改善现有板桩墙式的护岸，同时也起到强化板桩护岸的作用(图 36.3)。

（3）自然式河岸处理方法：这种方法常用于河岸后退较大的区域。常在贴近水面以上设一个平台，起到稳固河岸的作用，并形成了一个狭窄的滨水湿地，形成新的湿地环境。

（4）湿地浮岛：由塑料管道连接而成的一系列浮岛成为植物生长的媒介，也可以保护河岸不受水波和激浪的侵袭。这项技术非常适用于河岸陡峭，岸坡不稳定，土壤受侵蚀速度快的自然河流。

3.2.3　沿河公园及步道系统建设

目前，河流沿岸很多地段的土地归私人所有，政府正在努力与这些土地所有者合作，共同维护河岸环境，建造完整的沿河绿道系统，保护自然环境，提升河流的景观、娱乐、历史、资源以及经济价值。这些公园与步道系统为散步、远足者和自行车爱好者们提供了连续的运动场所，也为沿途社区居民提供聚集、娱乐、体验自然景观的场所。

（1）新建项目后退规定

有些沿河区段靠近工业用地，不适宜人们接近，有些区段在发展过程中没有为步道建设留下足够的空间。1999 年，芝加哥河道发展规划和设计导则以法令的形式规定除了 Bubbly Creek 区段，沿河的新开发项目必须从河岸起后退至少 30 英尺(约 9 m)，为以后绿道系统的建设留有余地。

（2）沿岸绿道系统建设

应至少在河流一侧建立连续的步道系统。如果现有桥梁对步道造成分割，步道可从桥下穿过；如果滨水没有足够空间设计步道时，可建设水边悬挑的栈道或水上浮桥等。在自然环境优美的地方应建造次级步道，地面铺装以碎石、木屑等为主，尽量避免高强度的照明设施，可以通过设置观鸟屋等吸引野生动物。在沿河适宜的地方应设计滨水观景台和休憩区，通过亲水平台、游船码头等将人们吸引到河边。

（3）附属设施建设

为了提高步道使用的便捷性和舒适性，设置适宜的设施是必不可少的，在风景优美处应放置固定的坐凳，并配置垃圾箱、饮水器、自行车停放架等。安全、耐用、经济、美观的铺装、栏杆和照明设施，喷泉等水景和公共艺术也有助于提高沿河绿道的吸引力。此外，还应有清晰明确的解说系统为人们指示方向、区位，讲述区域的历史或其他故事，以及将一些限制性规定告知游客。

政府还希望通过沿河餐饮设施进一步提升滨水景观的价值。

4　芝加哥河主要支段景观设计

芝加哥河主要支段是芝加哥河最繁华的区段。历史上，为了满足大吨量的商业运输，这段河流曾被拓宽、挖深，两岸均为板桩护岸。除密歇根大街处略有拐弯外，河岸几乎笔直，共有 8 座桥梁跨越两岸，它们建于不同的年代，宽窄不一，有的是钢铁桥梁，有的是石质桥梁，但都无一例外宏大、气派，印证了芝加哥工业时代的辉煌。河流两岸默默矗立着众多世界闻名的建筑，偶尔也夹杂了些未被拆掉的老建筑。沿河有大量的餐厅和饭店，为人们提供了餐饮和观景的好去处。沿河绿道系统仍在不断改造建设中(图 36.4)。

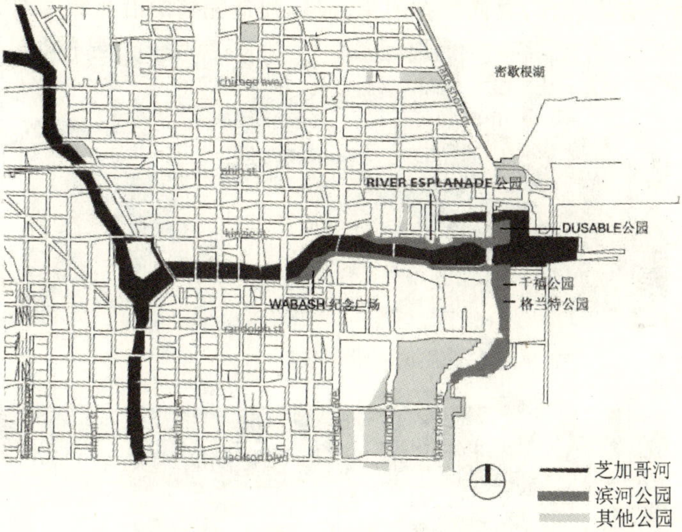

图 36.4　主要支段景观示意图

4.1　河流南岸景观设计分析

南岸景观可分为三部分，在瓦巴什大街桥与 State 桥之间是越战纪念广场，主要为人们提供观景、休闲空间，State 桥与密歇根河桥之间主要是室外餐饮空间，滨河的线性公园一直从密歇根河桥延伸到密歇根湖(图 36.5)。

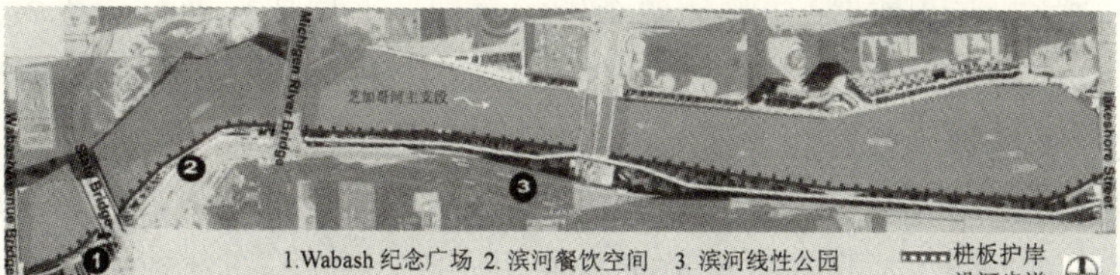

图 36.5　河流南岸滨河线性公园

图 36.6　State 桥与密歇根河桥之间的临河餐饮空间

4.1.1 Wabash 纪念广场

Wabash 纪念广场是美国除了华盛顿以外最大的越战纪念广场之一。由罗斯巴尼与雅各布/瑞安联营公司设计，柯林斯工程公司负责施工，于 2005 年 11 月 11 日越战纪念日向公众开放。

整个设计方案是对场地问题的一个直接回答。场地中面临三个问题：一，如何解决街道与滨河空间的高差问题；二，如何体现广场的纪念性；三，怎样满足人们亲水、散步、休闲等需求。

设计师将广场分为上下两层，滨河有一餐饮店，上层广场位于餐饮店屋顶。西侧利用“之”字形的步道连接上下两层，从而满足了残疾人的使用需求。斜向河流的草坪和“之”字形步道边缘的坐凳是很好的休息观景场所。东侧每三个台阶设一平台，为人们的休憩提供了更多的选择（图 36.7、图 36.8）。

图 36.9 战士雕塑

图 36.10 广场铺装

图 36.7 Wabash 纪念广场鸟瞰

图 36.8 广场为使用者提供了丰富多样的空间

图 36.11 越战纪念幕墙

图 36.12 墙面装饰

对于第二个问题，设计师在上下两层广场重复采用了轴线对称的语言来烘托出肃穆、庄严的纪念性的氛围。上层广场朝向街道的战士雕塑明确地传达出了广场的主题。水池中对称地设置了跳跃的涌泉，为广场增加了些许轻快活跃的气氛，两侧是对植的树木。下层广场轴线位置是刻有 2 900 名在越战中死亡或失踪的伊利诺伊战士名字的黑色幕墙，水池、涌泉在这里被重复使用。除此之外，在铺地以及墙面装饰等细节上也体现了广场的纪念性（图 36.9 至图 36.12）。

但是,建成的广场存在两个问题。第一,它夹在两座桥之间,没有与桥另一侧的空间相连接。第二,广场西侧人们无法直接到达河边。针对这两个问题,设计方在2009年进行了修改(图36.13、图36.14)。

图36.13　修改前的广场孤立地存在,西侧亲水性较差

图36.14　修改后的广场解决了上述问题

4.1.2　滨河线性公园

芝加哥沿河步道宽约3 m,长约1 100余米。由于空间的限制,不同段宽窄不一。除步道外全被地被、灌木、乔木所覆盖,是大都市人难得的接近自然、放松身心的场所。设计师出于模仿自然的目的,沿河堆砌了很多石块,但这些石块的选择和配置方式欠佳,反而显得生硬。沿河放置的抽象艺术雕塑毫不掩饰人工,反倒为场所增加了情趣(图36.15、图36.16)。

图36.15　沿河石块的选择和布置欠佳,显得生硬

图36.16　沿岸抽象的雕塑小品增加了情趣

4.2　河流北岸景观设计分析

河流北岸的River esplanade公园是20世纪80年代芝加哥新建的三个公园之一,1989年开始设计。公园所在地段原来是一块废弃的工业场地,1988年由芝加哥码头及航运信托局捐赠给了芝加哥公园署,用于建设滨河公园,在河流北岸为人们提供休闲娱乐场所。

森特尼尔喷泉是为了纪念大城市水处理局成立100周年而建，是芝加哥市的一个重要标志。公园从森特尼尔喷泉向东、西两个方向延伸。风格统一的硬质铺地和灯柱、栏杆将整个线性公园串联起来(图36.18)。

图 36.17　主支段河流北岸景观示意

图 36.18　森特尼尔喷泉

4.2.1　广场

公园西端是一个三角形的广场，设计师采用 5 m 为模数的树阵排列成错落的形式，很好地与场地形状相融。广场与上层道路通过东侧大台阶相连。站在台阶上，透过稀疏的皂荚树可以看到树下网格状的地被和相对而置的木质坐椅，以及坐椅旁低矮的灯具。大台阶的侧墙面爬满了爬山虎，它们已经伸展到了相邻的墙面，渲染了静谧而悠闲的氛围。场地滨河从东到西缓缓抬高，通过台阶与树阵广场相连(图36.19、图36.20)。

图 36.19　数阵

4.2.2　商业区滨水空间

滨河步道穿过哥伦布大道直到中央喷泉，滨河为餐厅和饭店。采用行列种植的树木和种植坛将空间划分为餐饮空间和滨河步行空间。树下间隔地摆放着木质长椅和花钵，种植坛边缘也为人们提供了荫凉的休息场所。人们可以驻足湖边或在长椅上小憩，静静地欣赏河景或对岸绿意葱葱的线性公园，以及上层瓦克尔大道上来往的车辆和挺立在 loop 区中的楼群(图36.21)。

图 36.20　广场细部

图 36.21　滨河步行空间

4.2.3　居住区滨水空间

从中央喷泉到湖滨大道，滨河为居住建筑，建筑退后河岸约 16 m。设计师同样用种植坛来划分空间，抬高的种植坛和行列种植的乔木更强调了这种空间的划分。濒临居住区建筑的步道宽约 1.8 m,两侧自然地布置着低矮的灌木,每隔约 9 m 摆放两个并排的坐椅。如果不是透过树冠可以窥到芝加哥河的话,人们或许真的会把这里当成是自家的后院。

河边公园存在的比较明显的一个问题是:没有任何关于公园位置、历史等的说明。另外,公园东端被桥梁隔断,既没有与密歇根湖连接,也没有与上层道路相通,形成了断路(图 36.22 至图 36.24)。

图 36.22 种植坛

图 36.23 居住区步道

图 36.24 坐椅

5 结语

城市河流是城市宝贵的自然及文化资源,城市依赖河流而得以生存、发展,但过去人类的发展往往以牺牲河流生态功能为代价。今天,我们必须尊重、恢复河流的自然风貌及生态功能,恢复河流的自然特征及生物多样性,还应该发掘河流的景观、教育、休闲、娱乐价值,使河流成为城市中最具吸引力的景观。芝加哥河的发展历程及复兴为我们提供了宝贵的经验。

参考书目

[1] Chicago River Corridor Design Guidelines and Standards (1999), Chicago Department of Planning and Development.

[2] Chicago River Master Plan, 2002.

[3] Chicago Water Agenda, 2003.

[4] A Guide to Stormwater Best Management Practices, 2003.

[5] 万帆,熊花:城市河流的自然化和生态恢复设计方法——以芝加哥河为例,生态文明视角下的城乡规划——2008 中国城市规划年会论文集,2008.

*未特别注明的照片均为作者拍摄。

郑重声明